矿物精细加工概论

主　编　周安宁
副主编　刘向荣　屈孟男　李　振

中国矿业大学出版社
·徐州·

内容提要

本书系统地介绍了煤及矿物精细加工的基础理论和方法，内容包括：固体表、界面结构与性质，颗粒的基本特性，煤岩显微组分分离，煤及典型矿物超纯加工技术，水煤浆技术，煤炭化学加工，煤炭生物转化，矿物材料和煤基复合材料等。

本书可作为高等学校化学工程与技术、材料科学与工程、环境科学与工程等相关专业的研究生教学用书，也可作为工程与科技人员的参考书。

图书在版编目(CIP)数据

矿物精细加工概论 / 周安宁主编. —徐州 ：中国矿业大学出版社，2022.9

ISBN 978-7-5646-5128-2

Ⅰ. ①矿… Ⅱ. ①周… Ⅲ. ①精细化—选矿—概论 Ⅳ. ①TD9

中国版本图书馆 CIP 数据核字(2021)第 188160 号

书　　名　矿物精细加工概论

主　　编　周安宁

责任编辑　褚建萍

出版发行　中国矿业大学出版社有限责任公司

（江苏省徐州市解放南路　邮编 221008）

营销热线　(0516)83884103　83885105

出版服务　(0516)83995789　83884920

网　　址　http://www.cumtp.com　**E-mail**:cumtpvip@cumtp.com

印　　刷　江苏淮阴新华印务有限公司

开　　本　787 mm×1092 mm　1/16　**印张** 13.25　**字数** 340 千字

版次印次　2022 年 9 月第 1 版　2022 年 9 月第 1 次印刷

定　　价　42.00 元

前　言

随着全球绿色环保制度日益严苛，煤炭及矿物的高效绿色低碳加工与转化利用受到国际社会的高度重视。在此背景下，传统矿物加工技术通过与化学、化工、环境、生物、材料、机械和信息等学科的交叉融合，逐步向以绿色、低碳、高效和智能为特征的精细加工方向发展，其理论创新与技术变革的研究和开发十分活跃。煤炭及矿物的表、界面结构与性质、煤岩显微组分精细分离与低碳化高效转化、矿物功能材料绿色制备等关键科学问题亟待解决，高层次人才培养是解决这些问题的关键。

通过问题导向，编者积极探索矿物加工工程学科研究生教学内容改革创新的途径，不断完善矿物加工工程高层次人才培养体系，并将科学研究成果有效应用到具体的教学案例中。本教材是研究生培养体系和课程内容改革探索的成果之一，同时也凝聚了矿物加工及其相关领域的最新成果。因此，本教材的出版对于矿物精细加工人才培养和技术发展有重要价值。本教材共分9章。内容主要包括：固体表、界面结构与性质，颗粒物理与化学性质，煤岩组分分离，煤及典型矿物超纯加工，水煤浆技术，煤炭化学加工，煤炭生物加工，矿物功能材料，煤基聚合物材料等。

全书由西安科技大学周安宁任主编，刘向荣、屈孟男、李振任副主编。第1章由西安科技大学屈孟男编写；第2章由西安科技大学赵伟编写；第3章由西安科技大学李振编写；第4章由西安科技大学张宁宁、屈进州和王纪镇编写；第5章由河南城建学院宋成建编写；第6章由西安科技大学周安宁编写；第7章由西安科技大学刘向荣编写；第8章和第9章由西安科技大学周安宁编写。

在编写过程中，编者得到了被引用研究成果或文献的原作者（包括编者的硕博士研究生）、中国矿业大学出版社、西安科技大学教务处、西安科技大学化学与化工学院、自然资源部煤炭资源勘查与综合利用重点实验室相关老师以及业界同仁的大力支持，在此表示真诚的感谢！

由于编者学识、水平有限，书中难免有不妥、疏忽或不当之处，恳请读者批评指正。

编　者

2021年10月

目　录

第 1 章　固体表、界面结构与性质

界面分选是指利用界面性质的差异在相界面实现组分分离的技术。它具有明显的跨学科、跨专业的性质，在矿物加工工程、环境工程、化工等领域发挥着重要作用。

1.1　表、界面基础知识

1.1.1　表、界面定义

在实际应用中，表、界面现象的研究对象通常为具有多相性的不均匀体系，即体系中一般存在两个或两个以上不同性能的相。表、界面是指由一个相到另一个相的过渡区域。

实际上两相之间并不存在截然的分界面，相与相之间是个逐步过渡的区域，表、界面区域的结构、能量、组成等都呈现连续的梯度变化。因此，表、界面不是几何学上的平面，而是一个结构复杂、厚度约为几个分子线度的准三维区域。常把界面区域当作一个相或层来处理，称作界面相或界面层。

习惯上将气-液、气-固分界面称为表面，如固体表面、液体表面，而其他分界面，如固-液、液-液、固-固等两相之间的分界面称为界面，一般两者可通用。但在固体内晶粒的界面与表面有明确区分，从这一点上可以看出表面与界面的差别。

1.1.2　表面张力

在液体和气体的分界处，即液体的表面存在一个薄膜层，由于分子之间的相互作用力，该薄膜层承受着液体内部对其的拉伸力。液体的这一拉伸力称为表面张力，一般用 σ 来表示。在液体表面上画出一个任意的面积元，设此面积元每个边长都是 l，表面其他部分垂直作用在每一边上的力为 F，于是表面张力 σ 为：

$$\sigma = F/l \tag{1-1}$$

要使液体的表面积增大，则需要给予一定的作用力，即需克服表面张力而做功。增加表面积所做的功以表面自由能来度量，如下式所示：

$$-\mathrm{d}W = \gamma \mathrm{d}A \tag{1-2}$$

式中，γ 为比表面自由能，简称表面能，定义为增加单位面积所做的功，其单位为 $\mathrm{mJ/m^2}$。

对液体表面来说，表面张力与表面能在数值上相等（$1\ \mathrm{mN/m} = 1\ \mathrm{mJ/m^2}$）。而对固体表面来说，虽然两者通常不相等，但是由于固体有足够的塑性，表面原子可以有不同程度的迁移，尤其在较高温度（如熔点附近）时，表面原子首先接近于熔融状态，表面某些性质类似于液态（如金属丝端部在熔点附近呈圆滑状，玻璃器皿边口圆滑等），所以常借用液体表面理论近似地讨论固体表面现象，以避免复杂的数学计算。

1.1.3 吸附

1.1.3.1 吸附与偏析

吸附是指当流体与固体尤其是多孔固体接触时，流体中某个或多个组分在固体表面处产生聚集的现象。吸附作用是固体表面最重要的特征之一，普遍存在于固体和液体的表面。从本质上讲，吸附是组分在热力学体系的各相中偏离热力学平衡组成的非均匀分布现象。被吸附的分子通常被称为吸附质，固体则被称为吸附剂。吸附过程中，一些能量较高的吸附分子可能克服吸附势的束缚而脱离固体表面，这种现象称为"解吸"或"脱吸"。当吸附与解吸达到动态平衡时，固体表面保存着一定数量的相对稳定的吸附分子，这种吸附称为平衡吸附。对于吸附的研究，都是从平衡吸附着手的，吸附的基本理论也大多建立在平衡吸附基础上。

偏析则是指在固-液或固-固界面上，液相或固溶体中原子（分子）在界面上富集，导致液相或固溶体中溶质原子在界面上的浓度大于其基相浓度的现象。偏析和析出是两种不同的概念，偏析只提高界面浓度而无新相生成，析出则有新的第三相生成。

吸附和偏析是重要的表面与界面过程，许多重要的界面变化过程都是以吸附和偏析为第一步，如界面反应和催化、界面成核和生长、黏接、磨损等，它们可以改变材料表面和界面的成分和结构，从而强烈地影响材料的性能。

1.1.3.2 吸附、吸收与表面反应现象

将某种溶质加入溶液中，如果能使溶液表面能降低，表面层溶质的浓度大于溶液内部，则称该溶质为表面活性剂或表面活性物质，这种吸附称为正吸附；反之，加入溶质后，溶液的表面能升高，表面层溶质的浓度小于溶液内部，则称该溶质为非表面活性剂或非表面活性物质，这种吸附称为负吸附。

一定温度下，当吸附达到平衡时，单位面积上所吸附的吸附质的物质的量，称为在该条件下的吸附量，通常用 Γ 表示。药剂在矿物表面的吸附量有两种表示方法：一种用单位面积上吸附药剂的物质的量（称吸附密度，单位：mol/cm^2）来表示；一种用单位质量矿物吸附药剂的物质的量（单位：mol/g、mol/mg）来表示。前一种表示方法较好，但需要测定矿物的表面积。

吸收是气体或液体被固体或液体的内部吸入的现象，如矿泥吸收水液。表面反应是气体（或液体）与固体（或液体）表面质点以化学键作用生成能单独存在的化合物的化学作用，如硫化铅与氧作用生成硫酸铅，无水硫酸铜与水作用生成水合硫酸铜。

吸附、吸收和表面反应这三种典型作用的等温线是不同的，其中吸附等温线是过原点的曲线，如图 1-1(a)所示；吸收等温线是过原点的直线，如图 1-1(b)所示；而表面反应等温线是不过原点的折线，如图 1-1(c)所示。

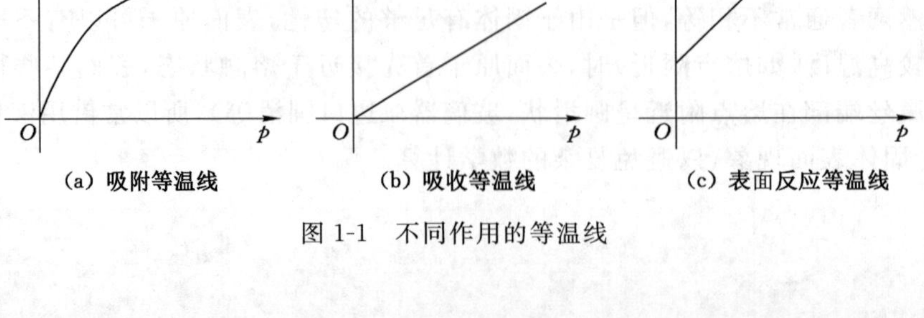

图 1-1 不同作用的等温线

1.1.3.3　吸附类型

根据吸附作用可将吸附分为物理吸附和化学吸附两类。用以描述和区分这两类吸附的重要物理量是吸附质的吸附作用力(或吸附能),它是指气体原子或分子吸附在固体表面时所释放的能量。如果吸附作用由范德瓦耳斯力引起,则该吸附称为物理吸附;如果吸附作用由表面化学键引起,则该吸附称为化学吸附。

(1) 物理吸附

物理吸附的特点是吸附能低,约为 4.2 kJ/mol,一般在较低温度下才有可能发生,无激活能,对于不同物质无选择性。在物理吸附中,几乎不发生吸附原子和基体表面原子之间的电荷转移,起主要作用的是基体和吸附质之间的范德瓦耳斯力,即由于基体表面原子与吸附原子之间的极化作用而产生的结合力,包括色散力、诱导力和偶极力等。由于范德瓦耳斯力属于弱相互作用力,因此物理吸附不易形成稳定的吸附覆盖层,既容易解吸,也易受温度等因素的影响而发生变化,对基体表面结构及性质影响不大。

(2) 化学吸附

化学吸附则具有较高的吸附能,且有激活能,对不同物质有选择性。化学吸附的作用力是化学键力,即伴随着电子转移的静电库仑力。根据电子转移的方式可将化学吸附分为解离吸附(或称离子吸附)和缔合吸附(或称化学键吸附)两种类型。前者指吸附质与基体之间发生完全的电子转移,即吸附质先经过解离,形成不同的离子,然后以离子形式吸附在基体表面;后者则指吸附质与基体之间发生不完全的电子转移,两者之间只提供局部的共用电子,即吸附质分子不先经过解离,而以分子形式直接与基体表面分子或原子形成局部的吸附键(如配位键)。这两类化学吸附既可以单独存在,又常常两者兼有。由于化学键力较强,因此化学吸附可以形成比较稳定的吸附层结构,对表面结构和性质影响较大。

(3) 物理吸附与化学吸附的关系

若按吸附能区分,一般认为物理吸附与化学吸附的界限约在 0.5 eV 处。实际上,由物理吸附到化学吸附是一个渐进的转变过程,两者之间并不存在一个明确的分界。有时物理吸附和化学吸附不但难以截然分开,而且常常相伴而生,在一定条件下甚至还可以互相转化。了解从物理吸附到化学吸附的演变,对理解整个吸附过程是有益的。

1.1.4　表面扩散传质

与表面吸附相类似,表面扩散传质也是一种基本的表面过程,它包括了沿表面和界面的扩散、穿越界面的扩散和界面移动等多种与界面原子运动有关的物质运输。

(1) 扩散机理

扩散系数是表征扩散过程的重要参数。从原子结构的观点看,扩散传质是原子随机运动的结果,因此扩散系数 D 可由原子参数来表达,即

$$D = 2\alpha l/\tau \tag{1-3}$$

式中,α 为常数,对于体扩散,$\alpha=1/6$;对于面扩散,$\alpha=1/4$;对于线扩散,$\alpha=1/2$;l 为原子跃迁平均自由程(或称原子平均跳跃距离);τ 为原子跃迁的平均弛豫时间(原子平均跳跃频率的倒数)。

在固体中,扩散系数 D 受到温度的强烈影响,通常遵循下述经验公式:

$$D = D_0\exp(-E_D/kT) \tag{1-4}$$

式中，D_0为与振动频率有关的常数（又称频率因子），与温度无关；E_D为扩散激活能；kT为热能。式(1-4)实际是式(1-3)所描述的原子过程的宏观体现。

由于固体中的扩散是通过原子的随机运动进行的，因此扩散的前提是有可供原子运动的空间。以原子空位作为原子运动空间的扩散称为空位扩散，而利用原子间隙来进行的扩散称为间隙扩散。这两种机理已被实验结果所证实。换言之，扩散过程的微观机制就是缺陷（无论是空位、间隙原子还是位错等）的运动。此外，原子的随机运动也有可能通过相邻两原子互换位置或若干个相邻原子依次循环置换来实现。但后两种机制的激活能较大。

(2) 表面扩散

从表面原子扩散的微观机制来讨论表面扩散过程，可将其分为自扩散和互扩散（或称异质扩散）两类。前者指基体原子在表面的扩散，后者则指外来原子沿表面的扩散。

原子在理想表面上的自扩散是指从热能起伏中获得足够能量的原子离开初始位置而成为相邻势阱中的吸附原子的过程。吸附原子离开其原有位置的频率ν取决于它所要克服的势垒高度W，并符合下述关系式：

$$\nu = n\nu_0 \exp(-W/kT) \tag{1-5}$$

式中，n为原子碰撞次数；ν_0为固体表面原子的振动频率。在真实表面上，常常存在多种类型的缺陷。如前所述，缺陷是扩散的动力因素。但不同类型的缺陷对应不同类型的原子运动，即具有不同的势垒高度W，因而其扩散激活能E_D也不相同。在表面扩散实验中得到的扩散激活能则是多种原子运动的平均值，即表面原子脱离正常格点的跃迁与邻近缺陷复合两个过程的综合效果。

表面原子的自扩散机制与晶体体内原子的自扩散机制相同，但扩散情况却不相同。表面原子有更大的自由度，所以活动能力最高，其次为界面原子，体内原子的活动能力最低。因此扩散激活能$E_{D表} < E_{D界} < E_{D体}$，扩散系数$D_{表} > D_{界} > D_{体}$。

外来原子在表面的扩散，即表面互扩散（或异质扩散）的机制与自扩散相似，但这些原子受势场的束缚较弱，其迁移速率远大于自扩散，多属于自由度较大的远程扩散[即原子跃迁平均自由程远大于晶格常数($\alpha \geqslant 1$)]。外来原子在晶体表面存在的方式，可以是填隙式，也可以是置换式，或者化合、吸附等。填隙式外来原子的扩散，其迁移速率仅与表面势垒有关，不受缺陷机制的影响。置换式外来原子的扩散方式则基本上与自扩散相同，但扩散系数一般大于自扩散，这是因为外来原子进入表面所引起的点阵弛豫作用，增加了表面缺陷的产生及迁移的概率，多为空位扩散机制。

(3) 界面扩散

界面厚度虽小，一般不过几个原子层，但由于界面中原子的跳跃频率比体内约高百万倍，因此其扩散要比体内扩散快得多。从根本上说，这一特点和界面扩散的原子过程有关。

对界面扩散的研究主要集中在晶界扩散上。由于在晶界中存在大量的缺陷以及晶界的点阵畸变和晶界的松散结构，晶界成为原子迁移的起始和终结区，即成为扩散源。实验证明，原子沿晶界的扩散速率比晶粒内部高几个数量级，但由于晶界中的位错使扩散改变方向，其扩散深度并不比晶粒内部大。

在晶界中的扩散同样有自扩散和异质扩散两种过程。晶界的自扩散方程建立在费希尔提出的板片模型上。该模型假设晶界为均匀厚度的板片，在其全部范围内，扩散系数保持不变，并假定扩散物质在晶界内与晶粒内的浓度达到平衡时相等。晶界的异质扩散规律与自扩散相似。处于高能区的晶界区是异质原子的富集区，使界面能降低的溶质原子聚集在界面，加之晶界区的松散结构，使得沿晶界的异质扩散远大于晶粒异质扩散，可达几个数量级之差。这已被很多实验观察结果所证明。不过，由于晶体内部、表面、界面的原子势不同，异质原子在晶界区的扩散激活能相差较大，因此扩散系数各不相同。异质原子在晶界中的扩散还常伴随一些化学反应（例如，氧化反应、还原反应、硫化反应及其他化合反应等），并由此在晶界中出现新相，这种扩散属于反应性扩散。反应性扩散是许多固相反应的主要途径。此外，晶界的异质扩散同晶粒的尺寸有关，晶粒大的晶面扩散浓度小于晶粒小的晶面，即小晶粒的晶界扩散比较容易。

晶界迁移是一种重要的界面扩散传质现象，它可由不同的驱动力引起，即当晶界受到的推动力足以引起其运动时，晶界便发生迁移现象。晶界迁移的特点与处于一定能量状态的晶界原子结构特点密切相关，其过程的本质是晶界能量的下降。例如，固相重结晶、晶粒生长、二次再结晶、扩散均相化及不连续析出发生时，晶界均要迁移。晶界迁移速率 v 与晶界所受到的推动力 P 之间的关系为：

$$v = MP^n \tag{1-6}$$

式中，M 为晶界迁移速率；P 为推动力，N/m^2，在数值上等于用 J/m^3 表示的单位体积自由能的变化。

晶界的晶粒取向差、杂质和温度对晶界迁移均有很大影响。某些取向差具有最大的迁移率，但根据晶体结构的不同，对应于最大迁移率的转角并不相同。杂质对晶界迁移的影响称为溶质效应，其基本观点是将晶界上的杂质原子作为一种阻碍晶界运动的阻力看待，认为杂质是晶界迁移率减小的原因。随着温度的升高，晶界迁移率相应增大。在高温时，含杂质材料与纯材料中的晶界迁移率趋于一致，说明此时它们的迁移激活能是相似的。

1.1.5　表、界面研究的重要性

表面与界面现象无处不在，利用表、界面的一些基本概念，可以解决或协助解决许多实际和理论问题。例如，美国的一次登月行动因驱动火箭的液态燃料在一次断路周期后未能按原定计划执行第二次点火而遭失败。在排除了系统装置故障原因后，一位表面化学家提出，由于液体燃料在失重空间中呈如图 1-2(a)所示的状态，因此不能很好地润湿容器而导致二次点火失败；若改进燃料对容器的润湿性，使之形成如图 1-2(b)所示的浸润状态，则可使燃料顺利地进入油泵。表面化学基本原理对登月计划的成败产生如此举足轻重的影响，表、界面的研究就显得尤为重要性。

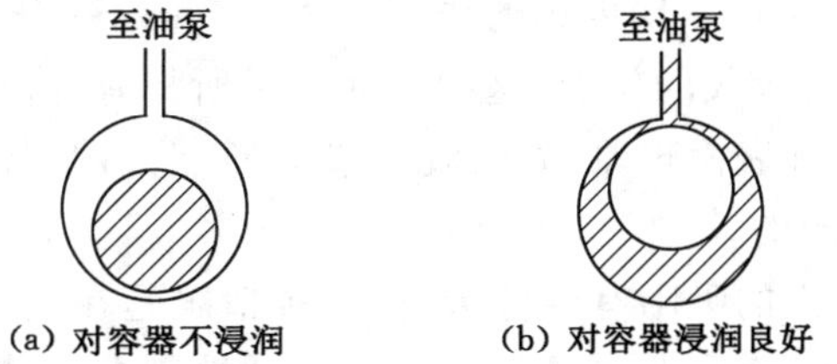

图 1-2　液体燃料在失重空间对容器的浸润状态示意图（阴影部分代表液体燃料）

1.2 表、界面类型及吸附

对于物质的三种状态，表、界面通常可以分为以下五类：固-气、液-气、固-液、液-液、固-固（图 1-3）。气体和气体之间总是均相体系，因此不存在表、界面。

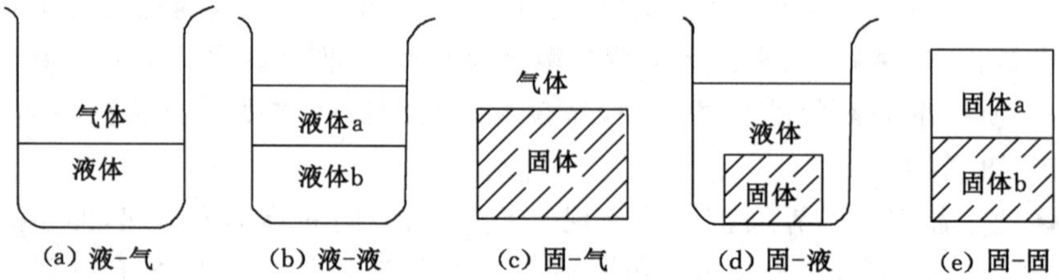

图 1-3 界面类型示意图

1.2.1 表、界面类型

(1) 液-气界面

界面层内的分子，一方面受到液体内部分子的作用，另一方面又受到液体外部气体分子的作用。但是，气体密度比液体密度要小得多，气体分子对液体表面分子的作用力也就很小，一般可忽略不计。因此，在液体的表面层中，每个分子都受到垂直于液面并且指向液体内部的不平衡力的作用，而处在液体体相内部的任一分子在各个方面都受到相同分子力的作用，因而是处在稳定的状态。所以，液体表面层的分子就有一种趋向内部的作用。

液体表面分子受到液体内部分子的吸引，形成缩小表面的作用称为表面张力，它可以用对抗缩小表面作用的平衡力来度量。通常所说的表面张力是比表面张力的简称，指在与作用方向垂直的单位长度线段上的表面张力，以 σ 表示。平面的表面张力处于平面上，曲面的表面张力处在作用点为切点的平面上。表面张力是表面分子受气相、液相分子引力作用而产生综合作用的结果。因此，表面张力的大小与液相和气相的分子结构有关，提到液体表面张力时，应指明所接触的气相。通常所说的液体表面张力是指该液体与其本身的饱和蒸气相接触或者与空气相接触时的测定值。液体表面张力的测定方法有毛细管上升法、最大泡压法、滴重法、圆环法和吊板法等。

液体表面分子因受到内部分子吸引而有缩小液体表面的作用，所以要把一个分子从液体内部移到表面层，就必须反抗液体内部的作用力而做功，这一分子的位能就会增加，即分子在界面层比在液体内部有较大的位能，这种表面分子所特有的位能就是表面能。

在液-气界面出现的多种表面现象（如液滴趋成球形、毛细管现象、吸附作用和泡沫现象等），都是液体表面张力引起的。

表面活性剂在液-气界面的吸附有两种情况：一种情况是在液-气界面做定向排列，形成单分子膜；另一种情况是形成各种形式的胶束。表面活性剂在液-气界面的吸附作用在界面分选体系中非常重要。例如，起泡剂是一种表面活性剂，在液-气界面上呈单分子层定向吸附，分子中非极性烃基透过界面穿入气相，而其极性基则留在液相，从而提高了气泡的稳定性，促进泡沫的形成和气泡的矿化过程。

(2) 液-液界面

在日常生活和生产中常常会碰到两种液体相接触或一种液体分散于另一液体中的现象，如原油破乳、药剂乳化和液膜分离等。液-液界面就是两种不相混溶的液体相接触而形成的物理界面。液-液界面可以由不同途径形成，包括黏附、铺展和分散。黏附是指两种液体接触后，各自失去自己的液-气界面而形成液-液界面的过程。铺展是指一种液体在另一种液体上展开，使后者原有的液-气界面被两者间的液-液界面取代，同时还形成相应的第一种液体的液-气界面的过程。分散则是指一大滴的液体变成无数小液滴后存在于另一种液体之中的过程，从体系的界面结构来看，这时只有液-液界面形成。

两种不相混溶的液体有时可以自动形成液-液界面，有时则不能。液-液界面存在界面张力和界面过剩自由能。处于液-液界面区的分子不仅受到内部同种分子的作用同时还受到另一侧不同分子的作用。分子之间相互吸引的作用力属于短程作用力，包括范德瓦耳斯作用力(色散力、偶极力、诱导力)、氢键力、金属键力、静电相互作用力和离子相互作用力。这些作用力之间没有明显的相互影响，可以相互加合。也就是说，液-液界面张力可视为各种分子间作用力的综合效果。实际上，由于分子结构上的千差万别，这些作用力不可能同时存在，只有色散力在任何场合、任何分子中都普遍存在。

表面活性物质可以在液-液界面吸附，并可降低液-液界面张力，吸附量可以用吉布斯吸附公式求出。界面分选中存在液-液界面吸附的现象，如油浮选、球团浮选和乳化浮选。乳化浮选就是利用乳化剂在液-液界面的吸附，从而降低液-液界面的表面能，促进捕收剂液滴在液相中的分散，强化捕收剂与矿物表面作用的过程。

(3) 固-液界面

固体表面的分子与液体表面一样，具有不饱和的分子间力，而且由于固体表面的不均一性远远大于液体表面，因而具有更高的表面能。

固-液界面的吸附现象比液-气界面复杂得多，吸附速度也要慢得多。吸附主要取决于吸附剂和吸附质的结构、性质和相互接触的活性质点(离子、原子或分子)数等，例如，矿物的物质组成、结晶构造以及表面状态对吸附过程会产生显著的影响；吸附又与气体或溶质(如浮选药剂的分子、离子)的组成、结构、性质以及浓度等密切相关，这是因为吸附过程是分散的气体或溶质的分子或离子在矿物表面浓集(凝集)的过程。一般而言，吸附质与吸附剂的结构类似或性质相近较易发生吸附；极性吸附剂易吸附极性吸附质或电解质离子，且通常是选择性地吸附与吸附剂有相同元素或类质同象的离子；高价离子也常比低价离子易被吸附；当吸附质与吸附剂表面质点有交换等化学反应时，易促进吸附过程的进行；凡能使固-液界面自由能降低得越多的溶质，被吸附的量也越多。

界面分选中常见到固-液界面吸附的现象，如在泡沫浮选体系中，矿浆中的固体颗粒通过固-液界面吸附捕收剂，从而改变矿物表面的疏水性。

(4) 固-气界面

通常，固体外表都是固-气界面，而不是真正的固体表面。由于空气是透明无色的，肉眼看不见，所以，一般将固-气界面当作固体表面。固体表面比液体表面复杂得多，表面通常是各向异性的，实际外形与其周围的环境及所经历的历史有关。除少数理想状况以外，固体表面常常处于热力学非平衡状态。此外，固体表面相与内部的组成和结构有所不同，存在各种类型的缺陷。

固-气界面最重要的特性就是固体对气体和蒸气的吸附作用，这一性质可以直接用于气体的分离与提纯。水蒸气或各种气体在矿物表面上的吸附，能影响矿物的疏水性。

1.2.2 界面吸附

界面分选过程中界面吸附现象非常普遍，也非常重要。例如，起泡剂在液-气界面的吸附提高了气泡的稳定性，促进了泡沫的形成和气泡的矿化过程；浮选药剂在矿物表面的吸附，直接决定矿物表面的润湿性，可使某些矿物表面疏水，使另一些矿物表面亲水，增大被分离矿物间可浮性的差别，从而实现有效分离。因此，研究界面吸附现象是界面分选理论研究的重要内容之一。

1.2.2.1 固-气界面吸附

固-气界面对气体和蒸气有吸附作用，利用这一性质不仅可直接用于气体的分离与提纯，而且对研究多相催化作用具有重要意义。

固-气界面吸附气体，使气相中的某种组分在此界面上浓集，其结果是固体表面能降低。一般来说，固-气界面吸附气体是自发进行的。根据吸附力的不同，固-气界面上的吸附有物理吸附和化学吸附两大类，气体吸附等温线大体有五种基本类型，如图 1-4 所示。

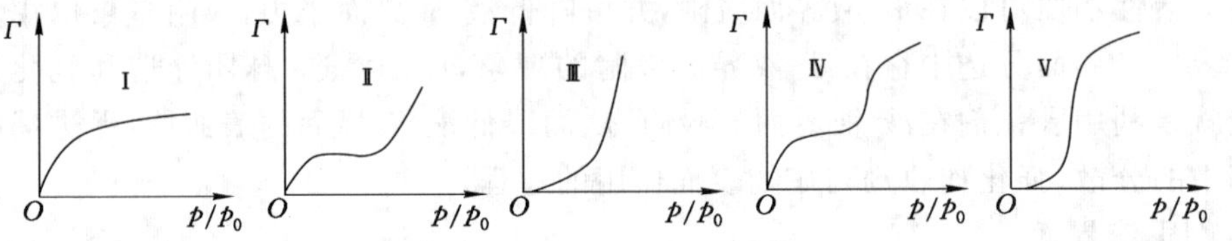

图 1-4 吸附等温线的基本类型

第Ⅰ类吸附等温线的特征是，在较低相对压力时吸附量迅速增加，达到一定相对压力后吸附量趋于固定的数值（极限吸附量）。第Ⅱ～Ⅴ类吸附等温线是发生多分子层吸附和毛细凝结的结果。当吸附剂为非孔的或孔径很大可近似看作非孔时，吸附层数原则上可认为不受限制，吸附等温线为Ⅱ、Ⅲ类；当吸附剂为孔性的（不是或不全是微孔的），吸附层数受孔大小限制，在 $p/p_0 \rightarrow 1$ 时的吸附量近似于将各种孔填满所需液态吸附质的量，吸附等温线为Ⅳ、Ⅴ类。Ⅱ和Ⅲ，Ⅳ和Ⅴ类型等温线的区别在于起始段曲线的斜率，Ⅱ和Ⅳ类型的曲线斜率是由大变小，Ⅲ和Ⅴ类型的曲线斜率是由小变大；在形状上，Ⅱ和Ⅳ类型在低压区曲线凸向吸附量轴，Ⅲ和Ⅴ类型则凸向压力轴。这些区别反映了吸附质与吸附剂表面作用的强弱。

（1）单分子层吸附

朗缪尔（Langmuir）于 1916 年从动力学模型观点出发推导出气体单分子层的吸附等温式，其基本假设是：① 固体表面质点有自由键力，形成许多吸附活性点，每一活性点能以化学键作用吸附一个气体分子；② 吸附一个气体分子的活性点及被吸附在活性点的气体分子都不再吸附气体，即单分子层吸附；③ 吸附热与表面覆盖度无关，即吸附热是一常数，吸附剂表面是均匀的，吸附分子间无相互作用；④ 吸附是可逆作用，吸附与脱附同时进行，吸附速度与脱附速度相等时，形成吸附平衡。

若固体表面有 S 个吸附位，气体分子占据 S_1 个，空余 $S_0=S-S_1$ 个。则 $\alpha=S_1/S$ 表示表面已被吸附的面积分数，$1-\alpha=S_0/S$ 表示表面未被占据，即空位的面积分数。

气体的吸附速率 v_1 应与气体的压力 p 和空位的面积分数$(1-\alpha)$成正比，即

$$v_1=k_1p(1-\alpha)$$

被吸附分子的解吸附速率 v_2 与已被吸附的面积分数 α 成正比，即

$$v_2=k_2\alpha$$

式中，k_1，k_2 为比例常数。在等温下达到平衡时有

$$v_1=v_2$$

即

$$k_1p(1-\alpha)=k_2\alpha$$

$$\alpha=\frac{k_1p}{k_2+k_1p}$$

令 $k_1/k_2=b$

$$\alpha=\frac{bp}{1+bp} \tag{1-7}$$

式(1-7)称为朗缪尔吸附等温式，b 称为吸附系数。式(1-7)定量描述了 α 与平衡压力 p 之间的关系。

(2) 多分子层吸附

1938 年，布鲁诺尔(Brunauer)、艾米特(Emmett)、泰勒(Teller)将朗缪尔单分子层吸附理论加以发展和推广，提出了多分子层吸附模型，并推导出相应的吸附等温式，通常称为 BET 公式，可用于Ⅰ、Ⅱ和Ⅲ类型吸附等温线。

BET 多分子层吸附模型保留了朗缪尔模型中吸附热与表面覆盖度无关，即吸附热是一常数的假设，补充了以下三条假设：① 活性点上的分子还可以分子引力吸附气体分子，形成多分子层吸附；② 第一层的吸附热与以后的各层不同，第一层为化学吸附，吸附热较大，其余各层为物理吸附，吸附热较小；③ 吸附质的吸附与脱附只发生在直接暴露于气相的表面上。图 1-5 是 BET 吸附模型的一种示意图，图中空白吸附位个数以 S_0 表示，发生了单分子层吸附的吸附位个数为 S_1，发生了二分子层吸附的吸附位个数为 S_2，以此类推。显然，吸附剂总表面积为各吸附位置数之和，总吸附量为各吸附位置上吸附分子数之和。

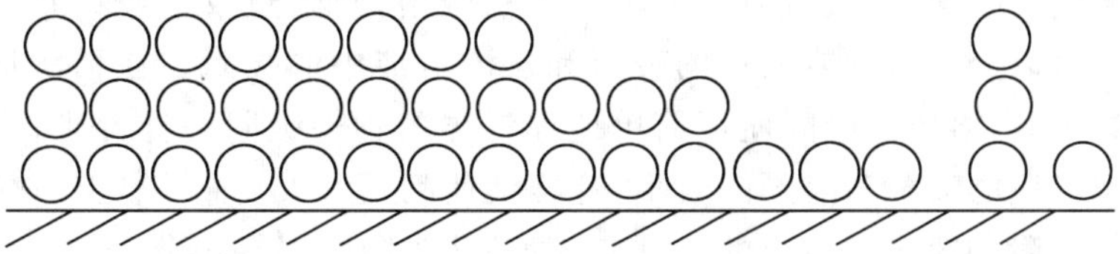

图 1-5　BET 吸附模型

根据假设，达到吸附平衡时 S_0，S_1，S_2，…都是固定的。因此，吸附到空白吸附位置上的吸附速度应等于单分子层吸附位置上的脱附速度，而在空白吸附位置上的吸附速度与气体平衡压力 p 及空白吸附位置数成正比，在单分子层吸附位置上的脱附速度与第一层的吸附热有关。吸附平衡时 S_1 也是固定的，故第一层吸附分子上再发生吸附的吸附速度与第二层吸附分子的脱附速度相等，同理类推。吸附剂的总面积是各吸附位个数之和，且当吸附剂为平面(无孔)时，原则上吸附层数可达无穷多。经过一系列推导得出 BET 公式，它有较简略

的二常数式和较全面的三常数式两种形式。

二常数 BET 公式如下：

$$\frac{p}{\Gamma(p_0-p)}=\frac{1}{\Gamma_\infty C}+\frac{C-1}{\Gamma_\infty C}\cdot\frac{p}{p_0} \tag{1-8}$$

式中 Γ——吸附量；

C——常数，相当于朗缪尔公式的常数 b；

Γ_∞——第一层饱和吸附量，为常数；

p/p_0——相对压强。

三常数 BET 公式如下：

$$\Gamma=\frac{\Gamma_\infty C\chi}{1-\chi}\cdot\frac{1-(n+1)\chi^n+n\chi^{n+1}}{1+(C-1)\chi-C\chi^{n+1}} \tag{1-9}$$

式中 Γ——吸附量；

Γ_∞——第一层饱和吸附量，为常数；

C——常数；

n——吸附层数，为常数；

χ——相对压强，$\chi=p/p_0$。

当 n 为∞时，$\chi=0$，三常数式变为二常数式。$n=1$ 时，变为朗缪尔吸附等温式。

BET 多分子层吸附模型提供了测定单分子层吸附量的方法，重要应用是测定固体的比表面积。

1.2.2.2 固-液界面吸附

当液体与固体表面接触时，由于固体表面质点对液体分子的作用力大于液体分子间的作用力，液体分子将向固-液界面聚集，同时降低固-液界面能，即发生固-液界面吸附现象。溶液被固体所吸附是比较容易观察到的，将一种染料的水溶液与焦炭一起搅动，染料水溶液的颜色会逐渐变淡，甚至于完全褪色，这就是溶液吸附的突出例子。矿物浮选过程，浮选药剂在矿物表面吸附，从而改变矿物表面的润湿性，这也是固-液界面吸附。

(1) 非电解质吸附

非电解质溶液的吸附，一般常表现为单分子层吸附，吸附热较小，相当于溶解热。溶液吸附的情况常常可以分为从稀溶液中的吸附和从浓溶液中的吸附。在稀溶液中，溶剂的吸附影响可以忽略不计，溶质的吸附就可简单地如气体的物理吸附一样处理；而在浓溶液中，则必须同时考虑溶质的吸附和溶剂的吸附，这样就使问题大大复杂了。

稀溶液中的吸附一般采用简单的朗缪尔模型，认为吸附层是单分子层，并认为该层是由溶质和溶剂分子组成的二维理想溶液，分子的面积相同，吸附质只对固体表面的吸附空穴有作用，而不存在横向的相互作用，吸附服从朗缪尔吸附等温式，即

$$\Gamma=\Gamma_\infty\frac{bc}{1+bc} \tag{1-10}$$

式中，Γ、Γ_∞、c、b 分别为平衡吸附量、饱和吸附量、吸附质平衡浓度和常数。

利用该式可准确地计算高、低浓度下单分子层的吸附结果。研究朗缪尔吸附等温式可以发现，常数 b 值等于吸附量为 $0.5\Gamma_\infty$ 时的吸附质浓度。

对于固体表面不均匀的多层吸附，可用弗罗因德利希(Freundlich)吸附经验方程来计

算，即

$$\Gamma = kc^{1/n} \tag{1-11}$$

式中，k 和 n 均为经验常数，可用双对数图的方法获得；c 为吸附质平衡浓度。

对于稀溶液的吸附，吸附质大多是一些有机化合物，如脂肪酸、芳香酸和酯类等单官能团的化合物。典型的吸附有氧化铝、硅胶、活性炭和多种有机化合物（如糖、淀粉）等。溶液吸附可能是物理吸附，也可能是化学吸附。

对于稀溶液来说，由于溶质的浓度很低，吸附前后溶剂的浓度变化可以忽略。但是对浓溶液来说，固-液界面既吸附溶质，也吸附溶剂，因此，溶质和溶剂的浓度在吸附前后均有变化。假设在由 A 和 B 组成的浓溶液中，A 和 B 可以按任何比例互溶，浓度范围可以从纯液体 A 到纯液体 B，在这样的浓溶液体系中，溶质和溶剂的概念是相对的，根据某组分吸附前后的浓度计算出的吸附量实际是相对吸附量，是一种过剩量。

固-液界面吸附非电解质的一般规律是：① 极性吸附剂易于吸附极性较大的组分，非极性吸附剂易于吸附非极性的组分；② 有机同系物，碳链越长，极性越小，因此非极性吸附剂对同系物的吸附量将随着相对分子质量的增大而增加；③ 吸附质的溶解度越低，它越容易被吸附；溶液吸附为放热过程，温度升高，吸附量降低。但如果某物质的溶解度随温度升高而降低，则吸附量有可能增加。

（2）高分子吸附

由于高分子体积大和形状可变，高分子吸附与低分子吸附相比，具有独特的性质，主要表现在：① 高分子的分子体积大，形状可变，在良好溶剂中可以舒展成带状，在不良溶剂中卷曲成团，吸附时常呈“多点吸附”，且脱附困难；② 由于高分子总是多散性的（即相对分子质量有大有小），所以吸附时与多组分体系中的吸附相似，即吸附时会发生分级效应；③ 由于相对分子质量大，移动慢，向固体内孔扩散时受到阻碍，所以吸附平衡极慢；④ 吸附量常随温度升高而增加。

高分子在固-液界面上吸附的基本形态如图 1-6 所示。图 1-6(a)为高分子链的单点吸附，较易脱附，不多见；图 1-6(b)为多点吸附，实为链段吸附；图 1-6(c)为平躺的多点吸附，最牢固；图 1-6(d)为无规线团的吸附，可认为是高分子在溶液中的构型，吸附层的厚度接近于无规线团的直径；图 1-6(e)为不均匀的链段分布吸附，距表面越远，链段密度越低；图 1-6(f)为多层吸附，亦不多见。

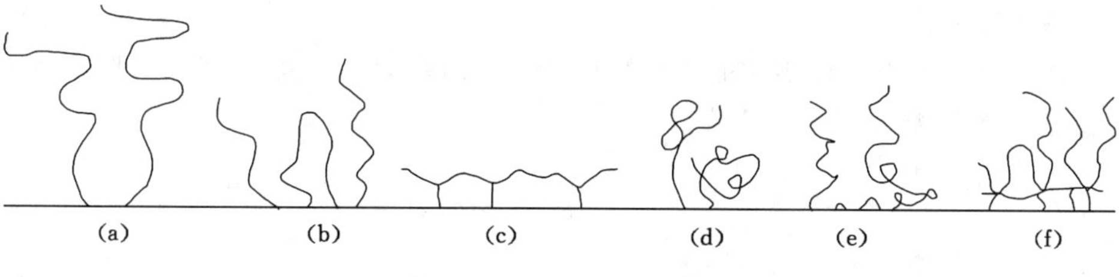

图 1-6　高分子在固-液界面上吸附的基本形态

（3）表面活性剂吸附

表面活性剂在稀溶液中的吸附规律与吸附非电解质低分子有机物基本相似。但是由于表面活性剂有不同的类型，其在固-液界面上吸附各有其特点。

① 表面活性剂在固-液界面上的吸附等温线形状多样，有的甚至无法给出合理的解释。

② 当表面活性剂浓度远低于临界胶束浓度（CMC）时，通常以分子或离子形式吸附；当表面活性剂浓度接近或略低于临界胶束浓度时，可能形成半胶束吸附。

③ 表面活性剂在固-液界面上的吸附主要有 4 种吸附形式，即电性作用引起的吸附、色散力引起的吸附、形成氢键引起的吸附和疏水作用引起的吸附。

（4）电解质吸附

在电解质水溶液中不但有溶剂水和溶质，而且溶质在溶液中还会电离出正、负离子和水解产物，因此，电解质在固-液界面的吸附更为复杂。电解质在固-液界面的吸附除了一般的物理吸附和化学吸附外，还有电性影响和离子交换作用。

电解质的吸附将使固体表面带电，或者使双电层中的组分发生变化，还可能会使溶液中的某些离子被吸附到固体表面，而固体表面的离子进入溶液之中，产生所谓的离子交换作用。

1.2.2.3 液-气界面吸附

溶液看起来均匀，实际上并非如此。无论如何混匀，表面上一薄层的浓度总与内部不同。溶液表面上也在吸附，溶液表面吸附作用导致表面浓度与内部浓度差，也就是表面过剩。由于液体表面具有与其体相在物理上的不可分离性，增加了对吸附现象观察和测量的难度。

（1）正吸附

如果溶质表面能比溶剂小，则在等温等压下所形成的溶液比纯溶剂的表面能小，为使体系的能量最小，溶质较多地存在于液-气界面，界面层溶质浓度比溶剂内部要大，即形成正吸附。正吸附是降低溶剂和溶液整体表面能的过程，是自发进行的。一般来说，有机酸、醇、胺和盐大都能使水的表面能降低，其溶液呈正吸附。能显著降低液体表面能的物质称为表面活性物质，降低的表面能值称为表面活性。

（2）负吸附

如果溶质表面能比溶剂大，或溶质与溶剂的亲和力很强时，为使体系的能量最小，溶质趋向进入溶剂内部，液-气界面层内几乎是表面能较小的溶剂，界面层溶质浓度比溶液内部小，即形成负吸附。负吸附是增大溶剂的表面能、使溶液整体能量降低的过程。一般无机电解质及多羟基的强亲水性有机水溶液表现为负吸附。

（3）等温吸附公式

在液-气界面，表面活性物质的平衡浓度 c 及表面张力 σ 与液-气界面吸附密度 Γ 的变化规律可由吉布斯等温吸附方程计算，即

$$\Gamma = \frac{-c}{RT} \cdot \frac{\mathrm{d}\sigma}{\mathrm{d}c} \tag{1-12}$$

式中 R——气体常数；

T——绝对温度；

$\mathrm{d}\sigma/\mathrm{d}c$——表面活性。

如果吸附质能使吸附剂的表面张力显著降低，即 $\mathrm{d}\sigma/\mathrm{d}c$ 小于零，则 Γ 大于零，为正吸附，如浮选中常用的长烃链羧酸盐、硫酸酯、磺酸盐及胺类捕收剂等；如果吸附质使表面张力升高，即 $\mathrm{d}\sigma/\mathrm{d}c$ 大于零，则 Γ 小于零，为负吸附，如浮选中使用的无机酸、碱、盐调整剂等。

研究表明：液-气界面吸附的等温线大都类似固-气界面吸附气体的Ⅰ类型吸附等温线，凡适用于Ⅰ类型吸附等温线的吸附方程大都可用于液-气界面的吸附，但在此处应以浓度 c 代替气体压强 p。可用式(1-11)来计算。

如果表面活性剂物质在液-气界面以单分子层吸附，则可以采用朗缪尔吸附等温式(1-10)计算。

对于表面活性物质的同系物而言，每增加一个 CH_2，表面活性约增加3倍，起泡剂的性能与其表面活性密切相关，此关系称为特劳伯法则。

1.2.2.4　*液-液界面吸附*

由于液-液界面面积和界面自由能储量极高，系统处于多相热力学不稳定状态，具有向自由能降低的方向发展，以求达到稳定状态。单靠物理作用形成的乳状液只能暂时地增加界面面积，很快会发生破乳(油和水分层)。如果向这种不稳定体系中添加表面活性剂，依靠液-液界面吸附的表面活性剂可以降低液-液界面自由能，维持乳状液的稳定，获得分散度适宜和稳定性较高的乳状液。在油-水二相体系中，当表面活性剂分子处于界面，将亲油基插入油中、亲水基留在水中时势能最低。表面活性剂在界面上的浓度将高于在油相或水相中的浓度。像液体表面一样，表面活性剂也在使界面张力降低的同时在液-液界面上吸附。

表面活性剂在液-液界面上的吸附等温线有两个特点：① 饱和吸附量较小。② 由于表面活性剂分子的疏水基和油相分子间的相互作用与疏水基之间的相互作用具有非常相似的性质和接近的强度，而不像在液-气界面上，气相分子既少又小，与表面活性剂的疏水基之间的相互作用非常微弱。因此，在油-水界面吸附中，许多油相分子插在表面活性剂疏水基之间，使吸附的表面活性剂分子平均占有面积变大，吸附分子间的凝聚力减弱，也由于这个原因，在低浓度时液-液界面上的吸附量随浓度上升较快。

1.3　表面活性剂

1.3.1　表面活性剂概述

溶质加到溶剂中可引起其表面张力的变化，如图1-7所示。第一类物质的加入会使溶剂表面张力略为升高，属于此类物质的有强电解质如无机盐、酸、碱等；第二类物质的加入会使溶剂的表面张力逐渐下降，属于此类物质的有低碳醇、羧酸等有机化合物；第三类物质少量加入就会使溶剂表面张力急剧下降，但降到一定程度后，就变得很慢或几乎不再下降，如在25 ℃水中加入0.1%的油酸钠即可使水的表面张力从72 mN/m降低到25 mN/m。

我们把能使溶剂表面张力降低的物质称为具有表面活性的物质，如第二类、第三类物质都能使溶剂的表面张力降低，它们都具有表面活性。第一类物质不能使溶剂的表面张力降低，它们不具有表面活性，是非表面活性物质。

比较第二类和第三类物质，它们在使溶剂表面张力降低的程度上有明显的差别。少量的第三类物质使溶剂的表面张力急剧下降，而当达到某一浓度后，表面张力曲线趋于水平。像第三类物质那样，加入很少量就能大大降低溶剂的表面张力，使表面呈现活性状态的物质称为表面活性剂。

表面活性剂的加入不仅能明显降低表面张力，而且还会产生润湿或反润湿、乳化或破

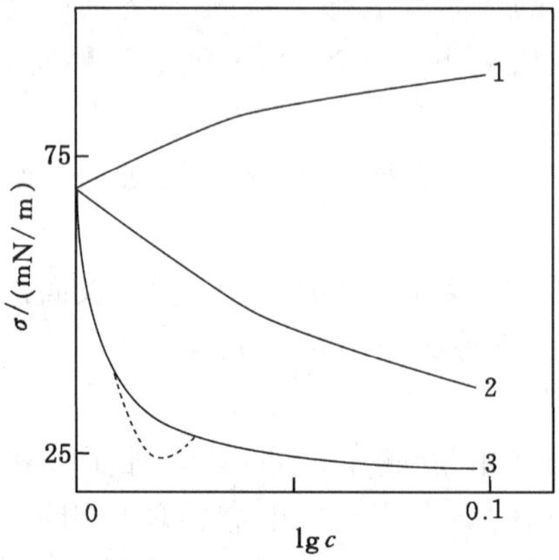

1—第一类物质;2—第二类物质;3—第三类物质。

图 1-7 各类物质水溶液的浓度 c 与表面张力 σ 的关系

乳、起泡或消泡及增溶、分散等一系列作用。不仅如此,表面活性剂在溶液中达到一定浓度以上时,会形成分子有序组合体,从而产生一系列重要功能。

1.3.2 表面活性剂分子的结构与类型

表面活性剂的分子结构特点是具有不对称性,任何一种表面活性剂都是由两种不同性质的基团所组成的,一种是非极性的亲油基团,另一种是极性的亲水基团,也就是说,表面活性剂既具有亲水性,又具有亲油性,形成一种所谓"两亲结构"的分子,如图 1-8 所示。

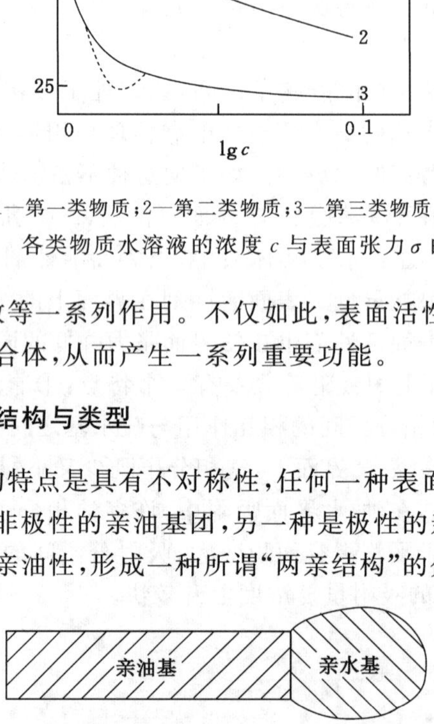

图 1-8 表面活性剂分子模型

以肥皂 $C_{17}H_{35}COONa$(硬脂酸钠)为例,硬脂酸钠分子中既含有 18 碳长链疏水(亲油)基团,也含有亲水的羧酸基团。并不是所有具有两亲结构的分子都是表面活性剂,例如,甲酸、乙酸、丙酸、丁酸都具有两亲结构,但并不是表面活性剂,而只是具有表面活性而已。只有分子中疏水基足够大的两亲性分子才显示表面活性剂的特性。对于正构烷基而言,碳链长度须在 8 个碳原子以上。如果疏水基过大,则溶解度太小,应用也会受到限制。

1.3.3 表面活性剂的分类

表面活性剂种类很多,常见的种类划分方法有如下几种。

(1) 按亲水基分类

表面活性剂性质的差异除与烃基大小、形状有关外,主要与亲水基的不同有关,因而表面活性剂的分类一般是以其亲水基团的结构为依据的。按表面活性剂溶于水时的电性特征,表面活性剂可分成:① 阴离子表面活性剂(表面活性剂的亲水头为阴离子);② 阳离子表面活性剂(表面活性剂的亲水头为阳离子);③ 非离子表面活性剂(表面活性剂的亲水头为一些极性基，如在水中不能解离的羟基或聚氧乙烯醚，即溶入水时不带电)；④ 两性离子表面活性剂(表面活性剂的亲水头既含有阴离子又含有阳离子，即溶入水时同时带正电和负电)。

(2) 按疏水基分类

按疏水基的类型，表面活性剂可分为：① 碳氢表面活性剂(疏水基为烃基的碳氢长链)；② 氟表面活性剂(疏水基为含氟化部分或全部氟化的碳氟链)；③ 硅表面活性剂(疏水基为含甲基化—Si—O—Si、Si—C—Si 或 Si—Si 主干的硅烷链)；④ 聚氧丙烯(由环氧丙烯聚合得到，主要用于合成聚合型表面活性剂)。

(3) 其他分类方法

① 从应用功能可将表面活性剂分为乳化剂、洗涤剂、起泡剂、润湿剂、分散剂、增溶剂、消泡剂、杀菌剂等；② 从溶解性可将表面活性剂分为水溶性表面活性剂和油溶性表面活性剂；③ 从分子大小可将表面活性剂分为低相对分子质量(M 为 100～1 000)表面活性剂和高相对分子质量(M 为数千以上)表面活性剂；④ 其他还有普通和特殊表面活性剂、功能性表面活性剂、生物表面活性剂和绿色表面活性剂等类型。

1.4　固体表、界面润湿性及调控

1.4.1　润湿性

润湿，即浸润，是自然界常见的现象，是液体从固体表面排挤空气并吸附在固体表面所产生的一种界面现象。润湿或不润湿是两种互斥的物理现象。如果液体对固体润湿，同时固体内部存在毛细管，那么因为毛细作用，液体会渗透到固体的内部。例如，往干净的玻璃上滴一滴水，水会很快地沿玻璃表面展开，成为平面凸镜的形状。但若往石蜡表面滴一滴水，水则力图保持球形，但因重力的影响，水滴在石蜡上形成一椭圆球状而不展开。这两种现象表明，玻璃能被水润湿，是亲水物质；石蜡不能被水润湿，是疏水物质。

表面润湿性通常用接触角来衡量，用 θ 表示。它是液体在固体表面形成弧形时界面表面张力平衡的结果，如图 1-9 所示。影响接触角大小的因素有很多，包括表面粗糙度、表面化学组成和多相性等。一般来说，如果液体能够润湿固体表面，则 $0° \leqslant \theta \leqslant 90°$，称为亲水或亲油表面；如果液体不能润湿固体表面，则 $90° < \theta \leqslant 180°$，称为疏水或疏油表面。

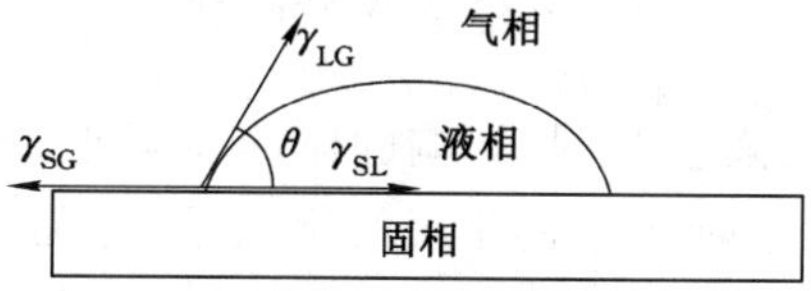

图 1-9　液体在固体表面形成弧形时的接触角及界面张力示意图

1.4.1.1　接触角的测定方法

接触角 θ 是描述物质表面特性的重要参数，故接触角的测定必为人们所重视。接触角的测定方法很多，下面重点介绍停滴法、吊片法和量角法三个常用方法。

(1) 停滴法

在光滑、均匀、水平的固体表面上放一小液滴，因液滴很小，重力作用可忽略。将液滴视作球形的一部分,测出液滴高度 h 与底宽 $2r$(图 1-10)。

由简单的几何分析可求出 θ:

$$\sin\theta=\frac{2hr}{r^2+h^2};\quad \tan\theta=\frac{2hr}{r^2-h^2} \tag{1-13}$$

(2) 吊片法

将表面光滑、均匀的固体薄片垂直插入液体中,如果液体能够润湿此固体,则液体将沿薄片表面上升(图 1-11)。升高值 h 与接触角 θ 之间的关系为:

$$\sin\theta=1-\frac{\rho g h^2}{2\gamma_{GL}} \tag{1-14}$$

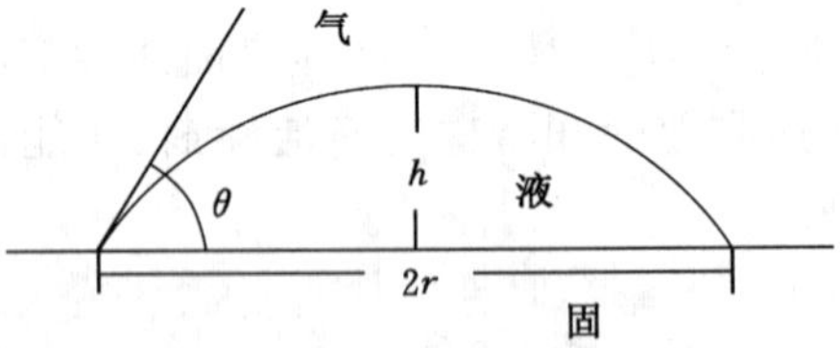

图 1-10　停滴法测接触角

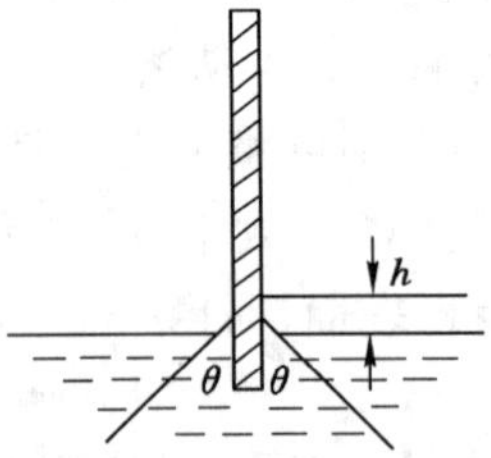

图 1-11　吊片法测接触角

在已知 ρ 和 γ_{GL} 的条件下,可由式(1-14)求出 θ。

(3) 量角法

量角法是测量接触角最常用的方法之一,如图 1-12 所示。该方法是将固体表面上的液滴或浸入液体中的固体表面上形成的气泡投影到屏幕上,然后直接测量切线与相界面的夹角,即接触角的大小。

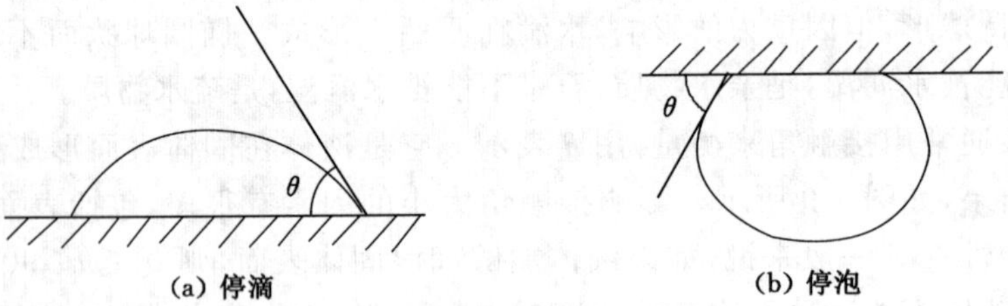

图 1-12　量角法示意图

如果液体蒸气在固体表面发生吸附,影响固体的表面能,则应把样品放入带有观察窗的密封箱中,待体系达平衡后再进行测定。此法的优点是:样品用量少,仪器简单,测量方便。准确度一般在±1°。

1.4.1.2　影响接触角 θ 大小的因素

测定接触角 θ 的方法较简单,但要测出固-液接触角的准确值却非易事,测量结果的重现性很差,往往有几度、几十度甚至更大的误差。接触角是在气、液和固三相交界处形成的,因此形成这个交界体系的气、液和固三相的本性均影响 θ 的大小。

(1) 气相的影响

气相的纯度或混于气体中的极微量的杂质会强烈地改变 θ 值。实验表明,改变 θ 的因素并非是气体的组分，而是气体改变了液体表面和固体表面的组成成分。如暴露于空气中的固体表面，会由于空气中存在微量的有机物杂质而形成单分子膜，从而使固体表面性质发生明显变化；再如，暴露于潮湿空气中的固体表面会形成薄层氧化膜，自然改变了固体表面本性及润湿性能。

(2) 液相的影响

按照杨氏方程，液体的 γ_{GL} 越低，则 θ 越小。如果液体能使固体表面发生溶胀作用或化学反应，则固、液间差别会迅速降低，致使接触角为 0，此时液体会在固体表面上完全润湿和铺展。

若液体为溶液，则溶质的浓度会使 γ_{GL} 变化，另外溶质若在固体表面上吸附会使固体表面性质改变，这些均能改变固体表面的润湿性能。如表面活性剂的加入会极大地降低 γ_{GL}，从而使 θ 变小，使固体表面润湿性能增加。而表面活性剂分子在固体表面上的定向排列会彻底地改变原固体表面的润湿性；极性固体表面上，表面活性剂分子的定位方式是亲水基朝向固体表面、亲油基朝外，这使固体表面变为疏水面（$\theta > 90°$）；非极性固体表面上，表面活性剂分子的定位方式是亲油基朝向固体表面、亲水基朝外，这使固体表面变为亲水面。

(3) 固相的影响

固体表面因存在强烈不饱和力场而吸附气体中的油性杂质，从而形成单分子膜；金属表面在潮湿空气中会发生氧化作用而形成氧化膜。上述两种情况均会改变固体表面的润湿性能。实验还发现，对于相同的晶体但不同的晶面，液体在其上的 θ 值有时也不相同。

固体表面的形成条件和过程也会影响其润湿能力。如将熔融的硬脂酸倒在十分干净的玻璃板上，待凝固后，发现接触空气的上表面与接触玻璃的下表面，其润湿性能截然相反。在固化之前，由于上表面与空气接触，硬脂酸分子定位方式是疏水尾指向空气，凝固后形成疏水面（$\theta > 90°$）；相反，由于亲水基团指向玻璃，凝固后形成亲水面（$\theta < 90°$）。

(4) 温度的影响

温度对于接触角影响的一般规律是温度升高，θ 值减小，即接触角的温度变化率 $d\theta/dT < 0$。θ 值与温度 T 的这种关系可以从两方面解释：一是温度升高会使 γ_{GL} 降低，γ_{GL} 降低会使 θ 值减小；二是温度升高使液体更易渗透固体而降低了固、液间差距，使 θ 值变小。

1.4.1.3 *表面活性剂对固体表面润湿性能的影响*

由杨氏方程可知，要改变固体表面的润湿性能或 θ 角，需要改变表面张力和界面张力，表面活性剂就具有这种功能。这可以从固体和液体两方面加以分析。

(1) 表面活性剂分子在固体表面上的吸附作用

金属及其氧化物、硫化物、无机盐等固体表面具有较高的表面能，这种高能表面能自发地吸附表面活性剂分子，使之在固体表面上定向排列，定位方式是亲水基指向固体表面，而亲油基指向外。其结果不但降低了固体表面的过剩能量，而且因为固体表面被一层疏水基团所包围而降低了润湿性能。

表面活性剂分子在固体表面的吸附可能是单分子层的物理吸附，也可能是化学吸附。如在浮选方铅矿时，加入有机黄原酸盐（ROCSSNa），它会与方铅矿发生化学吸附，即黄原酸盐与方铅矿中的金属原子生成化学吸附键，在方铅矿的外表面包裹一层疏水的碳氢基团，使其被水润湿的能力极大地降低，反而易于吸附在气泡上，达到泡沫浮选的目的。

润湿是矿物通过泡沫浮选而达到富集的基础。开采的原始矿物包括两种物质：一种是可以提炼金属的金属化合物矿石，另一种是含量极大的无用砂石。前者经表面活性剂分子吸附后通常是疏水的，而后者如石英等不被表面活性剂吸附，是亲水的。亲水的砂石在表面张力和重力 P 的双重作用下，在水中会被拉下沉向容器底部。疏水的矿石所受的重力与表面张力方向相反，这两个力的合力方向决定矿石是浮在水面上还是沉于水底。为达到与砂石分离目的，必须满足以下条件：

$$\gamma_{GL}|\cos\theta|\cdot\text{固体周长}>P$$

$$\gamma_{GL}|\cos\theta|\cdot\text{固体周长}>\rho Vg$$

由于周长随一维尺寸的一次方变化，而体积 V 随一维尺寸的三次方变化，因此只要矿石粉碎到一定程度，这个条件是可以满足的。不过过高的分散度也不可取，因为粒度过小，会使布朗运动加剧，减少了颗粒附着于气泡上的机会，从而降低浮选效率。一般要求颗粒尺寸为 0.01～0.15 mm，个别的如硫颗粒大些，为 0.5～1.0 mm。

在实际操作中，还有一个问题值得关注，那就是浮选容器的液体表面积毕竟有限，这就限制了生产效率。为了增大浮选效率，采取鼓入空气形成气泡的方法，这不仅增大了气-液界面面积，还使吸附在气泡上的矿石浮于液面上，达到与处于容器底部的砂石分离的目的。另外，为了极大地富集矿石，往往在浮选液中加入一些化学物质，这些物质大体可分为三类。

① 调节剂：一般为氨水、石灰水，含 CN^- 和 HS^- 等物质。它们能有效地调节和控制溶液的 pH 值，从而改变矿石表面的电荷量，防止矿石粒子的聚集和沉积。另外调节剂还可以改变捕收剂的吸附性能。

② 捕收剂：通常为脂肪酸盐及其他表面活性剂。在浮选过程中，它能选择性地吸附在有用的矿石颗粒上，而不吸附在砂石上。这样吸附的结果使矿石粒子表面具有疏水性，而能吸附在气泡上。捕收剂的加入使 γ_{GL} 降低，从而加大铺展系数 S_{GL}，即增大固体粒子在气泡上的吸附能力，或者说气体在固体表面上的铺展能力。

对于非极性的不含金属的矿石，如石墨、硫、滑石等，水润湿性极差，就需要像油一样，用不太强的水微溶性捕收剂，而且用量很小就可以了，一般每吨矿石仅需几百克捕收剂，在矿石表面形成一薄层甚至非饱和层就足以改善其浮选性能。

③ 起泡剂：一般为长链有机化合物，这种表面活性物质并不能明显地改变被浮选粒子的润湿性，但能够在液-气界面形成单分子层，从而使所鼓入的空气形成稳定的泡沫，有助于负载吸附在其上的矿石粒子。

（2）改变液体的润湿能力

一些固体有机物或高聚物的表面能较低，称为低能表面，其表面张力甚至小于水的值，因此按照 $S=\gamma_{GS}-(\gamma_{LS}+\gamma_{GL})\leqslant 1$，即水不能在其上铺展。但是如果往溶液中加入表面活性剂，由于它能使 γ_{LS}、γ_{GL} 降低，因此加大了 S 值，有利于水在固体表面上的铺展，这种可以增大液体润湿能力的物质称为润湿剂。

阳离子表面活性剂通常不能作为润湿剂使用，因为它极易吸附在通常带负电的固体表面上，使带正电荷的亲水基指向固体，而疏水基指向溶液，反而增大了固体表面的疏水性，降低了水对其的润湿性能。表面活性剂分子在固体表面上的吸附可以是单分子层或双分子层的，甚至是多分子层的。

布洛杰特(Blodgett)很早就发现了表面活性剂分子从溶液向固体表面转移的现象。如图 1-13 所示，溶液表面有一层紧密堆集的表面活性剂单分子层，将玻璃片垂直地缓缓插入溶液中，在插入的过程中，表面活性剂的极性部分在极性玻璃表面定向吸附，而将疏水尾甩在外面，使玻璃板面呈现疏水性，如图 1-13(a)所示。将玻璃板垂直缓慢地拉出水面时，第一层吸附了表面活性剂分子的板面上会吸附新的一层表面活性剂分子，第一层表面活性剂分子疏水尾与第二层表面活性剂分子疏水尾相互吸引，而使第二层表面活性剂分子的亲水部分头朝外，这样玻璃板又重新显示亲水性，如图 1-13(b)所示。若如此反复将玻璃板插入、拉出，则玻璃板面的亲水性和疏水性会反复交替变化。表面活性剂分子的这种排列方式被称为“有序组合体”，关于有序组合体的研究已成为近二十年来十分活跃的研究新领域。

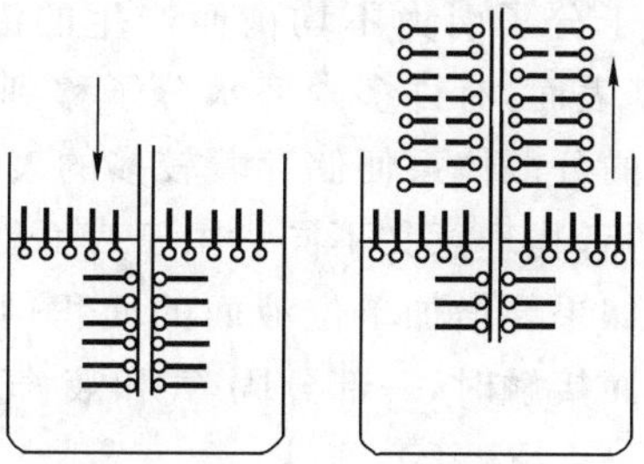

图 1-13　玻璃片插入与拉出溶液时，表面活性剂分子吸附示意图

1.4.1.4　固体表面的润湿过程

通常，我们把液体在固体表面的润湿性分为以下三种过程。

(1) 沾湿

沾湿是指液体与固体接触，将液-气界面与固-气界面转变为固-液界面的过程。在此过程中，固-液界面的 γ_{SL} 增加，而液-气界面的 γ_{LG} 和固-气界面的 γ_{SG} 减少。

沾湿过程自发进行的条件为

$$\Delta G = \gamma_{SL} - \gamma_{LG} - \gamma_{SG} \leqslant 0 \quad 或 \quad W_a = \gamma_{LG} + \gamma_{SG} - \gamma_{SL} \geqslant 0 \tag{1-15}$$

式中，W_a 代表黏附功。从上面公式很容易得出，体系自由能减少得越大，沾湿过程越容易发生，也就是 W_a 越大，固-液界面结合得越牢固。

(2) 浸湿

浸湿是指固体浸入在液体中并将固-气界面转变为固-液界面的过程。在浸湿过程中，很容易看出，仅仅发生 γ_{SL} 增加，γ_{SG} 减少。和上面沾湿过程相似，浸湿过程自发进行的条件为

$$\Delta G = \gamma_{SL} - \gamma_{SG} \leqslant 0 \quad 或 \quad A = W_i = \gamma_{SG} - \gamma_{SL} \geqslant 0 \tag{1-16}$$

式中，A 代表黏附张力；W_i 为浸湿功，由上面公式很容易推导出当 $\gamma_{SG} \geqslant \gamma_{SL}$ 时，液体会浸湿固体表面。

(3) 铺展

铺展是指液体在固体表面上发生扩展的过程，即固-气界面逐渐消失，固-液界面逐渐生成，液体表面慢慢扩展的过程。

可以自发发生铺展过程的条件为

$$\Delta G = \gamma_{SL} + \gamma_{LG} - \gamma_{SG} \leqslant 0 \quad 或 \quad S = \gamma_{SG} - \gamma_{SL} - \gamma_{LG} \geqslant 0 \tag{1-17}$$

式中，S 代表铺展系数，当 $A \geqslant \gamma_{LG}$ 时，液体发生自动铺展。

对于同一个体系来说，$W_a > W_i > S$，所以，如果 $S \geqslant 0$ 时，即液体能够在固体表面铺展，则它就一定能够沾湿和浸湿固体，所以常用铺展系数 S 作为润湿的指标。然而此依据仅仅能在理论上解释，在实际应用中，还需要依赖接触角进行判断。

1.4.1.5 表面张力、表面能与润湿性

固体表面的润湿性通常是由低表面能的化学物质和表面的粗糙形貌这两方面决定的，而表面张力和表面能是液体表面的两个重要性质，因此，进一步研究表面张力和表面能对于研究固-液界面具有重要意义。

表面张力是液体表面层由于分子引力不均衡而产生的沿表面作用于任一界线上的张力。将水分散成雾滴，即扩大其表面，有许多内部水分子移到表面，就必须克服这种力对体系做功——表面功。显然这样的分散体系便储存着较多的表面能。同种物质的表面张力在数值上与表面能大小相等，但两者物理意义不同。由于表面能的存在，液滴都有自动收缩的趋势，当这一收缩达到平衡后，如果要增加单位液面的面积，则需要克服液体的表面张力或表面能做功。当液滴与固体表面接触时，一部分固-气和液-气界面会消失，同时产生新的固-液界面。

固体的表面能也和液体的表面能相似，但是，一般情况下，液体的表面能（γ）要比固体的表面能小许多，一般以 100 mN/m 为界，分为两类：当 $\gamma > 100$ mN/m 时为高表面能固体表面；当 $\gamma < 100$ mN/m 时为低表面能固体表面。

1.4.1.6 润湿性的动态表征

一般认为，接触角越大，固体表面疏液性也就越高。静态接触角和动态接触角有本质区别，要设计具有实际应用价值的浸润性表面，就必须考虑到液滴在微小力作用下的运动情况。所以，研究材料表面动态接触角——前进角（θ_a）和后退角（θ_r）以及浸润的黏滞现象就显得十分重要。

尽管接触角是衡量固体表面疏液性能最为常用的指标，但是要完整地判断其疏液效果还应该考虑动态的过程，一般用滚动角 α 来衡量。如图 1-14 所示，滚动角的定义为一定质量的液滴在倾斜表面开始滚动时的临界角度。

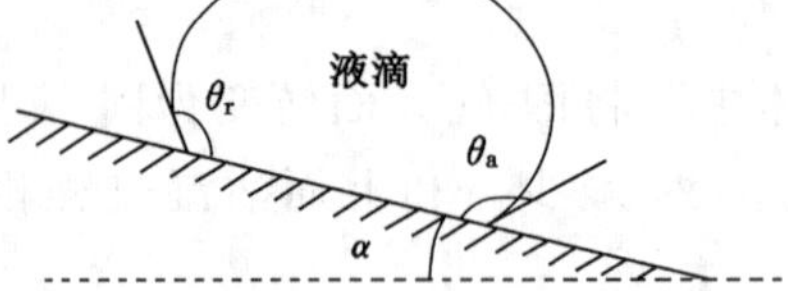

图 1-14　倾斜表面上的液滴

1962 年，佛米奇（Furmidge）提出了液滴在表面自发移动时所需要滚动角 α 的计算方程：

$$F = mg\sin\alpha = w\gamma_{LG}(\cos\theta_r - \cos\theta_a) \tag{1-18}$$

式中，F 是用来使液滴在固体表面运动的作用力，是液滴周长 w 上单位长度的线性临界力；θ_a 和 θ_r 分别是液滴在该表面的前进角和后退角，固-液界面扩展后测量的接触角（前进角）与固-液界面回缩后测量的接触角（后退角）存在差别，前进角大于等于后退角，即 $\theta_a \geqslant \theta_r$，两者的差值（$\theta_a - \theta_r$）叫作接触角滞后；滚动角 α 值的大小常被用来表征固体表面接触角的滞后情

况，α 值越小，液滴滚离固体表面的能力就越强，固体表面接触角的滞后就越小，反之亦然。Furmidge 等式反映的是液滴的重力分量和其在表面的浸润滞后力之间的平衡关系。

测量前进角 θ_a 和后退角 θ_r 的方法很多。通过增加或减少液滴体积直到三相接触线发生移动的方法可以测量前进角 θ_a 和后退角 θ_r；通过镶嵌在固体介质中的一根精细毛细管在固体表面增加或抽回液体体积，也可以从液滴的形状中精确计算这些动态角度；通过用一个末端挂有液滴的毛细管去接触固体表面，然后相对固体进行移动也可以同时得到前进角和后退角。

1.4.1.7　固体表面的润湿理论模型

(1) 光滑表面的润湿性

1805 年，托马斯·杨(Thomas Young)首先提出，在理想光滑固体表面上[图 1-15(a)]，平衡接触角与界面张力之间的关系为：

$$\gamma_{SG} = \gamma_{SL} + \gamma_{LG}\cos\theta \tag{1-19}$$

式中，γ_{SG}、γ_{SL} 和 γ_{LG} 分别为固-气、固-液和液-气界面的张力；θ 为液、固、气三相平衡时的接触角。上式称为杨氏方程，根据该式，可以计算出已知界面张力的固相和液相之间的平衡接触角 θ：

$$\cos\theta = \frac{\gamma_{SG} - \gamma_{SL}}{\gamma_{LG}} \tag{1-20}$$

上式方程适用于理想状态下平滑表面。这个接触角被称为本征接触角(θ_S)。但是实际的表面都是有一定粗糙度的，因此必须考虑粗糙度对表面浸润性的影响。

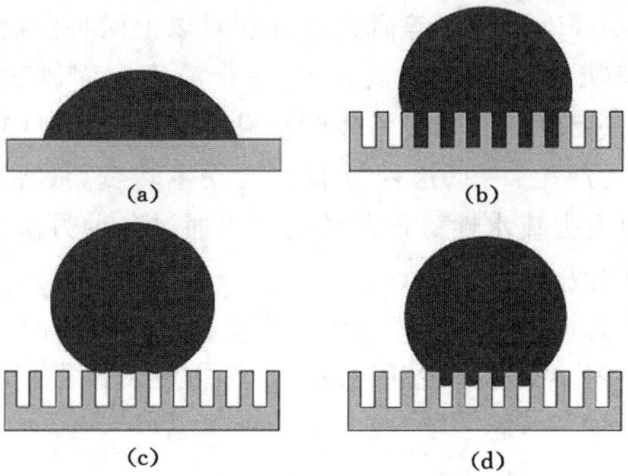

图 1-15　固体表面的几种不同浸润形式

(2) 粗糙表面的润湿性

① Wenzel 模型

实际固体表面都不是光滑和化学组成均一的[图 1-15(b)]，因此无法用杨氏方程来计算液体在实际固体表面上的表观接触角 θ_A。1936 年，Wenzel 通过应用热力学计算导出了与杨氏方程类似的关系式：

$$\cos\theta_A = r\cos\theta_S \tag{1-21}$$

上式即 Wenzel 方程。式中 r 代表粗糙度因子，表示固体表面真实面积与其表观投影面积之比。

由于粗糙表面上 r 总是大于 1，从 Wenzel 方程可以导出：① 当 $\theta_S < 90°$ 时，θ_A 随 r 的增大而减小，表示对于亲水或亲油性表面，粗糙度越大，其亲水性或亲油性越强；② 当 $\theta_S > 90°$ 时，θ_A 随 r 的增大而升高，表示对于疏水或疏油性表面，粗糙度越大，其疏水性或疏油性越强。但并不是所有粗糙表面都符合 Wenzel 方程。应该指出的是，Wenzel 方程只适用于化学组成均一的表面，在多相性的表面上，液体在表面展开时需要克服一系列由于起伏不平而造成的势垒。当液滴振动能小于这种势垒时，液滴不能达到 Wenzel 方程所要求的平衡状态而可能处于某种亚稳平衡状态。

② Cassie-Baxter 模型

Wenzel 方程只适用于化学组成均一的表面，1944 年，Cassie 和 Baxter 对 Wenzel 方程进行了进一步的拓展。他们认为液滴在粗糙表面的接触是一种复合接触，如图 1-15(c)所示。假设固体表面由两种物质 1 和 2 组成，这两种不同成分的表面是以极小块的形式均匀分布在表面上的（每一个小块的面积都远小于液滴的尺寸）。它们的本征接触角分别用 θ_{S1} 和 θ_{S2} 来表示，在单位面积上所占的表面积分数分别为 f_1 和 f_2（$f_1 + f_2 = 1$）。假设液滴在表面铺展时这两种表面所占分数不变，然后利用热力学计算，借助杨氏方程导出了以下方程：

$$\cos\theta_A = f_1\cos\theta_{S1} + f_2\cos\theta_{S2} \tag{1-22}$$

此式即为 Cassie-Baxter 方程（简称 Cassie 方程）。

③ Wenzel 和 Cassie 共存态

从前述的分析中可知，对于具有同一粗糙度的表面可能有两种不同的润湿状态，那么液滴在其表面也就会有两个不同的表观接触角，即 Wenzel 接触角和 Cassie 接触角。自 2004 年来，Marmur 以及 Dupuis、Patankar 等研究组分别对以上两种浸润状态之间的转变问题进行了深入研究，如图 1-15(d)所示。他们认为，当一个液滴在固体表面的接触角符合 Cassie 方程时，在被物理挤压的过程中，其形貌将发生变化，进而其表观接触角也将由符合 Cassie 方程转变成符合 Wenzel 方程。一旦这种浸润方式发生转变，液体将填满粗糙固体表面的沟槽，同时导致固体表面失去疏水性。这种转变可以通过各种方法实现，比如：物理挤压、从高处滴落液体以及用大的液滴等。

当浸润态从 Wenzel 态向 Cassie 态转变时，其接触角是增加的，并且其接触角分别符合 Wenzel 方程和 Cassie 方程。于是通过联合以上两个方程可以得到临界接触角 θ_t，即

$$\cos\theta_t = \frac{f_1 - 1}{r - f_1} \tag{1-23}$$

如果本征接触角小于临界接触角，那么液体和固体接触部分所包含的空气是不稳定的，则 Cassie 浸润态很容易转变成 Wenzel 浸润态。为了得到比较稳定的束缚空气层，固体表面必须有足够的疏液，临界接触角必须足够小，因为 Cassie 浸润态只有在 $\theta > \theta_t$ 或 $\cos\theta < -1/r$ 时是稳定的。

如上述所讨论，Wenzel 和 Cassie 模型都认为固体表面的粗糙度可以增强其表面的疏液性，但两者内在机制却是不一样的，液滴对粗糙表面上凹槽填充度的不同使得它们的接触角滞后现象有很大的区别，同时导致黏附性能有所差异，进而影响超疏液表面的动态性能。一般而言，前者是通过增加固-液接触面积而增大表观接触角的，因此液滴几乎被牢固地黏附于固体表面上，滚动角非常大；后者则是通过减少固-液接触面积而增大表观接触角的，滚动角非常小，宏观表现上水滴很容易在这样的表面上滚落。由于两种状态都可以增大疏液表

面的表观接触角，因此可以将液滴在表面的滚动性作为水滴在粗糙表面处于 Wenzel 态还是 Cassie 态的简单判别方法。

1.4.1.8　对润湿的调节

为了达到浮选分离的目的，提高或降低表面润湿性最有效的办法就是加入润湿剂。润湿剂的主要作用就是对润湿的调节，这种作用概括起来包括以下两个方面。

(1) 提高疏液表面的润湿能力

这里的疏液表面是指接触角在 90°～180°范围内的表面。这类表面具有较低的表面能。以水为例，当水的表面张力大于某固体的临界表面张力时，水不能在该固体表面铺展。为了改善体系的润湿性质，常常在水中加入一些润湿剂。润湿剂润湿效率是以它在选作标准的低能表面上发生铺展所需的最低浓度来衡量的。这一作用的实质是降低液体的表面张力，使之小于固体的临界表面张力，来满足发生铺展的条件。因此，最好的润湿剂降低某液体的表面张力也最多。

另外，还有一些物质能够改变物质的表面结构，使低能表面变为高能表面，并由原来对水不润湿变为润湿。有人发现，将聚乙烯、聚四氟乙烯、石蜡等典型的低能表面固体浸在金属氧化物的水溶胶中，经过一段时间，水合金属氧化物在低能表面上发生相当牢固的黏附，干燥后，可使表面润湿性质发生永久性改变。例如，聚四氟乙烯表面在浓度为 3.7×10^{-2} mol/dm^3 的 $Fe(OH)_3$ 溶胶中浸泡 16 min，其前进接触角由原来的 105°±2°降至 54°±2°，后退接触角由 101°±3°降至零。

(2) 降低亲液表面的润湿能力

高能表面可以吸附与它电性相反的离子。若高能表面带有负电荷，则能吸附阳离子表面活性剂。阳离子表面活性剂将其极性基团吸附在固体表面，而使其非极性的碳氢链朝向外部，从而使得体系的表面能降低。该吸附过程可以是物理吸附，也可以是化学吸附。能够降低固体表面能的物质常见的有重金属皂类、高级脂肪酸、有机胺盐、有机硅化合物、氟表面活性剂等，其中有机硅化合物效果最好，是良好的防水、抗黏材料（全氟材料更有防油的效用）。可以采用某些手段使这些化合物与固体表面通过化学键结合得到牢固的分子层。例如，以二氯二甲基硅烷处理玻璃，即发生下列表面反应：

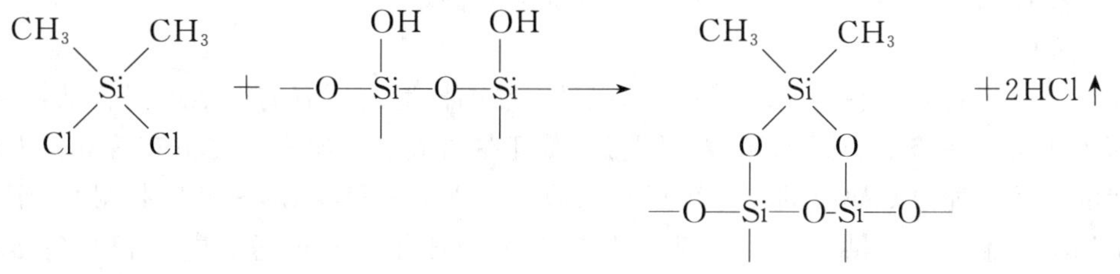

这使表面高度疏水化，疏水层也非常稳定。

1.4.2　极端润湿性表面

极端润湿性表面是指对液滴表现出超亲或超疏等极端润湿性能的固体表面。按照亲疏液滴种类的不同，极端润湿性表面可以分为：超疏水表面、超疏油表面、超双疏（疏水并疏油）表面以及超双亲表面。超疏性是指固体表面对于液滴（水滴或油滴）的接触角大于 150°，滚动角小于 10°；超亲性是指固体表面对于液滴（水滴或油滴）的接触角小于 10°。此外，表、界面领域目前已发展出了复合性能的超疏油超亲水表面、超疏水超亲油表面等。超疏油超亲水表面是指对油滴的接触角大于 150°(滚动角小于 10°)而同时对水滴的接触角小于 150°的表面;超疏水超亲油表面是指对水滴的接触角大于 150°(滚动角小于 10°)而同时对油滴的接触角小于 150°的表面。

1.4.3 超疏水表面的制备方法

人们对超疏水性质的研究源于自然界中植物表面的自清洁性能。植物叶表面自清洁的特征是由粗糙表面上微米结构的乳突以及低表面能的蜡状物的存在共同引起的。进一步研究发现,在荷叶表面微米结构的乳突上还存在纳米结构,这种微纳米二元复合的结构是表面超疏水的根本原因,如图 1-16 所示。

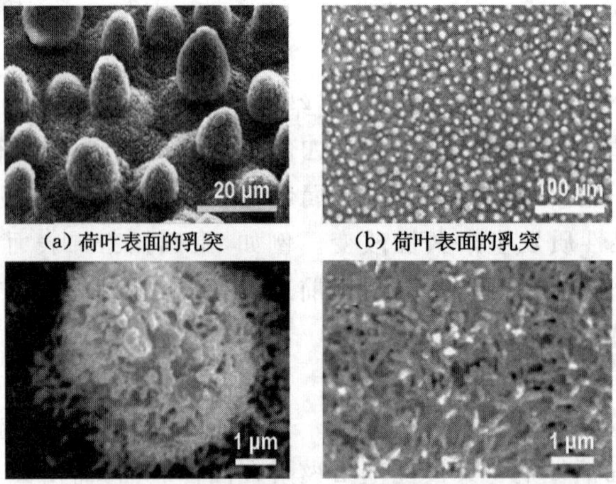

(a) 荷叶表面的乳突　(b) 荷叶表面的乳突

(c) 乳突上纳米级分支结构　(d) 乳突之间的纳米结构

图 1-16　荷叶表面的 SEM 照片

受自然界中动植物表面自清洁效应的启发,超疏水表面的制备主要有以下两种途径:一是在微纳米二元复合粗糙结构上修饰低表面能物质;二是在低表面能物质上构筑微纳米二元复合的粗糙结构。超疏水表面的主要制备方法如下。

(1) 模板法

模板法是指利用具有一定表面特征的模板,准确构造出所需的微纳米复合结构的方法。利用模板法制备超疏水表面,不仅方便快捷,而且在超疏水的理论研究中有着其他方法所不可替代的作用。通过对模板的设计可以精确改变表面的三维参数,为研究接触角、滚动角和表面结构的定量关系提供了条件。例如,用亚微米级球作为模板通过电沉积制备出不同润湿能力的结构化金表面,孔的大小和形状对其表面润湿能力有显著影响。

(2) 层层自组装法

层层自组装法是借助分子间的静电作用和氢键作用,在分子水平上控制薄膜的厚度和薄膜的表面化学性质的方法。例如,借助层层静电技术组装出复合膜,然后通过抗衡离子交换制备出润湿性可调控的动态响应性智能表面。

(3) 沉积法

沉积法广泛应用于表面的化学修饰和纳米结构表面的制备上,包括化学气相沉积法和物理气相沉积法等。例如，用化学气相沉积法在石英基底上可制备出各种图案的膜，如蜂窝状、柱状、岛状的碳纳米管阵列膜，而这些膜对水的接触角都大于160°，滚动角都小于5°。

(4) 溶剂挥发法

溶剂挥发法是一种相对比较简单的制备超疏水表面的方法，表面制好后无须进一步的低表面能化修饰。该方法的显著优点是可以用来制备大面积的超疏水表面。例如，用聚甲基丙烯酸甲酯(PMMA)和含氟聚氨酯(FPU)共聚物的二甲基甲酰胺(DMF)溶液采用溶剂挥发法可制备出超疏水的表面，其水接触角达到了166°，并且其对油滴的接触角也达到了140°。

(5) 聚合物固化法

聚合物固化法是使用一种或几种聚合物或聚合物-纳米颗粒复合材料进行聚合反应，制备超疏水表面的方法。该方法的优点是所得表面的机械强度较高。例如，采用一种聚苯乙烯(PS)-SiO_2纳米颗粒复合材料可制备水接触角最高可达160°的超疏水表面，但是PS含量的增加会牺牲超疏水性。

(6) 其他方法

静电纺丝，简称电纺，是制备超细纳米纤维的有效方法。如果使用疏水材料进行电纺，则可一步制备出超疏水薄膜。例如，用氟化聚合物进行电纺，可制备出对水接触角高达175°的超疏水表面。用电纺法也可制备出由聚苯胺和聚苯乙烯混合成分组成的薄膜，使其具有超疏水性和导电性，以及稳定的抗腐蚀能力。

刻蚀是构筑粗糙表面最直接也是最有效的方法，主要包括：等离子体刻蚀、电子束刻蚀、激光刻蚀、化学刻蚀。例如，用电子束刻蚀和等离子体刻蚀相结合的方法，在硅片上制备出有序的纳米柱和凹槽，之后用十八烷基三氯硅烷改性后，表面对水的接触角达到164°，滚动角仅为1°。通过错位选择化学刻蚀铝、铜和锌等多晶的金属，再用氟烷基硅氧烷进行化学修饰可得到超疏水性金属表面。

思考与讨论

1. 简述固体表面结构与润湿性调控方法，以煤或典型矿物为例。
2. 简述煤和典型矿物表面结构与润湿性的分子模拟。
3. 简述固体的表面结构模型，以煤或典型矿物为例。
4. 简述煤表面润湿性的测定方法。

第 2 章　颗粒的基本特性

颗粒是自然界中大部分物质的常规存在形式。狭义的颗粒通常指的是固体粒子，广义的颗粒还包括液滴、气泡等非固态存在形式。颗粒是物质较小的结构单元，物质多由颗粒体集合而成。颗粒体的性质与块状物质有明显差异，将块状物质通过粉碎、超细化后，其物理化学性质将发生很大的变化，表面特征等也会发生显著改变。

在液相中，颗粒的基本特性不仅决定了颗粒在液相中的状态，也决定了后续处理技术及工艺。因此，颗粒的基本特性是矿物精细加工的重要理论基础。

2.1　颗粒的形态

2.1.1　颗粒的基本概念

颗粒是在某一特定范围内具有特定形状的几何体，其大小一般在毫米到纳米之间。颗粒不仅指固体颗粒，还有雾滴、油珠等液体颗粒。大量颗粒的集合体，即颗粒群，又称粉末(狭义的粉末是指粒度较小的部分)。颗粒是粉体的组成单元，是粉体中的个体，是研究粉体的出发点。颗粒又总是以粉体这种集合体的形式呈现，集合体产生了个体所不具有的性质。

2.1.2　颗粒的几何特征

2.1.2.1　粒度

颗粒的粒度是粉体诸多物性中最重要的特性值。粒度是指颗粒所占空间的线性尺寸。颗粒粒度常用的表征方法有三轴径和投影径。

(1) 三轴径

将一个颗粒放置于每边与其相切的长方体中，如图 2-1 所示，长方体的三条边表示该颗粒在笛卡儿坐标中的大小。长 l、宽 b 和高 h 称为颗粒的三轴径。三轴径可用于比较不规则颗粒的大小，对于必须强调长形颗粒存在的情况比较适用。

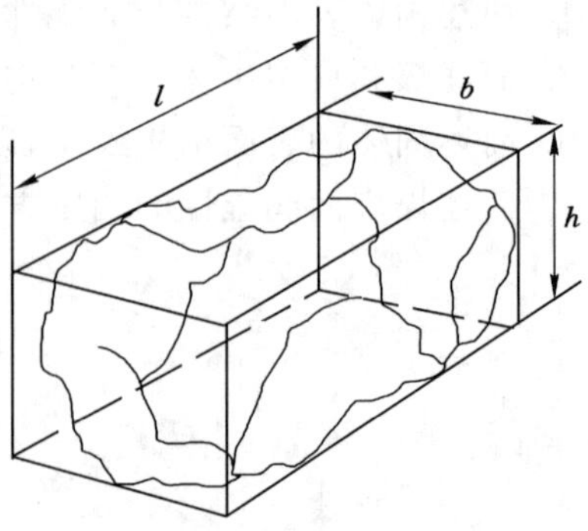

图 2-1　颗粒的外接长方体

(2) 投影径

利用显微镜测量颗粒的粒径时，可观察到颗粒的投影。此时颗粒以最大稳定度(重心最低)置于平面上。因此，可按其投影的大小定义粒径(图 2-2)。与颗粒投影轮廓性质相同的圆的直径称为圆相当径；与颗粒投影面积相等的圆的直径称为投影圆当量径，亦称 Heywood 径；在一定方向上将颗粒投影面积分为两等份的直径称为 Martin 径；与颗粒投影相切的两条平行线之间的距离称为 Feret 径；在一定方向上颗粒投影的最大长度，称为同方向最大径（定方向最大径）。

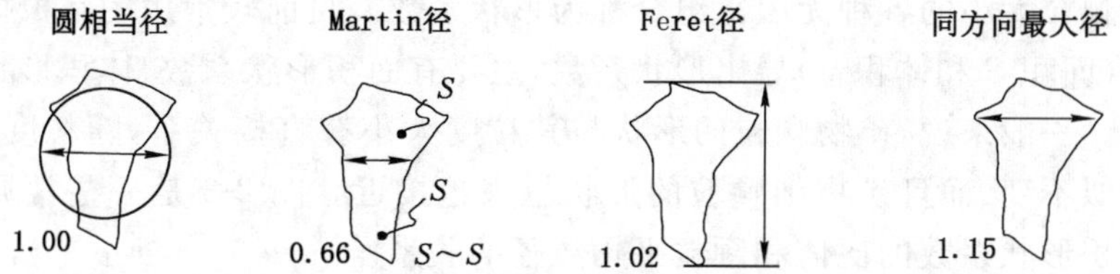

图 2-2　颗粒投影的几种粒径

2.1.2.2　粒度分布

在颗粒系统中，当所有颗粒的粒径都相等时（如标准颗粒），可用单一粒径表示其大小，这类颗粒系统称为单粒度体系。实际情况下，在颗粒系统中，颗粒往往都由粒径不等的颗粒群组成，这类颗粒系统称为多粒度体系。颗粒的粒度分布是指某一粒径或某一粒径范围的颗粒在整个颗粒群中所占的比例，一般可用简单的表格、图形和函数形式表示。颗粒的粒度分布有区间分布和累计分布两种形式，前者又称为微分分布或频率分布，它表示一系列粒径区间中颗粒的百分含量；后者也叫积分分布，它表示小于或大于某粒径颗粒的百分含量。

实际颗粒群的粒度分布严格来说是不连续的，但大多数颗粒群的粒度分布可认为是连续的。粒度分布范围越窄，其分布的分散程度就越小，集中度也就越高。

粒度分布最准确的表述是采用数学函数，即通过概率理论或近似函数的经验方法来寻求数学函数。实际颗粒群的粒度分布取决于其生成条件，常见的粒度分布通常符合正态分布或对数正态分布。

以个数基准和质量基准为统计依据的粒度分布平均粒径公式如表 2-1 所示。

表 2-1　个数基准和质量基准的平均粒径公式

序号		平均径名称	符号	个数基准	质量基准
平均径	1	个数平均径	D_1	$\frac{\sum(n_1 \cdot d_1)}{\sum n_1}$	$\frac{\sum(m_1/d_1^2)}{\sum(m_1/d_1^3)}$
	2	长度平均径	D_2	$\frac{\sum(n_1 \cdot d_1^2)}{\sum(n_1 \cdot d_1)}$	$\frac{\sum(m_1/d_1)}{\sum(m_1/d_1^2)}$
	3	面积平均径	D_3	$\frac{\sum(n_1 \cdot d_1^3)}{\sum(n_1 \cdot d_1^2)}$	$\frac{\sum m_1}{\sum(m_1/d_1)}$
	4	体积平均径	D_4	$\frac{\sum(n_1 \cdot d_1^4)}{\sum(n_1 \cdot d_1^3)}$	$\frac{\sum(m_1 \cdot d_1)}{\sum m_1}$

式中，n 代表颗粒的数量；d 代表颗粒的粒径；m 代表颗粒的质量。

2.1.2.3　颗粒形状

颗粒形状对颗粒群的许多性质都有影响，例如对比表面积、流动性、磁性、固着力、增强性、填充性、研磨特性和化学活性等。为了使颗粒产品的某些性质优良，工业上对产品和添加剂的颗粒形状有不同的要求，例如，橡胶填料要求颗粒为非长形颗粒，应有增强性和耐磨性，而磨料要求颗粒为多角状，有研磨性。

习惯上将颗粒大小的各种无因次组合称为形状系数。目前较常用的是根据颗粒的两个基本几何特征（面积 S 和体积 V）导出形状系数，主要有面积形状系数、体积形状系数及比表面积形状系数。一般来说，矿物颗粒的形状与其粒度大小有直接关系，随粒度的减小，颗粒的形状系数近似不变，而且矿物细颗粒的形状越来越接近。图 2-3 是一些常见矿物的面积形状系数与体积形状系数的比值和颗粒平均粒径的关系。

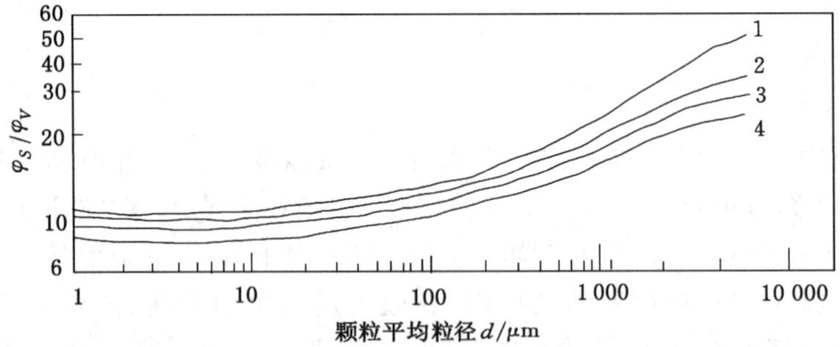

1—石英；2—黄铁矿；3—闪锌矿；4—方铅矿和方解石。

图 2-3　常见矿物面积形状系数与体积形状系数的比值和颗粒平均粒径的关系

矿物颗粒的形状特征不仅可以提供重要的矿物处理和应用信息，而且有利于对矿浆中矿粒的分散体和絮团形状进行研究，可为深入了解矿物颗粒成浆和过程控制提供有效手段。

2.1.3　颗粒的比表面积

矿物颗粒的表面积常以比表面积（即单位体积或单位质量物体的表面积）表征。矿物颗粒的表面特性对于颗粒的界面分选具有非常重要的意义。颗粒越细，比表面积越大，受表面性质所决定的颗粒特征变得越加重要；相反，受体积性质制约的特征变得越加重要。

矿物颗粒的表面积包括外表面积和内表面积两部分。外表面积是指颗粒轮廓所包络的表面积，由颗粒大小、形状等几何因素所决定。内表面积则是指存在于单个矿物颗粒中的空隙和裂纹等内部的表面积。外表面积和内表面积并无明确的界限，例如，当颗粒尺寸较大时，其内部孔隙的表面积属内表面积，但经过破碎后，内部封闭的空洞被打开，内表面积则变为外表面积。此外，因表面积的测量方法不同，外表面积和内表面积的含义也可能发生变化。

比表面积与粒度大小有关，粒度越细的颗粒群其比表面积和表面能越高，这是颗粒体尤其是粉体的重要特征，是颗粒细化后诸多物理、化学性质发生变化的根源。

2.1.4　颗粒的分类

2.1.4.1　按成因分类

固体颗粒按成因可分为自然粒体、工业粉尘和人工颗粒体三种。

（1）自然粒体，指自然形成的粉体颗粒，如经岩石风化、河海波浪冲击、火山喷发、地震等形成的石英粉砂、火山灰、黏土及泥沙等。这些都是重要的工业原料和宝贵的自然资源。

（2）工业粉尘，指工业生产过程形成的粉体颗粒，如经煤炭燃烧，矿石采掘、破碎、运输、掺和，流态化床反应等生产过程所产生的细粉。这些粉尘通常是大气污染的重要来源。

（3）人工颗粒体，指以人工方式制造的颗粒体。这些颗粒体普遍存在于工业、生活中，如精矿粉、水泥、奶粉、涂料、化肥等。人工颗粒体有机械粉碎法和化学制备法两种制备方法，其中机械粉碎法在矿物加工各工艺中占绝对优势。

2.1.4.2　按大小分类

固体颗粒按大小分类是最常用的方法，一般可按表 2-2 所示标准划分。

表 2-2　颗粒按大小分类表

<table>
<tr><td>粒级/μm</td><td>＋500</td><td>500～75</td><td>75～10</td><td>10～0.1</td><td>－0.1</td></tr>
<tr><td>颗粒大小</td><td>粗粒</td><td>中细粒</td><td>细粒</td><td>亚超细粒</td><td>超细粒</td></tr>
<tr><td rowspan="2">矿物加工深度</td><td colspan="3">破碎磨矿、矿物解离</td><td colspan="2">粒度深加工</td></tr>
<tr><td>破碎</td><td>粗磨</td><td>细磨</td><td>超细粉碎</td><td>胶体级微粉碎</td></tr>
<tr><td>观察手段</td><td>肉眼</td><td colspan="2">放大镜、显微镜</td><td colspan="2">电子显微镜</td></tr>
<tr><td>应用范围</td><td>大晶体颗粒矿物解离，无机复合材料骨架；重选</td><td>粗粒矿物解离，细砂填料；泡沫分选，表层分选，煤泥浮选</td><td>细粒矿物解离，一般粉料、填料、颗粒增强材料及化工制品原料；泡沫浮选</td><td>优质填料、涂料，矿物染料，填充料，化工陶瓷材料；悬浮体材料；载体浮选，选择性絮凝，油聚团，剪切絮凝</td><td>高性能涂料，染料，糊精，矿物黏胶材料；浮选，溶剂吸附法，电渗析</td></tr>
</table>

2.1.5　颗粒粒度及比表面积的测量

2.1.5.1　颗粒粒度的测量

颗粒粒度是粉体的基本性质，是用来表示粉体颗粒尺寸大小的几何参数。由于粉体由多个颗粒集合而成，且颗粒之间的粒径通常在某一范围内，而不是一个单一的值，因此常采用粒度分布予以表征。

粒度分布用于表征多分散颗粒体系中颗粒粒径大小的组成情况，分为频率分布和累积分布。频率分布表示与各个粒径相应的颗粒占全部颗粒的百分含量；累积分布表示小于或大于某一粒径的颗粒占全部颗粒的百分含量，累积分布是频率分布的积分形式。而其中的百分含量一般以颗粒质量、体积、个数为基准。粒度分布常见的表达式有粒度分布曲线、平均粒径、标准偏差和分布宽度等。

颗粒粒度的测量方法主要有筛分法、沉降法、激光粒度分析法、比表面积法、显微镜法等。

（1）筛分法

筛分法是将一定量的物料通过网孔尺寸大小不同的一套分样筛，测定各筛上的筛余量，计算出各种粒径的百分含量的一种方法。国产筛以每平方英寸上的孔数表示筛的目数。

（2）沉降法

沉降法是基于颗粒在液体中的沉降符合斯托克斯定律这一原则，根据颗粒在液体中的最终沉降速度来计算颗粒粒径的一种方法。在实际操作中，由于测量颗粒的最终沉降速度存在较大困难，因此，所有沉降仪都是测量与最终沉降速度相关的其他物理参数，如压力、密度、质量、浓度或光透过率等，进而求得颗粒的粒度。

根据斯托克斯定律，即球形固体颗粒因重力或离心力作用在黏滞液体内下沉时，当颗粒沉降速度不大时，即颗粒与液体之间的相对运动呈层流状态时，其沉降速度恒定并与颗粒的直径平方成正比，即

$$v=\frac{H}{t}=\frac{D(\rho_p-\rho_f)g}{18\eta} \tag{2-1}$$

式中，v 为颗粒自由沉降速度，m/s；H 为沉降距离，m；t 为沉降时间，s；ρ_p，ρ_f 分别为颗粒和分散液体的密度，kg/m^3；g 为重力加速度，m/s^2；η 为分散液体的黏度，Pa·s；D 为颗粒直径，m，也称为斯托克斯直径。因此，D 可表示为：

$$D=\frac{18\eta v}{(\rho_p-\rho_f)g} \tag{2-2}$$

D 实际上是一种与试样颗粒具有相同沉降速度的球体直径。因此，该法所得的直径称为等效径。当颗粒不规则时，需用适当的形状系数进行修正。当粉体粒径达到微米以下时，需要进行离心沉降，这样要用离心加速度 $\omega^2 r$ 代替式中的 g，即

$$D=\frac{18\eta v}{(\rho_p-\rho_f)\omega^2 r} \tag{2-3}$$

式中，ω 为颗粒回转角速度，rad/s；r 为颗粒回转半径，m。

沉降法又分为重力沉降法和离心沉降法两种。重力沉降法的测量范围为 0.5～100 μm，离心沉降法的测量范围为 0.05～5 μm。目前，沉降式颗粒分析仪一般都采用重力沉降法和离心沉降法相结合的方式进行测量，以扩大测量的粒径范围。

(3) 激光粒度分析法

激光粒度分析法属于激光衍射法（又称小角前向散射法），是散射式激光粒度分析技术中发展最为成熟、应用最为普遍的一种方法。它通过测量颗粒在前向某一小角度范围内的散射光的能量分布，利用经典的 Mie 散射理论和对大颗粒适用的夫琅和费理论，求得颗粒粒径的大小和分布。对于粒径较大的颗粒，由于在前向小角度范围内的散射以衍射为主，因此，小角前向散射法又称为衍射法。

近年来，针对纳米粉体而研制的更高级的激光散射测试仪是利用光子相关光谱来测量粒径的，即以激光作为相干光源，通过探测纳米颗粒布朗运动所引起的散射光的波动速率来测定粒子的大小，其尺寸参数不取决于光散射方程，而取决于 Stocks-Einstein 方程，即

$$d=\frac{kT}{3\pi\eta D_0} \tag{2-4}$$

式中，D_0 为颗粒在分散体系中的平动扩散系数，m^2/s；k 为玻耳兹曼常量，J/K；T 为绝对温度，K；η 为溶剂黏度，Pa·s；d 为等效圆球直径，m。

这种方法称为动态光散射法或准弹性光散射法。该方法应用在纳米颗粒粒度分布的测定上，其特点是测定所需时间短，只用十几分钟，而且可以一次得到粒度的直方图、累积曲线、相应粒度（D_{10}、D_{50} 和 D_{90}）、平均粒度及比表面积等多个数据。

(4) 比表面积法

颗粒群的粒径也可用比表面积来间接表示。比表面积是单位质量颗粒的表面积之和。

通过测量颗粒的比表面积 S_w，再将其换算成具有相同比表面积值的均匀球形颗粒的直径，这种测量粒径的方法称为比表面积法，所得粒径称为比表面积径。

球形颗粒的比表面积 S_w 与直径 d 的关系为：

$$S_w = \frac{6}{\rho \cdot d} \tag{2-5}$$

式中，S_w 为比表面积，m^2/g；d 为颗粒直径，m；ρ 为颗粒密度，g/m^3。

测定粉体比表面积的标准方法是气体吸附法，即以气体分子占据粉体颗粒的表面，通过测量气体吸附量来计算颗粒的比表面积。

（5）显微镜法

显微镜法可分为光学显微镜法和电子显微镜法。当粒径在 500～0.5 μm 时，一般可采用光学显微镜法进行测量；当粒径在 10～0.001 μm 时，则需要采用电子显微镜法进行测量。电子显微镜可根据电镜类型分为扫描电镜、透射电镜、扫描隧道电镜等。通过电镜扫描，可以直观地观测到颗粒的形状信息，但在测量过程中要求颗粒处于良好的分散状态。显微镜法测量颗粒粒径时，要获得准确的结果，需要大量的电镜图片进行统计。显微镜法是唯一对粉体颗粒既可观察，又可测量粒径的手段。

颗粒粒度的测量方法应根据颗粒粒度组成及实际要求进行选择，一般情况下，上述几种方法的适用范围可参考图 2-4。

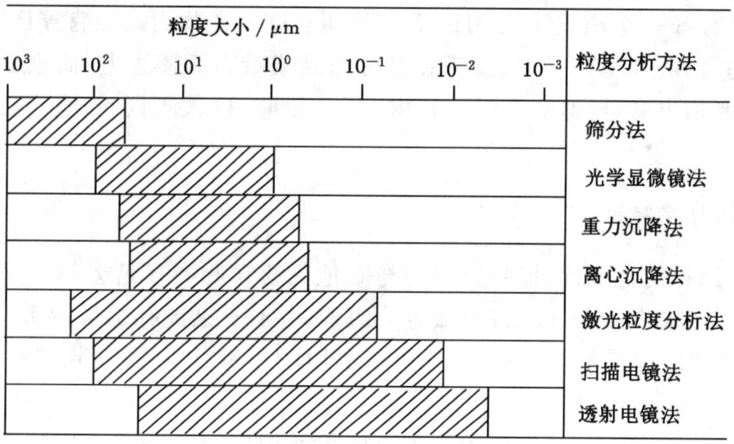

图 2-4　颗粒粒度测量方法的适用范围

2.1.5.2　颗粒比表面积的测量

颗粒的表面特征常用比表面积及孔径分布来表征。比表面积的准确测量非常困难，在测量方法的发展过程中形成的方法也很多，如润湿热法、显微镜和电镜法、消光法、流体透过法、溶解度法、气体吸附法及液体吸附法等。而气体吸附法中的氮吸附方法是目前常用的方法之一。

气体吸附法测定比表面积的原理是依据气体在固体表面的吸附特性，被测样品颗粒（吸附剂）表面在超低温下对气体分子（吸附质）具有可逆物理吸附作用，在一定的压力下存在确定的平衡吸附量。通过测定该平衡吸附量，利用理论模型可求出被测样品的比表面积。由于实际颗粒外表面的不规则性，严格来讲，该方法测定的是吸附质分子所能到达的颗粒外表面和内部通孔总表面积之和。氮气因其易获得性和良好的可逆吸附特性，成为最常用的吸附质。通过这种方法测定的比表面积被称为“等效”比表面积。

比表面积测量方法有两种分类标准：一是根据测定样品吸附气体量的统计方法的不同分为连续流动法、容量法和重量法；二是根据计算比表面积理论方法的不同分为直接对比法、朗缪尔法和 BET 法等。同时这两种分类标准又有着一定的联系，直接对比法只能采用连续流动法来测定吸附气体量，而 BET 法既可以采用连续流动法，也可以采用容量法来测定吸附气体量。

2.2 颗粒的结构特征

2.2.1 矿物颗粒的结构特征

一般矿物颗粒表面都存在着大量 0.1～1 nm 的微孔、台阶和裂缝。这种由晶体缺陷引起的表面不均匀性对矿物颗粒的机械强度及表面物理和化学性质有很大影响，如表面缺陷可使矿物表面亲疏水性发生变化。

表面官能团决定了矿物在一定条件下吸附反应的活性、电性和润湿性，因而对其应用性能及表面改性剂的作用都有重要影响。矿物不同，表面官能团的种类和数量也不同，如硅酸盐类矿物多数都有 Si—O、Si—OH、OH^- 等官能团。同一矿物内表面官能团有一定分布，如高岭土的活性基团 Si—O、Al—OH 出现在晶片边缘或沿表面棱边上，而表面上的主要官能团为 OH^-。需要指出的是，即使是同一矿物，由于表面 pH 值不同，也会产生不同的表面官能团。

2.2.2 煤颗粒的结构特征

由于煤组成结构的特殊性，煤颗粒结构与其他无机矿物有显著差别。从岩石学的角度来看，煤颗粒由有机显微组分和无机显微组分组成，并有复杂的孔结构体系。通常用煤有机大分子结构模型或结构参数表述煤的结构。常用的煤结构参数有芳碳率、芳氢率、芳环率等。

(1) 芳碳率：芳碳率(f_{ar}^{C})是指煤的基本结构单元中属于芳香族结构的碳原子数与总碳原子数之比，$f_{\text{ar}}^{\text{C}}=C_{\text{ar}}/C$。

(2) 芳氢率：芳氢率(f_{ar}^{H})是指煤的基本结构单元中属于芳香族结构的氢原子数与总氢原子数之比，$f_{\text{ar}}^{\text{H}}=H_{\text{ar}}/H$。

(3) 芳环率：芳环率是指煤的基本结构单元中芳香环数与总环数之比。

不同煤化程度煤的结构参数列于表 2-3。

煤颗粒表面还存在脂肪结构的侧链以及羟基—OH、羧基—COOH、羰基 >C═O、甲氧基—OCH_3 等官能团。随着煤化程度的提高，甲氧基、羧基很快消失，其他含氧官能团在各种煤化程度的煤中均有存在。此外，还存在次甲氧键、醚键、次甲基醚键、硫醚键以及芳香碳—碳键等。

表 2-3　不同煤化程度煤的结构参数

碳含量/%	f_{ar}^{C}		f_{ar}^{H}		H_{ar}/C_{ar}①	H_{al}/C_{al}②	平均环数/个
	NMR③	FTIR④	NMR	FTIR			
75.0	0.69	0.72	0.29	0.31	0.33	1.48	2
76.0	0.75	0.75	0.34	0.33	0.36	0.74	2
77.0	0.71	0.65	0.33	0.24	0.34	1.89	2
77.9	0.38	0.49	0.16	0.14	0.42	1.32	1
79.4	0.77	0.77	0.31	0.31	0.31	1.91	3
81.0	0.70	0.69	0.31	0.34	0.31	1.45	2
81.3	0.77	0.74	0.30	0.36	0.35	2.11	3
82.0	0.78	0.73	0.36	0.32	0.34	2.14	3
82.7	0.79	0.73	0.32	0.29	0.31	2.34	3
82.9	0.75	0.79	0.39	0.39	0.38	1.59	3
83.4	0.78	0.69	0.33	0.29	0.32	2.31	3
83.5	0.77	0.69	0.34	0.29	0.36	2.42	3
83.8	0.54	0.56	0.18	0.16	0.31	1.69	1
85.1	0.77	0.80	0.43	0.45	0.36	1.38	3
86.5	0.76	0.78	0.33	0.42	0.36	1.75	3
90.3	0.86	0.84	0.53	0.5	0.35	1.91	6
93.0	0.95		0.68		0.23	2.06	30

注：① H_{ar}/C_{ar}表示芳香氢、碳原子比；② H_{al}/C_{al}表示脂肪氢、碳原子比；③ NMR 表示核磁共振波谱测试结果；④ FTIR 表示傅立叶变换红外光谱测试结果。

2.3　颗粒的界面性质

2.3.1　矿物颗粒的界面性质

当矿粒表面与水分子接触时，在矿粒-水界面发生离子或反离子等荷电质点的相间转移。大多数情况下，荷电质点的转移是不等量的，这导致相界面产生电位差，从而使矿粒表面荷电。表面荷电的状况在很大程度上影响微细颗粒在水中的物理化学特征。

荷电矿粒表面对液相中的反离子进行静电吸引，对同号离子进行静电排斥，结果在固-液相界面两侧出现电荷符号相反、数量相等的扩散双电层结构。通常，固相表面的电荷主要集中分布在表面；液相中的反离子由于同时受静电作用与分子热运动的影响，总是从固相表面开始在液相中呈扩散分布，并延伸一定距离。

图 2-5 为界面扩散双电层结构、相界面电位及电荷分布图。

固相表面荷负电，表面负电荷主要集中在 1～2 个原子厚度的表面层中，构成扩散双电层的内层。液相中部分阳离子受表面静电吸引在固相表面一定距离处排列，由于表面阳离子的水化层仍保留，阳离子与固相表面的距离大约为两个水偶极分子长度加阳离子的离子

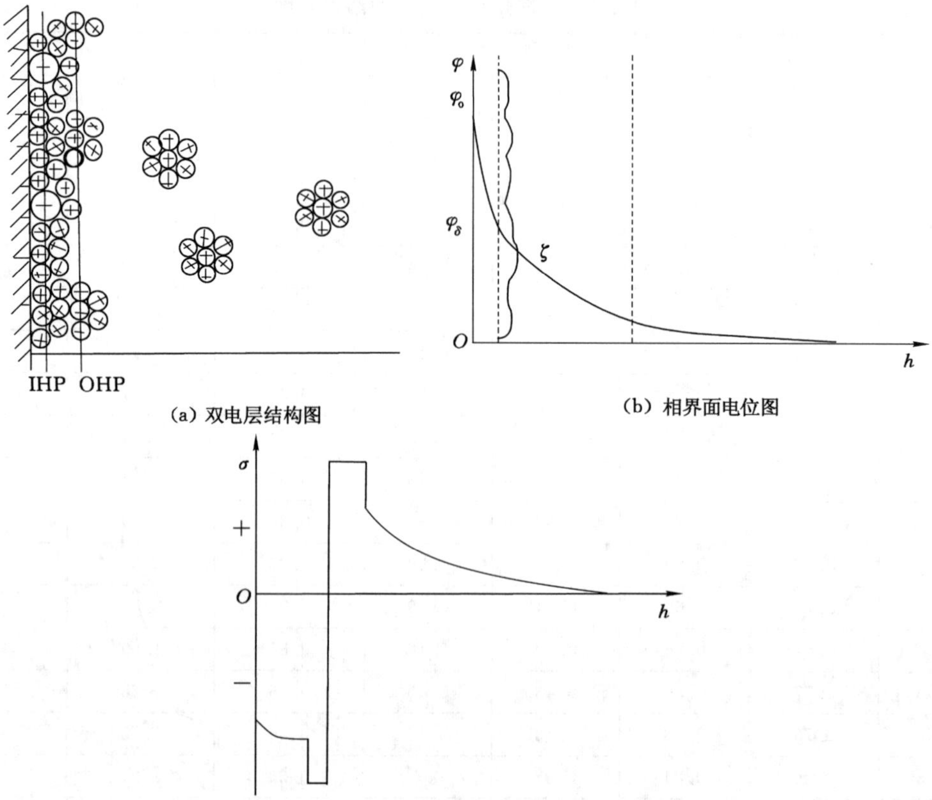

(a) 双电层结构图　　(b) 相界面电位图

(c) 电荷分布图

图 2-5　界面扩散双电层结构、相界面电位及电荷分布图

半径，连接这些阳离子中心的面称为外亥姆霍兹(Helmholtz)面(OHP)。除非存在特性吸附，一般情况下从 OHP 到固相表面的厚度为 δ(通常 $\delta=0.6$ nm)的薄层内没有静电吸附离子，叫作双电层外层的斯特恩(Stern)层。在 OHP 面的电位是 φ_δ。

某些特定的同号离子由于受表面的强吸附作用，可以克服静电排斥作用进入 OHP 面，直接吸附在固相表面，这些离子中心连成的面称为内亥姆霍兹(Helmholtz)面(IHP)，IHP 面距离固相表面仅 0.15 nm 左右。

由于 OHP 面上的阳离子密度较大，排列较紧密，所以又把斯特恩层叫作紧密层。在紧密层外就是离子扩散分布区，在该区中，阳离子浓度由高到低，反之，阴离子浓度由低到高，直到某一距离时，阳、阴离子浓度恢复到它们的体相浓度，此时阳、阴离子浓度相等，电性中和。

在表面电位固定时，扩散层的厚度受离子价态的直接影响。在离子浓度很低时，扩散层的距离可延伸达 100 nm。由于扩散层从 OHP 面开始，所以对扩散层中离子的分布及电位变化的计算均应从表面位置开始。对互相接触的两相界面平行地施加电场时，荷电状态不同的两相间会产生相对运动；反过来，当两相间发生相对运动时，在运动方向上由于电荷积累产生电位差，这就是界面动电现象。两相间产生相对运动的滑动电位可以直接测定，称为动电位或 Zeta 电位，通常用 ζ 表示。

由于界面上的水分子层及反离子的结合极为紧密，滑移面总是发生在 OHP 层或稍远处，在 OHP 面内吸附的离子及水分子随固相表面移动。滑移面上测得的电位（动电位）与 OHP 面处的电位相差不大，通常可以用 ζ 代替 φ_δ。

动电位 ζ 和液相介质内浓度、吸附层内浓度有关，因此矿物表面的电荷类型、大小、介质的 pH 值、电解质浓度都会影响扩散双电层的厚度和 ζ 值的大小。每一种矿物颗粒置于中性（pH=7）水溶液后都会有一定的 pH 值，并有一个等电点 pH 值称为 PIC 值，即矿物表面正（负）电荷与吸附层（正电荷）互相抵消（此时 $\zeta=0$）时的 pH 值。该数值对于了解矿物颗粒的凝聚与分散以及表面活性剂在颗粒表面的吸附作用，进而选取适宜的吸附剂和用量是十分重要的。

2.3.2　煤颗粒的界面性质

当煤粒处于水中时，为了降低煤-水界面的自由能，水分子在煤表面的吸附或煤表面水化膜的形成完全是一个自发的过程。其水化膜的特性是由煤的基本化学结构和表面物理化学性质所决定的。根据煤的基本结构特征，可将煤表面基本结构单元分为亲水性部分和疏水性部分（图 2-6），它们分别表现出不同的表面物理化学性质和浮选特性。

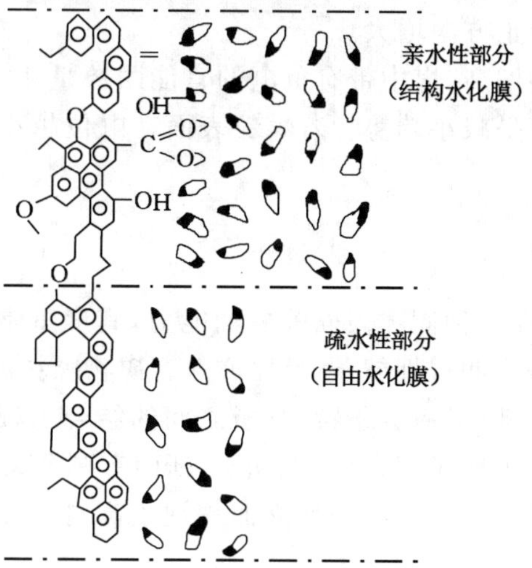

图 2-6　煤表面结构单元界面水化特征示意图

在亲水性部分常带有较多的羧基、羟基、醌基等极性基团，它们能与水分子之间形成氢键，使水分子定向地吸附在这些极性基团附近，进而形成结构水化膜。同时，弱酸性基在水中的解离，即

$$\text{Ar}-\langle\bigcirc\rangle-\text{OH} + H_2O \rightleftharpoons \text{Ar}-\langle\bigcirc\rangle-\text{O}^- + H_3^+O \tag{2-6}$$

$$\text{Ar}-\overset{\overset{\text{O}}{\|}}{\text{C}}-\text{OH} + H_2O \rightleftharpoons \text{Ar}-\overset{\overset{\text{O}}{\|}}{\text{C}}-\text{O}^- + H_3^+O \tag{2-7}$$

或 OH^-、H_3O^+ 离子在煤表面的吸附，都能使煤表面在 pH 值为 7 左右时带电，形成双电层结构，并产生一定的动电位。根据动电位的测定结果，纯水中煤粒表面定位离子是 OH^- 和

H_3O^+,煤粒表面动电位的大小与其含氧官能团数量和溶液 pH 值有关。煤-水界面在静电场作用下,由于静电偶极吸附作用,极性水分子在煤表面形成定向排列。因此,在煤表面结构单元的亲水性部分就形成了一定厚度的结构水化膜。

在煤表面疏水性部分,水分子不能产生氢键吸附和静电偶极吸附,水分子的取向程度极低,它的吸附只是分子间引力作用的结果。因此,在煤表面疏水性部分只能形成自由水化膜。

结构水化膜的生成自由能较大,不易薄化、破裂,若煤粒表面亲水性部分与气泡发生碰撞,则很难排开这层水化膜而使煤粒附着在气泡上,即使附着,也极易脱落;相反,自由水化膜的生成自由能很小,与气泡碰撞后自由水化膜将会自发地破裂,使煤粒能牢固地附着在气泡上。

煤变质程度越低,含氧官能团数量越多,弱酸性基的解离也越多,动电位向负方向增大。因此,其亲水性部分越大,水分子在煤表面的氢键和静电偶极吸附数量就越多,形成的结构水化膜越厚、越牢固,影响范围也越大,煤的可浮性就越差。

溶液 pH 值的变化可导致煤表面羧基、酚羟基电离,从而影响煤表面的动电位。当溶液 pH 值增大、OH^- 离子浓度增高时,有利于弱酸性基的解离和 OH^- 离子在煤表面的吸附,使动电位向负方向增大;反之,当溶液 pH 值降低、H_3O^+ 离子浓度增高时,有利于 H_3O^+ 离子在煤表面的吸附,动电位向正方向增大。

此外,随着煤化程度的增高,煤中带有负电的官能团数量相应减少,其表面电位有规律地升高,但动电位的绝对值呈减小趋势。若煤粒表面动电位越小,其表面水化膜越薄,疏水性和可浮性就越强。

2.3.3 颗粒表面的润湿性

润湿性是指一种液体在一种固体表面铺展的能力,其度量常用接触角测量法。根据杨氏方程可知,接触角越大表明润湿性越差,反之亦然。矿物颗粒的自然润湿性主要取决于矿物的结晶构造。分子晶格矿物具有分子键,分子之间的结合力很弱,表现为饱和态,呈疏水性;离子晶格矿物的碎裂面为离子键,呈不饱和态,断面有剩余离子电荷,呈亲水性。具有强共价键或离子键的矿物属极性矿物,在极性表面表现出高自由能值,同水分子起强烈反应,这些矿物具有天然亲水性。

在煤的基本结构中,多环芳核单元通常表现为疏水性,烷基侧链主要呈疏水性,羟基、羧基、甲氧基、硫醇等表现为亲水性。因此,煤的表面综合表现通常为弱的疏水性。由于煤种不同,煤表面结构各异,其含有的官能团种类及数量差异性较大。因此,不同煤种的润湿性也存在一定差异。一般地,当煤表面的官能团,特别是含氧官能团数量增多时,其亲水性就会增强。

随煤化程度的增加,煤表面润湿性也随之改变。褐煤表面含有丰富的官能团结构,极性官能团含量较多,煤样的亲水性较强;煤阶升至烟煤阶段,煤的芳香度增加,表面的极性官能团数量降低,疏水性逐渐增强。一般地,当烟煤的基本结构单元中芳香环较少时,表面疏水性随着芳香环的增多而增强,而当烟煤的基本结构单元中芳香环较多时,其疏水性随着连接芳香环的桥键数量的增多而有所降低。当煤中含氧官能团发生变化时,表面的润湿性会发生较大的改变,如煤受到氧化或风化作用,表面含氧官能团如羟基、羧基、醚基等基团增加,致使其疏水性大幅降低。羧基是影响煤表面润湿性最主要的基团,羟基的影响仅次于羧基,当这两种官能团含量增加时,煤的亲水性就会增加;羰基和醚基等对煤表面润湿性的影响较小,其与接触角的关系不强。

2.4 颗粒间相互作用

颗粒间的相互作用有两种:长程力相互作用和短程力相互作用。短程力相互作用发生在两颗粒间距小于 2 nm 处,例如,当颗粒间距达到 1 nm 左右时,颗粒表面质点的电子云互相排斥,产生电子云斥力,称为玻尔斥力,玻尔斥力就是一种短程排斥力。当两颗粒接触并伴随有化学作用时,表面质点通过共价键、配位键、离子键乃至氢键结合,此时会产生很强的短程吸引力。

长程力相互作用发生在颗粒相距 5～100 nm 处。长程力相互作用是分散体系中颗粒间的主要作用。水中颗粒间的主要长程力相互作用有:范德瓦耳斯作用(即分子吸引作用)、因双电层重叠引起的静电作用、因有吸附层而引起的位阻效应、因水化膜的存在而产生的水化膜作用、由颗粒表面疏水性引起的疏水作用、偶极作用及磁作用等。各种作用延伸的距离并不相同,如范德瓦耳斯作用、静电作用可达 100 nm;位阻作用的长短取决于吸附层的厚度;水化膜作用以及疏水作用一般在 10～25 nm。

颗粒间的相互作用是多种多样的。颗粒在水中经常存在三种粒间作用,即静电作用、范德瓦耳斯作用和溶剂(水)化作用。其他的粒间作用则产生于特定的环境及条件下,如位阻效应产生于颗粒表面有吸附层时,特别是当吸附有机或无机高分子时;疏水作用产生于疏水颗粒之间;磁作用仅产生于磁性颗粒之间。

2.4.1 范德瓦耳斯作用

范德瓦耳斯作用存在于一切分子、原子之间。极性分子的范德瓦耳斯作用由三部分组成:诱导作用、定向作用及色散作用。非极性分子的范德瓦耳斯作用主要来源于瞬时偶极距,它由原子中电子电荷中心与原子核的瞬时位置不重叠而产生。当颗粒表面有吸附层时,除了颗粒本身的作用外,还必须考虑吸附层分子(原子)之间的附加作用及吸附层对颗粒作用的影响。吸附层的存在通常会导致粒间分子吸附作用的减弱,原因是:第一,有吸附层颗粒的粒间作用比无吸附层颗粒的粒间作用在间距相同时有所减弱,因为前者的颗粒间距事实上比后者大两个吸附层厚度;第二,吸附物质的哈梅克常数比固体颗粒小。

2.4.2 静电作用

颗粒在分散介质中互相接近到扩散双电层开始交叠时,会产生粒间的静电作用。静电作用的起因主要是扩散层中带电离子互相靠近而产生的相互排斥(同性时)或相互吸引(异性时)作用。对于同质颗粒,这种静电作用总表现为排斥力;对于不同质颗粒,静电作用可能表现为排斥也可能表现为吸引,视两者表面荷电状况而定。

离子型吸附物通过直接改变表面电位而影响粒间的静电作用。中性分子型吸附物虽然不能直接改变颗粒的表面电位,但是实测表明中性分子(特别是非离子表面活性剂)的吸附,往往也会引起电位的变化。

中性分子吸附层的另一作用是，它们可以直接在表面吸附，使反离子与颗粒表面的距离增大（外推距离为吸附层厚度），OHP 面的外移引起颗粒双电层交叠距离增加，使颗粒静电排斥作用加大。当颗粒表面电位绝对值大于 30 mV 时，静电排斥作用能很强，相对分子作用而言占主导地位，一般颗粒运动的动能已不足以克服此能垒时，悬浮颗粒呈稳定分散状态。

2.4.3 位阻效应

颗粒表面的吸附层对粒间作用有显著影响，当吸附物质是长链表面活性剂或高分子表面活性剂时，此种影响尤为明显。除了前述的吸附层静电排斥作用及范德瓦耳斯作用的间接影响外，当颗粒与吸附层开始接触时，会产生一种不可忽视的有时甚至占支配地位的粒间作用，即位阻效应。

颗粒间的吸附层相互接触时，可能发生两种极端情况。第一种是吸附物之间互相穿插，在两吸附层的接触区域形成透镜状穿插带[图 2-7(a)]；第二种是吸附层接触时不发生穿插作用，只引起吸附层与吸附层之间的互相压缩[图 2-7(b)]。穿插作用多发生在吸附层结构比较疏松（即吸附量较小、吸附密度较低、吸附物的相对分子质量大）时，而压缩作用多发生在吸附层结构较为致密（即吸附密度高、吸附量大）时。实际上吸附层的作用往往是穿插作用和压缩作用同时存在。可近似地认为，表面有吸附层的颗粒间的位阻效应是穿插作用与压缩作用的总和。通常情况下，从数值上看，穿插作用远比压缩作用重要。

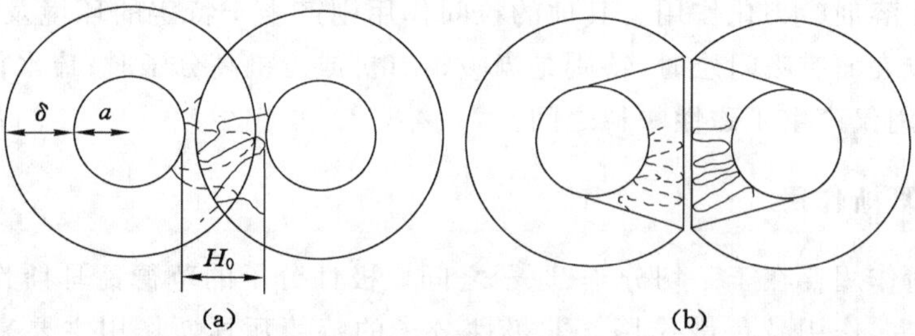

图 2-7 位阻效应的两种模式

如果颗粒表面吸附物伸入介质的主要是链尾，则穿插作用比压缩作用的作用间距要大得多。一旦链尾开始接触，穿插作用便开始产生，而压缩作用只有当两颗粒进一步靠拢，链尾互相缠着，伸展受到很大限制时才显露出来。位阻效应有利于颗粒在水中的稳定分散。

2.4.4 疏水作用

疏水作用是在水中发生的疏水颗粒间的吸引作用，是一种实际存在的，远比分子吸附作用更强的粒间作用。疏水作用距离较短，发生在 10～25 nm 的间距内，但是它的作用能很大，通常比静电作用及分子作用大 10～100 倍。疏水颗粒在水中受到周围水分子的强烈排斥作用，此时体系自由能较高，为降低体系自由能，颗粒必将相互靠拢形成聚团或者逃出液相而在液-气界面聚集，以减少固-液界面的方式降低体系的自由能，这便是疏水作用。利用疏水作用，在浮选中可进行疏水絮凝及疏水聚团分选。添加非极性油在疏水颗粒间形成非极性油桥，使疏水颗粒的聚团进一步加强，则颗粒间可实现油团聚。

2.4.5　颗粒的凝聚与分散

凝聚和分散是颗粒(尤其是细粒、超细粒粉体)在介质中的两种基本状态。颗粒彼此互不相干,能自由运动的状态称为分散;颗粒相互黏附,并能连接形成聚集体的状态称为凝聚。根据作用机理,可将颗粒的凝聚分为三种不同的类型,即聚集或团聚、凝结和絮凝,如图 2-8 所示。

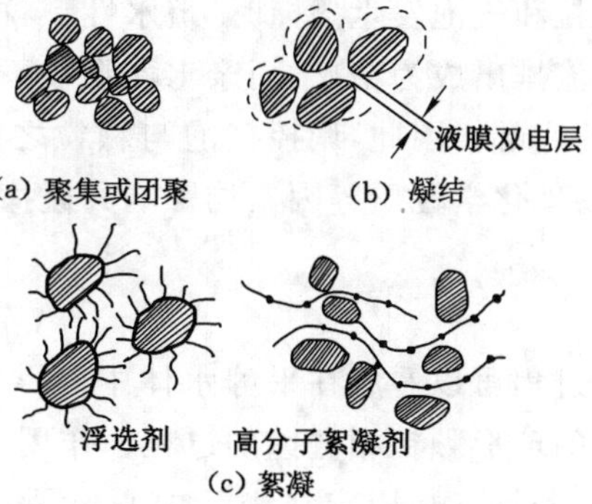

图 2-8　颗粒凝聚的类型

(1) 聚集或团聚

聚集或团聚是指颗粒在空气或其他条件下,在静电引力、范德瓦耳斯力、液桥或固桥力的作用下,聚集成团的现象,如图 2-8(a)所示。通常把同一种物质粒子的聚集称为均相聚集,而把不同物质粒子的聚集称为非均相聚集。团聚根据作用机理又可分为凝聚体和附聚体。凝聚体指以面相接的原级粒子团簇,其表面积比其单个粒子组成之和小得多,再分散较为困难;附聚体指以点、角相接的原级粒子团簇或小颗粒附着在大颗粒上所形成的团簇,其总表面积比凝聚体大,但小于单个粒子组成之和,再分散相对容易。

(2) 凝结

凝结是指当悬浮液中含有电解质时,由于颗粒表面双电层的扩散层(包括水化膜)受压缩,ζ 电位降低而导致颗粒聚集的现象,如图 2-8(b)所示。

(3) 絮凝

絮凝是指由于大分子表面活性剂或水溶性高分子的架桥作用,把颗粒串连成结构较为松散的团状物的现象,如图 2-8(c)所示。

颗粒凝聚和分散的方法可根据它们的结合方式及颗粒间相互作用的类型来选择。如,悬浮于水相中的颗粒可通过添加药剂(如表面活性剂、凝聚剂或絮凝剂等)破坏其分散的稳定态(又称破稳),从而使颗粒相互聚集而沉降;根据颗粒聚团的介质环境(通常有空气介质或液体介质),采用合适的分散途径使聚集的颗粒体发生破坏。

2.5　颗粒与气泡的相互作用

颗粒与气泡的相互作用包括碰撞、黏附和脱附,三者共同决定颗粒与气泡的捕集概率。颗粒与气泡的相互作用受到颗粒大小、密度、形状等物理性质以及气泡的运动、液体流动的流体动力学等许多因素的影响。

由颗粒与气泡的相互作用类型可将颗粒与气泡之间分为三个区域：区域一，距气泡表面约 1 μm 以外的区域(重力和流体动力起作用)，颗粒与气泡之间的碰撞发生在此区域；区域二，电泳扩散区(颗粒-气泡表面双电层电荷形成的相互作用力)；区域三，厚度约小于 150 nm 的液膜内的区域(粒子间形成的相互作用力)。区域二和区域三中的相互作用力与颗粒-气泡的黏附有关。

通常，浮选过程中，当颗粒和气泡发生碰撞时，疏水性颗粒会和上升的气泡紧紧黏附，然后上升到浮选机的泡沫区溢流排出成为精矿；而亲水性颗粒不能和气泡黏附，只能在自身重力的作用下，沉降到浮选机的底部。因此，调控气泡与颗粒之间的相互作用十分重要，颗粒与气泡表面的物理、化学和物理化学性质等因素均影响其碰撞、黏附和脱附过程。

2.5.1 颗粒与气泡的碰撞

颗粒与气泡的简单碰撞过程可以看成在平静水体中，一个以自由升浮末速上升的球形气泡与以自由沉降末速沉降的球形颗粒相碰撞的过程。作用于颗粒的力包括重力、浮力、黏性力、质量增加力和惯性力。若将气泡固定在坐标中心，可将颗粒所受的力分为 x 和 y 方向力。因此，颗粒运动方程可表示为：

在 x 方向：

$$F_{ix} = F_g + F_b + F_{vx} + F_{ux} \tag{2-8}$$

在 y 方向：

$$F_{iy} = F_{vy} + F_{uy} \tag{2-9}$$

式中，F_g为重力；F_b为浮力；F_{vx}为 x 方向的黏附力；F_{ux}为 x 方向的质量增加力；F_{vy}为 y 方向的黏附力；F_{uy}为 y 方向的质量增加力。

设半径为 R_b的气泡在水中的自由上升末速度为 u_t，可定义如下无量纲变量：

$$X = \frac{x}{R_b}, Y = \frac{y}{R_b}, U_p = \frac{u_p}{u_t}, V_p = \frac{v_p}{u_t},$$

$$U_f = \frac{u_f}{u_t}, V_f = \frac{v_f}{u_t}, W = \frac{w}{u_t}, T = \frac{tu_t}{R_b}, \rho = \frac{\rho_p}{\rho_f}$$

式中，u_p、u_f 分别为颗粒和液体在 x 方向的速度；v_p、v_f 分别是颗粒和液体在 y 方向的速度；ρ_p、ρ_f分别是颗粒和液体的密度；t 为时间；w 为颗粒相对流体的速度，有 $w = \sqrt{(u_f - u_p)^2 + (v_f - v_p)^2}$。

则颗粒运动方程式(2-8)和式(2-9)可整理为：

$$\frac{d^2 X}{dT^2} = \left[\frac{R_b(1-\rho)g}{u_t^2} + \frac{3R_b}{8R_p}(U_f - U_p)wC_d(w)\right]\frac{1}{(\rho + 0.5)} \tag{2-10}$$

$$\frac{d^2 Y}{dT^2} = \left[\frac{3R_b}{8R_p}(V_f - V_p)wC_d(w)\right]\frac{1}{(\rho + 0.5)} \tag{2-11}$$

式中，R_p 为颗粒半径；g 为重力加速度；C_d 为黏性阻力系数，其大小与 w 有关。

要获得上述方程的解，需要知道液流速度，而液流速度可通过环绕气泡的液体流线方程得到。环绕气泡的流态由雷诺数 Re 决定，大小取决于气泡的直径和速度。环绕气泡的液体流态可由如下方程表示：

当 Re 较小时，可用 Oseen 流线方程：

$$\psi=-\frac{1}{2}U_r r^2\sin^2\theta\left(1+\frac{R_b^3}{2r^3}\right)+\frac{3U_rR_b^2}{Re}(1-\cos\theta)\left[1-\exp\left(-\frac{1+\cos\theta}{4R_b}Rer\right)\right] \tag{2-12}$$

式中，r 和 θ 分别为在极坐标中质点的极距和极角；U_r 为极距为 r 的气泡上升速度。

当 $Re=5\sim80$ 时，使用 Kawaguti 提出的近似流线方程：

$$\psi=-\left(\frac{R}{2}+\frac{A_1}{R}+\frac{A_2}{R^2}+\frac{A_3}{R^3}+\frac{A_4}{R^4}\right)\sin^2\theta-\left(\frac{B_1}{R}+\frac{B_2}{R^2}+\frac{B_3}{R^3}+\frac{B_4}{R^4}\right)\sin^2\theta\cos\theta \tag{2-13}$$

式中，$R=r/R_b$，为无量纲数；$A_1,A_2,A_3,A_4,B_1,B_2,B_3,B_4$ 为给定雷诺数条件下的常数。

颗粒与气泡的相互作用可通过模型公式进行表示。经典的碰撞概率模型有如下几种。

(1) Sutherland 碰撞概率模型

颗粒与气泡的碰撞概率模型最早由 Sutherland 建立。根据势流条件下的流线方程得出存在临界流线，在该线内运动的所有颗粒都能与气泡发生碰撞，临界流线与气泡中心的距离与气泡直径和颗粒直径有关。Sutherland 提出的碰撞概率模型如图 2-9 所示。

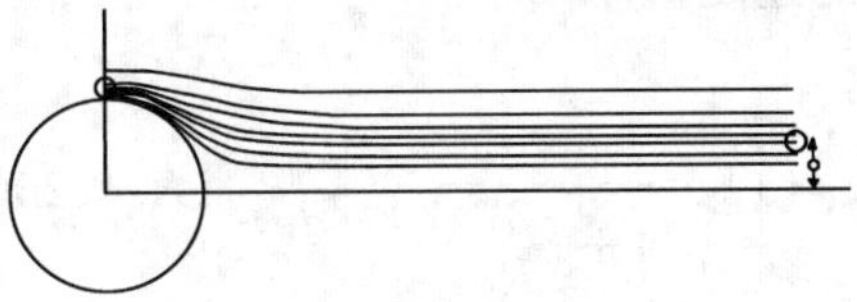

图 2-9　Sutherland 的碰撞概率模型图

粒子中心距离气泡运动线的最大距离为：

$$D=\sqrt{\frac{r(3R^2+3rR+r^2)}{r+R}} \tag{2-14}$$

式中，R 和 r 分别是气泡与颗粒的球形半径。

碰撞次数：

$$n=\pi D^2vN_0=3\pi RrvN_0 \tag{2-15}$$

式中，v 为上浮速度；N_0 表示单位体积内存在的气泡数。

气泡为扁球体时：

$$n=3k\pi RrvN_0 \tag{2-16}$$

式中，k 为扁球体的形状系数。

若每立方米存在 N' 个气泡时：

$$n=3\pi RrvN'N_0 \tag{2-17}$$

碰撞概率为：

$$P_c=\frac{\pi R_c^2}{\pi R_b^2}=3\frac{d_p}{d_b} \tag{2-18}$$

式中，R_c 为临界碰撞半径；R_b 为气泡半径；d_p 和 d_b 分别为颗粒和气泡的直径。

在 Sutherland 所建立的模型中，碰撞概率就是能够发生碰撞的面积与气泡面积之比。该模型简易但是建模过程基于很多假设，与实际过程有较大偏差。

(2) Gaudin 碰撞概率模型

在 Sutherland 模型的基础上，Gaudin 利用斯托克斯区流体绕流流线方程得出适用于斯托克斯区碰撞的概率模型。

斯托克斯区流体绕流流线方程：

$$\psi=v_{bx}R_b^2\sin^2\theta\left(\frac{1}{2}x^2-\frac{3}{4}x+\frac{1}{4x}\right) \tag{2-19}$$

式中，v_{bx}为气泡在 x 轴方向的速度；x 为气泡水平位置。

碰撞概率为：

$$P_c=\frac{3}{2}\left(\frac{d_p}{d_b}\right)^2 \tag{2-20}$$

该模型未考虑颗粒的惯性力，适用于粒度<100 μm 的气泡。

(3) Weber 碰撞概率模型

该模型将碰撞概率分为重力概率和截留概率。

重力概率：

$$P_c^g=\sin^2\theta_c\left(1+\frac{d_p}{d_b}\right)^2\frac{v_p}{v_{by}} \tag{2-21}$$

式中，v_{by}为气泡在 y 轴方向的速度。

截留概率：

$$P_c^i=\left[1+\frac{2}{1+\left(\frac{37}{Re}\right)^{0.85}}\right]\frac{d_p}{d_b}\quad (Re<200) \tag{2-22}$$

$$P_c^i=1.5\left[1+\frac{\frac{3}{16}}{1+0.249Re^{0.56}}\right]\left(\frac{d_p}{d_b}\right)^2\quad (200<Re<300) \tag{2-23}$$

该模型仅考虑了颗粒粒度非常小的情况，未考虑颗粒粒度对流体的影响。

(4) Yoon 和 Luttrell 碰撞概率模型

Yoon 和 Luttrell 采用能够发生吸附的区域面积与气泡和颗粒的总面积之比来描述碰撞概率。Yoon 与 Luttrel 提出的碰撞概率模型为：

$$P_c=\left(\frac{3}{2}+\frac{4Re^{0.72}}{15}\right)\left(\frac{d_p}{d_b}\right) \tag{2-24}$$

$$Re=\frac{v_{by}d_b\rho_f}{\eta} \tag{2-25}$$

该模型同样没有考虑颗粒的惯性力。

(5) 王静超碰撞概率模型

王静超提出的碰撞概率模型综合考虑了气泡和颗粒的各种效应，并分别以气泡为捕集体和颗粒为捕集体提出了碰撞概率模型(图 2-10)。

① 当气泡为捕集体时，碰撞机制主要为布朗扩散效应、截留效应、重力沉降效应和惯性效应。设 η_D、η_I、η_G、η_N分别代表与布朗扩散效应、截留效应、重力沉降效应、惯性效应对应的单独碰撞效率，则有如下公式：

$$U_{wb}=U_w-U_b=\frac{-(\rho_w-\rho_b)gd_p^2}{18\mu} \tag{2-26}$$

$$\eta_D=0.9\times\left(\frac{K_BT}{gd_pd_bU_{wb}}\right)^{\frac{2}{3}} \tag{2-27}$$

$$\eta_I=1.5\times\left(\frac{d_p}{d_b}\right)^2 \tag{2-28}$$

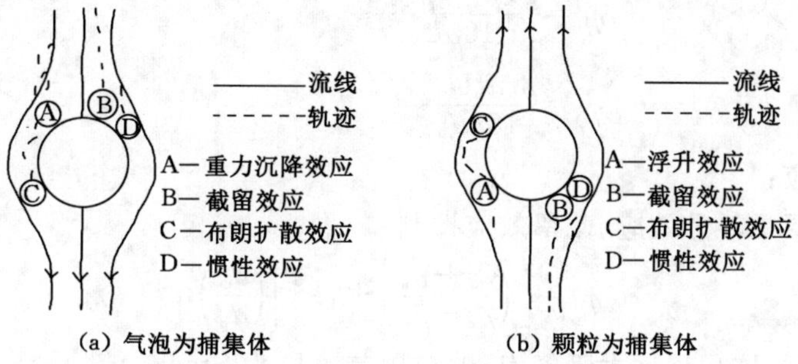

图 2-10　王静超的碰撞概率模型

$$\eta_{G}=\frac{g(\rho_{p}-\rho_{w})d_{b}^{2}}{18\mu U_{wb}} \tag{2-29}$$

$$\eta_{N}=\frac{\rho_{b}d_{b}^{2}U_{wb}}{18\mu d_{b}} \tag{2-30}$$

式中，U_{wb}为以气泡为惯性参照物时水流的速度；U_{w} 为气浮接触区速率水流上升速度；U_{b} 为气泡上浮速度；ρ_{w} 和 ρ_{b}分别为流体和气泡的密度。

综合碰撞效应：

当 $d_{p}<1.0\ \mu m$ 时，截留效应、重力沉降效应、惯性效应可忽略不计，碰撞过程主要受布朗扩散效应控制，此时综合碰撞效应可近似表示为：

$$\eta_{C}=6.18\times\left(\frac{K_{B}T}{g\rho_{w}}\right)^{\frac{2}{3}}\left(\frac{1}{d_{p}}\right)^{\frac{2}{3}}\left(\frac{1}{d_{b}}\right)^{2} \tag{2-31}$$

当 $1.0\ \mu m<d_{p}<3.0\ \mu m$ 时，重力沉降效应和惯性效应可忽略不计，碰撞过程主要受布朗扩散效应和截留效应控制，此时综合碰撞效应可近似表示为：

$$\eta_{C}=1.5\times\left(\frac{d_{p}}{d_{b}}\right)^{2}+6.18\times\left(\frac{K_{B}T}{g\rho_{w}}\right)^{\frac{2}{3}}\left(\frac{1}{d_{p}}\right)^{\frac{2}{3}}\left(\frac{1}{d_{b}}\right)^{2} \tag{2-32}$$

当 $d_{p}>3.0\ \mu m$ 时，布朗扩散效应、重力沉降效应和惯性效应可忽略不计，碰撞过程主要受截留效应控制，此时综合碰撞效应可近似表示为：

$$\eta_{C}=1.5\times\left(\frac{d_{p}}{d_{b}}\right)^{2} \tag{2-33}$$

适用条件：气泡体积远大于颗粒；气泡周围水层为 Stocks 流。

② 当颗粒为捕集体时，碰撞机制主要为布朗扩散效应、截留效应、浮升效应和惯性效应。设 η_{D}、η_{I}、η_{B}、η_{N}分别代表与布朗扩散效应、截留效应、浮升效应、惯性效应对应的单独碰撞效率，则有如下公式：

$$U_{wb}=U_{w}-U_{b}=\frac{(\rho_{p}-\rho_{w})gd_{p}^{2}}{18\mu} \tag{2-34}$$

$$\eta_{D}=0.9\times\left(\frac{K_{B}T}{gd_{p}d_{b}U_{wp}}\right)^{\frac{2}{3}} \tag{2-35}$$

$$\eta_{I}=1.5\times\left(\frac{d_{p}}{d_{b}}\right)^{2} \tag{2-36}$$

$$\eta_B=\frac{g(\rho_w-\rho_b)d_b^2}{18\mu U_{wp}} \tag{2-37}$$

$$\eta_N=\frac{\rho_b d_b^2 U_{wp}}{18\mu d_p} \tag{2-38}$$

综合碰撞效应：

碰撞过程主要受浮升效应、截留效应控制：

$$\eta_C=\left[\left(\frac{\rho_w-\rho_b}{\rho_p-\rho_w}\right)+1.5\right]\left(\frac{d_b}{d_p}\right)^2 \tag{2-39}$$

适用条件：颗粒体积远远大于气泡；颗粒周围水层为 Stocks 流。

该模型仅将各效应进行了简单的叠加，误差较大。

2.5.2 颗粒与气泡的黏附

根据 DLVO 理论，溶胶在一定条件下能否稳定存在取决于胶粒之间相互作用的位能。总位能等于范德瓦耳斯吸引位能和由双电层引起的静电排斥位能之和，即

$$V_T^D=V_{ER}+V_{WA} \tag{2-40}$$

扩展后的 DLVO 理论也就是 EDLVO 理论认为：浮选体系中颗粒-气泡的黏附过程不仅有静电双电层作用势能以及范德瓦耳斯作用势能，还包括疏水吸引能，即

$$V_{ext-DLVO}(H)=V_{vdw}(H)+V_e(H)+V_h(H) \tag{2-41}$$

其中，范德瓦耳斯作用势能可表示为：

$$V_{vdw}(H)=\frac{-A_{132}R_pR_b}{6H(R_p+R_b)} \tag{2-42}$$

$$A_{132}=(\sqrt{A_{11}}-\sqrt{A_{33}})(\sqrt{A_{22}}-\sqrt{A_{33}})$$

静电双电层作用势能可表示为：

$$V_e(H)=\pi\varepsilon\varepsilon_0\frac{R_bR_p}{R_b+R_p}[2\psi_1\psi_2 p+(\psi_1^2+\psi_2^2)q] \tag{2-43}$$

$$p=\ln\frac{1+e^{-KH}}{1-e^{-KH}},q=\ln(1+e^{-2KH})$$

疏水吸引能可表示为：

$$V_h(H)=-\frac{R_pR_b}{R_p+R_b}k\lambda e^{-H/\lambda} \tag{2-44}$$

如果颗粒能够与气泡发生黏附，那么颗粒必须要能够克服静电双电层作用势能和范德瓦耳斯作用势能所形成的能量势垒，一种方法就是给颗粒提供足够大的动能，另一种方法就是减少能量势垒来增加颗粒与气泡的黏附概率。

颗粒与气泡的黏附作用可以使用动力学（过程机理、实现条件和过程的速度）和热力学（依据假定条件计算自由能变化，以此判断过程的方向与趋势）的方法来描述，相应的模型分为动力学模型（如 Dobby 和 Finch 模型、Yoon 和 Luttrel 模型等）和热力学模型（如 Yoon 和 Mao 模型、Scheludko 模型等）。

(1) Yoon 和 Luttrel 黏附概率模型（黏附动力学模型）

Yoon 和 Luttrel 认为黏附概率是临界黏附区域的面积和颗粒与气泡的半径所围成区域的面积之比，如图 2-11 所示。

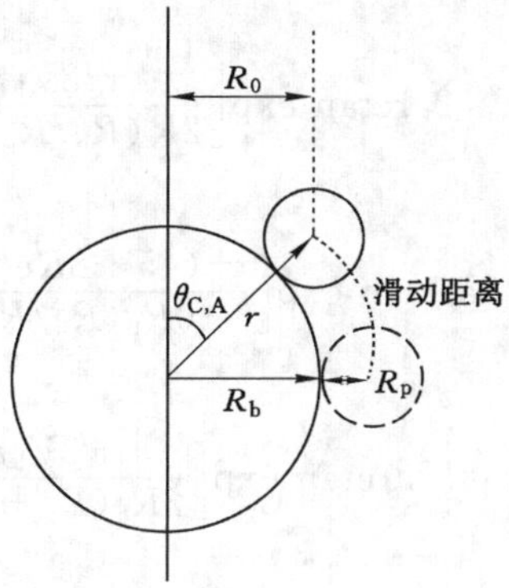

图 2-11　Yoon 和 Luttrel 的黏附概率模型

$$P_a=\frac{R_0^2}{(R_b+R_p)^2} \tag{2-45}$$

其中，$\frac{R_0}{R_b+R_p}=\sin\theta_{C,A}$，所以式(2-45)变为：

$$P_a=\sin^2\theta_{C,A} \tag{2-46}$$

(2) Yoon 和 Mao 黏附概率模型(黏附热力学模型)

$$E_{A-YM}=e^{-E_I/E_K} \tag{2-47}$$

(3) Scheludko 黏附概率模型(黏附热力学模型)

Scheludko 等认为，要实现气泡与颗粒之间的黏附，应该满足条件：

$$E_k>E_d+E_{tpcl} \tag{2-48}$$

(4) 卓启明等黏附概率模型(图 2-12)

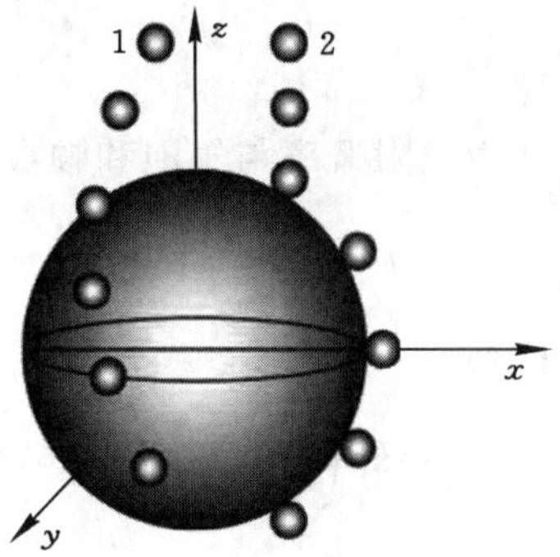

图 2-12　卓启明等的黏附概率模型

对每个密度级取 1 000 个有效颗粒，黏附效率定义为某一位置处发生黏附的煤颗粒数与该位置处总颗粒数之比，即

$$E=\frac{N_a}{N_t} \tag{2-49}$$

在实际统计时，选择颗粒当量直径介于 0.1～0.15 mm 的颗粒记为有效颗粒。

(5) 王超等黏附概率模型

王超等在 Yoon 的基础上推导出不同条件下的黏附概率方程。

斯托克斯流条件下：

$$P_a=\sin^2\left\{2\arctan\exp\left[\frac{-3V_bt_i}{2R(R_b/R_p+1)}\right]\right\} \tag{2-50}$$

势流条件下：

$$P_a=\sin^2\left\{2\arctan\exp\left[\frac{-(45+8Re^{0.72})V_bt_i}{30R_b(R_b/R_p+1)}\right]\right\} \tag{2-51}$$

中间流条件下：

$$P_a=\sin^2\left\{2\arctan\exp\left[\frac{-3V_bt_i}{2R_b(R_p+R_b)}\right]\right\} \tag{2-52}$$

2.5.3 颗粒与气泡的脱附

颗粒与气泡发生碰撞，若是吸附后不掉落则为黏附；若是发生吸附后掉落，则为脱附。

颗粒与气泡的黏附作用如图 2-13 所示。当脱附力＞吸附力时，发生脱附；主要的脱附力之一就是气泡与颗粒碰撞时的气泡振荡。

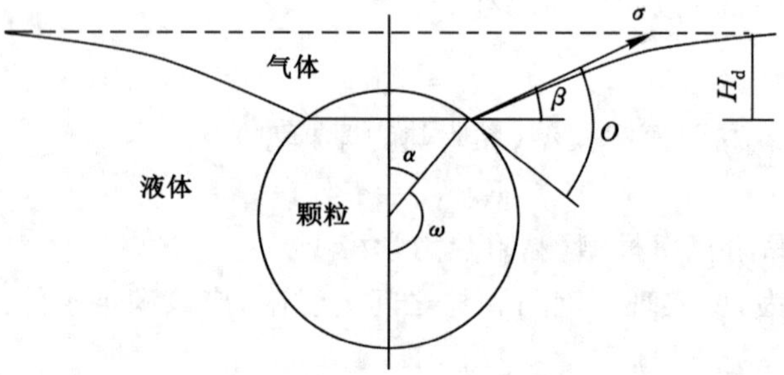

图 2-13 颗粒与气-液界面黏附

(1) Woodburn 脱附概率模型

Woodburn 提出的脱附模型认为脱附概率与气泡和颗粒尺寸之比直接相关。

$$P_d=\left(\frac{d_b}{d_p}\right)^{\frac{1}{2}} \tag{2-53}$$

(2) Yoon 和 Mao 脱附概率模型

$$P_d=\exp\left(-\frac{W_a+E_{e,b}}{E'_k}\right) \tag{2-54}$$

其中，$W_a=\gamma_{LV}\pi r^2(1-\cos\theta)^2$。

(3) Cheng 与 Holtham 脱附概率模型

认为气泡与颗粒间受四种力：毛细管压力 F_p、过剩力 F_e、重力 F_w 和曳力 F_d。这四种力分别如下：

$$F_p=\frac{\pi D_p\gamma(1-\cos\theta_d)}{2}\quad（吸附力） \tag{2-55}$$

$$F_e=\frac{1}{4}\pi D_p^2(1-\cos\theta_d)\left(\frac{2\gamma}{D_b}-\frac{\rho gD_b}{2}\right) \tag{2-56}$$

$$F_w=\frac{1}{6}\pi D_p^3\rho_pg-\frac{1}{8}\pi D_p^2\rho g\left[\frac{2}{3}+\cos\frac{\theta_d}{2}-\frac{1}{3}\cos^3\left(\frac{\theta_d}{2}\right)\right]\quad（脱附力） \tag{2-57}$$

$$F_d = 3\pi D_p \mu U_b \quad \text{（脱附力）} \tag{2-58}$$

气泡与颗粒的脱附概率为：

$$P_d = \frac{1}{1+\dfrac{F_{at}}{F_{de}}} \tag{2-59}$$

其中，$\dfrac{F_{at}}{F_{de}} \approx \dfrac{3(1-\cos\theta_d)\gamma}{g\left[\rho_p - \rho\left(0.5 + 0.75\times\cos\dfrac{\theta_d}{2}\right)\right]}$。

目前，围绕气泡与颗粒的相互作用，已经建立了大量的碰撞过程、黏附过程和脱附过程的概率模型，这在一定程度上解释了两者相互作用的机理，然而，由于大部分模型的建立对作用条件进行了必要的简化，这就需要进一步融合流体力学、溶液化学和表界面化学的理论和分析途径，以便从更深层次理解和优化气泡与颗粒的作用过程。

浮选矿物时，矿浆中气泡与颗粒的相互作用是一个相当复杂的过程，对此虽然目前已经开展了大量的研究工作，但所形成的认识和理解仍未达到指导实际生产和实践的水平。

思考与讨论

1. 简要讨论机械法制备超微颗粒限度。
2. 归类比较颗粒的比表面积和孔结构的测量方法及原理。
3. 简述煤颗粒在不同溶剂体系中的界面结构与溶剂性质的关系。
4. 简要分析煤颗粒表面润湿性与其表面结构关系。简述煤表面改性的方法。
5. 分析影响颗粒与气泡相互作用的因素，并设计研究其作用机理的方案。

第3章 煤岩显微组分分离

煤炭常规分选加工的主要目的是分离富集煤中的有机质，剔除夹杂的矿物质。煤岩显微组分分离则是针对煤中不同显微组分的结构和性质差异，进行煤岩显微组分、无机煤岩显微组分的分离富集，以获得相对单一的煤岩显微组分或特定组成的显微组分结合体，从而最大程度地发挥其结构和性质优势，实现节能、减排，并获取最大价值。烟煤中壳质组含量一般很低，而且其工艺性质和镜质组相近。因此，一般煤岩显微组分分离主要集中在煤中镜质组与惰质组的有效分离富集，少量壳质组与镜质组(组合体)则一起被分离富集。

煤岩显微组分组成变化对煤的炼焦、液化、燃烧、水煤浆制备、煤气化和煤基功能材料制备等工业应用均有显著影响。因此，通过煤岩显微组分分离，获得高富集度的煤岩显微组分，然后再加以分质利用就显得十分必要。煤岩显微组分分离加工不仅可以为各种煤炭转化技术提供精细原料，而且可以大大提高煤的利用率和转化效率。煤岩显微组分分离已成为煤炭高效绿色转化利用的重要途径之一。

3.1 煤岩学的基本概念

煤炭是多种有机组分和无机组分组成的复杂有机岩石。煤岩学就是借鉴岩石矿物的研究方法，研究煤的物质组成、结构、性质、成因及其合理利用途径的学科。基于煤岩学观点，由煤的光学特征不同所能区分出的基本组成单元，称为煤岩组分。在煤中，用肉眼就可以区分的基本组成单位称为宏观煤岩显微组分；在光学显微镜下才能够识别出来的基本成分称为煤岩显微组分。其中，由植物有机质转变而成的煤岩组分称为有机显微组分，由矿物质转变而成的组成部分称为无机显微组分。

3.1.1 宏观煤岩组分和类型

宏观煤岩组分可用肉眼观察方法进行区分。根据煤的光泽、颜色、强度、脆度、断口、形态等主要特征，将宏观煤岩组分分为镜煤、亮煤、暗煤和丝炭四种。其中镜煤和丝炭是组成较简单的煤岩组分，亮煤和暗煤是组成较复杂的煤岩组分。

(1) 镜煤

镜煤光泽强，明亮如镜，其颜色呈黑色到深黑色，是煤中颜色最深、光泽最强的部分。镜煤质地纯净而均匀，以贝壳状或眼球状断口和垂直的内生裂隙发育为特征，性脆，易破碎成棱角形小块。在煤层中镜煤呈透镜状或条带状，有时呈线理状夹杂在亮煤或暗煤中，但有明显的分界线，镜煤的裂隙常垂直于层理。

(2) 亮煤

亮煤是煤中最常见的煤岩类型，其光泽仅次于镜煤，性较脆，内生裂隙较发育，密度较小，有时呈贝壳状断口。在煤中亮煤呈较厚的分层或透镜状出现。

(3) 暗煤

暗煤颜色为灰色、暗黑，光泽暗淡，致密坚硬，韧性较大，密度大，内生裂隙不发育，层里不清晰，断面粗糙，断口呈不规则状或平坦状。在煤中暗煤会形成较厚的分层，甚至单独成层。在镜下观察，一般暗煤组成相当复杂，镜质组含量较少，壳质组和惰质组含量较多，矿物质含量较高。

(4) 丝炭

丝炭外观像木炭，颜色灰黑或暗黑，具有明显的纤维状结构和丝绢光泽，疏松多孔，性脆易碎，手捏可以染指，致密坚硬，密度大。在煤层中，丝炭一般含量不多，常常会沿着煤的层面呈透镜状分布。

煤岩组分宏观特征的差异为组分间的手选分离提供了依据。不同宏观煤岩组分的组合会表现出不同的光泽强度。按照光泽强度的大小，可依次将煤区分为光亮煤、半亮煤、半暗煤和暗淡煤。

3.1.2　煤岩显微组分

根据煤岩学方法可对煤进行显微组分分类。国际煤岩学委员会（International Committee for Coal Petrology，ICCP）将烟煤的显微组分分为镜质组、惰质组、壳质组和矿物质。其中镜质组、惰质组和壳质组是煤中主要显微组分。

(1) 镜质组(V)

镜质组是由植物的茎、叶等木质纤维组织经凝胶化作用后形成的。对于低变质烟煤，镜质组在显微镜下的透光色为橙色-橙红色，在油浸反射光下呈深灰色，表面平整，无突起。根据结构和形状的不同，镜质组又分为无结构镜质体、结构镜质体、碎屑镜质体。

(2) 惰质组(I)

惰质组是植物的木质纤维组织经过丝炭化作用形成的，主要包括：微粒体、粗粒体、半丝质体、丝质体、菌类体和碎屑惰质体等，又称为丝炭化组织或丝炭组。惰质组在显微镜下的透光色为棕褐色-黑色，不透明或微透明；在油浸反射光下呈灰白色-亮白色或亮黄白色，中高突起。

(3) 壳质组(E)

壳质组来源于植物的片壳组织和分泌物，主要包括胶质体、孢子体、角质体、树脂体、木栓质体、树皮体、藻类体、碎屑壳质体等。对于低变质烟煤，壳质组在显微镜下的透光色为柠檬黄色-黄色-橘黄色-红色，大多轮廓清楚，外形特征明显；在油浸反射光下呈灰黑色-深灰色，反射率低，中高突起到微突起。

(4) 矿物质(M)

矿物质是煤中伴生的无机组分，主要由黏土及无机矿物组成。

3.1.3　宏观煤岩组成、煤岩显微组分和显微煤岩类型之间的关系

煤的不同显微组分或显微组分组的各种组合，称为显微煤岩类型。它是评价煤的工艺性质的依据。煤岩组分在煤中以单组分、双组分和三组分等形式存在，如微镜煤（V＞95％）、微镜惰煤（V＋I＞95％）、微暗煤（I＋E＞95％）、微壳质煤（E＞95％）、微亮煤（E＋I＞95％）、微惰煤（I＞95％）和微三合煤（V＋I＋E＞95％）等。宏观煤岩组成、煤岩显微组分和显微煤岩类型之间的关系如图 3-1 所示。

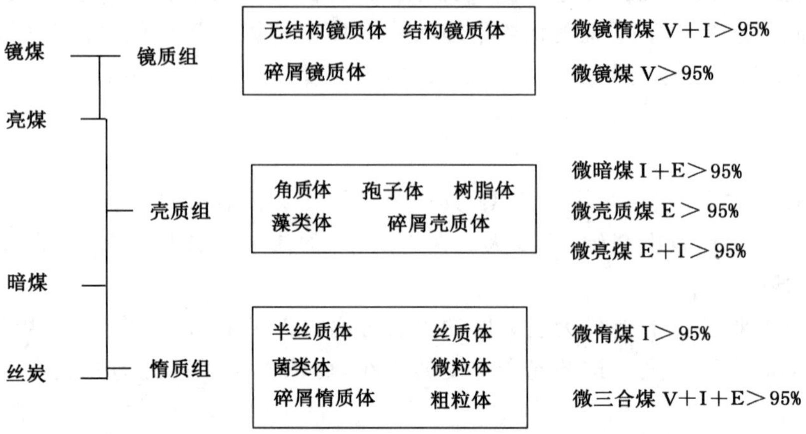

图 3-1 宏观煤岩组分、煤岩显微组分和显微煤岩类型之间的关系

3.2 煤岩显微组分的结构

3.2.1 元素组成

煤的组成主要以有机质为主，煤中的有机质主要由 C、H、O、N、S 等元素组成，其中 C、H 和 O 元素占煤中有机质的 95%以上。组成各煤岩显微组分的元素类型基本相同，但含量有所差别。图 3-2 描述了各煤岩显微组分的氢含量与煤化程度的关系。

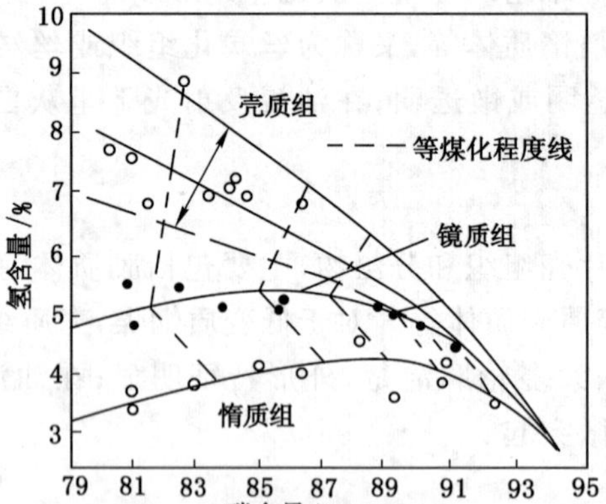

图 3-2 各煤岩显微组分的氢含量与煤化程度的关系

由图 3-2 可以看出，在相同煤化程度条件下，氢含量以壳质组最高，镜质组次之，惰质组最低。一般而言，当煤化程度相同时，惰质组的碳含量最高，壳质组次之，镜质组稍低于壳质组；氧含量则以镜质组最高，惰质组次之，壳质组最低。此外，煤岩显微组分中有机硫也有所不同，壳质组的有机硫含量最高，镜质组次之，惰质组相对较低。不同煤岩显微组分之间的元素组成差异随着煤化程度的增加而减小，最后趋于一致。

3.2.2　官能团组成

煤结构的外围部分除了烷基侧链，还有其他官能团，如羟基、羧基等。官能团是决定有机化合物化学性质的原子或原子团。煤中的官能团主要是含氧官能团和少量含氮、含硫官能团。煤中氧含量及其存在形式对煤的性质影响很大，特别是对低变质煤尤为重要；而含氧官能团在煤岩显微组分中的存在形式以及各组分间含氧官能团的差异又决定了煤岩显微组分的应用途径及价值。

一般地，壳质组中的烯烃和烷烃最多，挥发分含量最高，且氢含量高；惰质组相应的含量最低，镜质组介于两者之间。三种组分的芳香度及芳碳率从小到大的顺序为惰质组＞镜质组＞壳质组。镜质组的含氧量较高，脂肪侧链和支链更多，但其含氧官能团数量及缩合环数低于惰质组。镜质组和惰质组的 CH_{ar}/CH_{al} 随着碳含量的升高而增大，而壳质组的 CH_{ar}/CH_{al} 不随碳含量而变化。

此外，惰质组中游离—OH 或苯环 π—OH 缔合羟基吸收较强，镜质组(—OH)主要来自缔合的 OH—O—H；镜质组中的羰基主要是酮基或醌基，惰质组中的氧主要是芳香族酸酐和羟基。惰质组表面的 C—C、C—H 的质量分数比镜质组低得多，而 C—O 的质量分数比镜质组高得多。

3.2.3　煤的大分子结构及聚集态结构

煤的大分子化学结构主要是以多核芳环、氢化芳环、脂环和杂环为核心，周围带有烷基侧链和极性官能团的缩合芳香体系。煤的大分子基本结构单元相互桥连，在二维方向上结成平面网络；通过氢键缔合、范德瓦耳斯力、偶极作用力及共价键，芳香层网相互叠置或交联，进一步在三维空间上生长发育。随着煤化程度的增加，脂环结构减少，缩合芳香体系的芳构化和缩合程度不断增高，芳香层的定向性和有序化程度明显增强，芳香层叠置、集聚形成更大的芳环叠片，进一步堆集构成煤的三维结构，孔结构分布由大孔向中孔、微孔方向过渡。煤的大分子聚集态物理结构模型较好地描述了这一特征。

到目前为止，已经构建了一系列煤的大分子结构模型，包括物理、化学和二者相结合的综合模型。

(1) Krevelen 模型(1954 年)

该模型的最大特点是煤的大分子结构模型中有许多芳香环结构单元，最多达到 11 个。

(2) Given 模型(1960 年)

该模型对芳香结构进行了调整，其结构主要由萘环构成，芳环之间以脂环相互连接，形成了无序的三维空间构型。Given 模型开创了在分子结构模型构建中使用仪器分析手段的先河，它表明低阶煤中缩合芳香结构以苯、萘为主，其缺点是没有考虑硫原子以及醚键等结构的存在。

(3) Wiser 模型(1975 年)

该模型被认为是比较合理、全面的化学结构模型，主要以芳香结构为主，芳香环之间以醚键、硫醚等桥键连接。该模型第一次把硫原子构建到煤分子结构模型中，充分揭示了煤在燃烧过程中含硫化合物产生的机理和规律，能基本反映出烟煤分子结构特征。但其缺点是对表面官能团、脂肪侧链结构与缩合芳香环在立体空间上形成稳定化学结构缺乏考虑。

(4) Shinn 模型(1984 年)

该模型是反应结构模型,是一种比较复杂的分子结构模型,既考虑了煤大分子中的杂原子,也考虑了官能团和桥键。该模型中氧原子主要以酚羟基和醚键形态存在,芳香结构单元以萘、菲等芳香聚合物为主,通过短烷键和醚键等结构实现芳香单元的连接。该模型的缺点是没有考虑小分子化合物在烟煤模型中的存在形态和作用方式。由于煤中的小分子化合物是中低阶煤整体结构中不可分割的一部分,因而,此模型不能合理解释低阶烟煤的缩聚、炼焦、加氢裂解等化学反应机理。

(5) Faulon 模型(1993 年)

该模型是运用分子模拟技术模拟优化后的新模型,是通过计算机辅助设计的方法对煤大分子数据处理后得到的能量最低的煤结构模型。

(6) 集总化学结构模型(2010 年)

该模型以非共价键和弱共价键等弱键合结构的分布特征来表述煤的热反应所涉及的化学结构,体现了煤大分子中化学键的特征。该模型指出煤化学结构图形虽然无穷无尽,但构成这些结构的共价键主要有 11 种,若将丰度小的共价键归至与其键能类似的丰度较大的共价键之中,动力学上需要考虑的共价键数则更少,例如,将煤的共价键分为 5 类,就可以较好地解析热天平中煤热解挥发物释放的总体规律。由于任何化学反应的本质都是化学键的重组,因此,对煤结构认识的思路应该从过去"唯像"模式转化为"唯键"模式,即不以众多同分异构体中的某一图像表述煤结构,而是以这些同分异构体的共性(不同化学键的分布)表述煤结构,如以芳香碳-芳香碳键($C_{Ar}—C_{Ar}$)、脂肪碳-脂肪碳键($C_{Al}—C_{Al}$)及芳香碳-脂肪碳键($C_{Ar}—C_{Al}$)等的丰度表述煤结构。

如果假设煤是一种天然大分子,其聚集态结构指煤的整体内部结构,可分为三级结构和高次结构。在聚合物科学中,高分子的三级结构主要包括聚合物的晶态结构、非晶态结构、取向态结构、液晶态结构以及织态结构。三级结构描述高分子聚集体中的分子之间是如何堆砌的。高次结构是三级结构的再组合。目前,关于煤的聚集态结构研究进展较为缓慢,具有代表性的煤的物理结构模型有 Hirsch 模型(1954 年)、交联模型(1986 年)、主-客体模型(1986 年,也称为两相模型)、缔合模型[是两相模型的改进,该模型认为,煤的分子间作用力是共价键(交联)和缔合分子间力共同作用的结果]和 Riley 模型等。此外,也有学者提出了综合煤的物理与化学结构特征的模型,如复合结构模型、综合模型、煤的超分子模型和嵌布结构模型等。

目前,研究煤的大分子结构和聚集态结构大多以镜质组为研究对象。研究煤岩显微组分分离对揭示煤结构有重要价值。

3.3 煤岩显微组分的物理性质

研究煤岩显微组分的物理性质对物理法分离煤岩组分具有指导意义,同时也为煤岩学的发展提供理论依据。

3.3.1 反射率

研究煤的光学性质可以获悉煤结构内部微粒的大小、形状和聚集特性。反射率是磨光样品表面反射的辐射能量占总辐射能量的百分比。不同煤岩显微组分的反射率不同,同一煤岩显微组分在不同的变质阶段煤中的反射率也不同。煤中镜质组反射率能较好地反映煤的变质程度。在不同的变质阶段,各煤岩显微组分的反射率都有一定的范围,反映了煤大分子内部由芳香稠环化合物组成的芳香核的缩聚程度。

不同煤岩显微组分反射率随煤化程度的变化关系如图 3-3 所示。同一变质阶段中,各煤岩显微组分的反射率,由镜质组到惰质组逐渐增加。各煤岩显微组分的反射率变化速度随煤阶变化有一定差别,镜质组的变化快而且规律性较强。镜质组反射率与 f_a 有一定的线性关系,其回归方程为:

$$f_a = 0.59 + 0.13R_0 \tag{3-1}$$

式中,f_a 为芳碳率;R_0 为煤岩显微组分反射率。

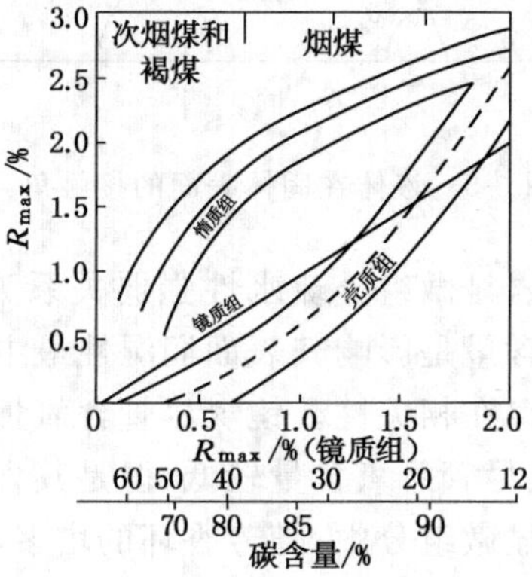

图 3-3　各煤岩显微组分反射率与煤化程度关系

3.3.2　密度

煤岩显微组分的密度是重液分离的根本依据。如图 3-4 所示,不同煤岩显微组分的密度各不相同,随着煤化程度的增加,各组分间的密度差异逐渐缩小,最后趋于一致。一般而言,惰质组的密度最大,镜质组的密度次之,壳质组的密度最小。中等变质程度烟煤的有机显微组分密度有较明显差异。

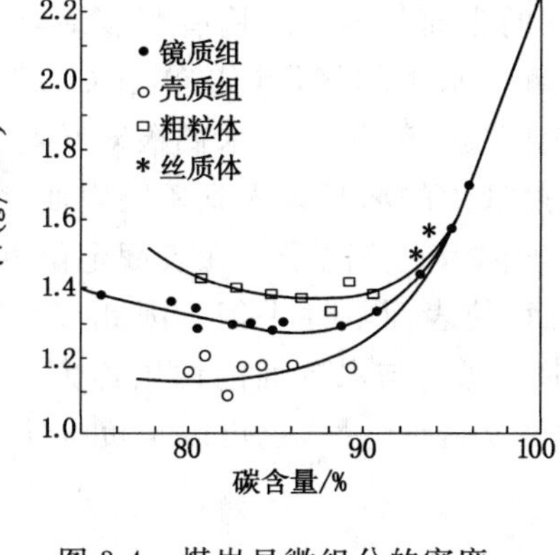

图 3-4　煤岩显微组分的密度

3.3.3 润湿性

润湿性是矿物表面重要的物理化学特征之一，是矿物可浮性好坏的直观指标。润湿性大小取决于矿物表面不饱和键力与偶极水分子相互作用的强弱。当固体分子与液体分子间的作用力大于液体分子间的作用力时，则固体可被液体润湿。润湿性的强弱常用接触角来度量。根据杨氏方程可知，接触角越大表明润湿性越弱。图 3-5 是液体在固体表面的接触角示意图。接触角 θ 与固-气、固-液、液-气界面自由能 γ_{SG}、γ_{SL}、γ_{LG}之间的关系式可表示为：$\gamma_{SG}-\gamma_{SL}=\gamma_{LG}\cos\theta$，此式称为杨氏方程，也称润湿方程。

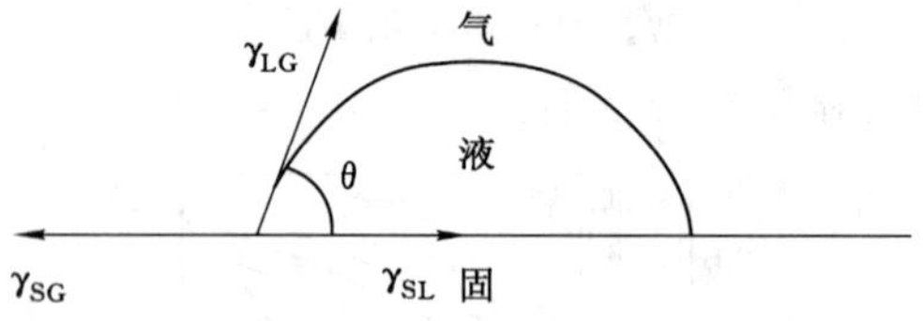

图 3-5　液体在固体表面的接触角

由接触角测量结果可知，煤岩显微组分疏水性强弱关系为：壳质组＞镜质组＞惰质组。不同煤岩显微组分中羧基、羟基含量是影响其表面润湿性最主要的因素；羰基和醚基对润湿性的影响甚微，与接触角之间不存在相关性。镜煤尽管含氧量较高，但是其含氧官能团的数量较低，总体表现为疏水性，丝炭尽管总氧含量较低，但是其含氧官能团的数量较高，总体表现为亲水性。此外，烟煤的煤岩显微组分中，随芳香环的增多，煤的疏水性增强，但对芳香环含量高的煤岩显微组分，连接芳香环的脂肪族碳氢链减少，煤的疏水性反而减弱。

煤岩显微组分表面性质的差异可以表现为润湿性的不同，而润湿性的差异又可为浮选分离提供依据。但由于煤表面性质复杂、煤岩显微组分表面性质的差异较小，因此浮选分离煤岩显微组分难度增大。

3.3.4 表面电性

研究矿物表面电性，对浮选有重要意义，它既可为浮选药剂的作用机理提供依据，也可用以判断矿物的可浮性。

(1) 双电层结构

矿物被粉碎后所暴露出来的表面与内部结构有明显差异。矿物表面层分子由于受到水偶极(水分子具有强极性)、溶解于水中的气体(如 O_2、CO_2)以及离子的作用，而发生溶解、水解、吸附等现象，使矿物的表面发生变化。如水偶极对矿物表面各种离子的作用，使矿物表面离子转入到溶液，或者使溶液中的离子转入到矿物表面，结果就在矿物表面形成一层多余的正离子(负离子)，这种离子称为定位离子。在表面定位离子的吸引下，溶液中一部分异号离子便靠近固体(矿物)表面，使表面电性平衡。因此，就在矿物表面有一层离子密集起来，从而形成了双电层(图 3-6)。矿物与水界面的内层称为定位离子层。对于不同的矿物，定位离子是不同的，这些离子可以是正电性，也可以是负电性。改变溶液的 pH 值可以改变定位离子的正、负以及大小。

(2) 表面电位

从矿物表面到普通溶液之间形成的电位差称为表面电位。矿物在溶液中的表面电位可

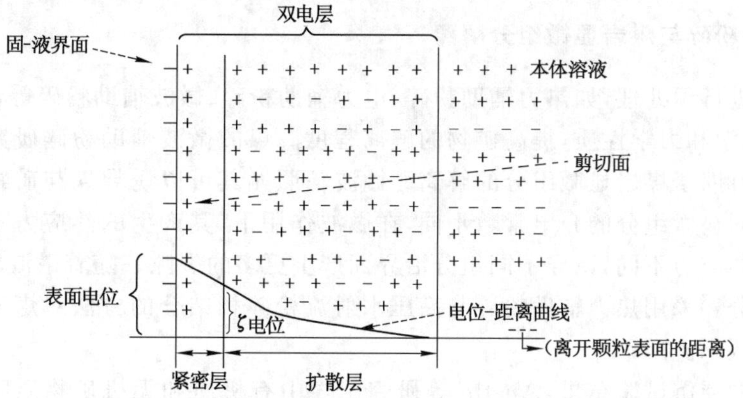

图 3-6　双电层模型(据 Stern 模型)

以通过 Zeta 电位来表征。Zeta 电位是颗粒在外力的作用下,颗粒与溶液沿滑动界面做相对运动产生的电位差。研究矿物 Zeta 电位对浮选分离煤岩显微组分有重要的意义,即可通过各煤岩显微组分表面电位的差异,添加合适的药剂,从而达到分选的目的。

随着矿浆 pH 值的增大,溶液中[OH^-]增加,煤的 Zeta 电位下降。煤化程度与颗粒大小对 Zeta 电位有影响:随着煤化程度的增加,煤中带有负电的官能团数量相应减少,其 Zeta 电位有规律地升高;对同种煤样,颗粒越小,表面可溶性离子越易溶出,其等电点相应越小。一般而言,在相同 pH 值条件下,镜质组 Zeta 电位的绝对值始终大于惰质组,且镜质组的 PZC(表面零电点)值和惰质组的 PZC 值也有差异。虽然镜质组和惰质组 Zeta 电位存在差异,但这种差异很小,与煤的 Zeta 电位密切相关的负电性官能团主要是—OH 基团。

3.4　煤的粉碎与煤岩显微组分解离

3.4.1　煤的可磨性

对煤岩显微组分分离而言,煤炭粉碎的主要目的是通过粉碎达到煤岩显微组分之间的有效解离,形成煤岩单组分,有利于煤岩显微组分分选富集。

通过球磨机研究煤粉碎的动力学参数时,人们发现当 20 μm 以下颗粒较多时,磨煤速度变缓,颗粒磨得过细,导致能耗增高、扬尘急剧增大。对 656 种肯塔基(Kentucky)煤进行煤岩分析和哈氏可磨性指数(HGI)研究发现,东肯塔基 473 种煤的 HGI 值与其壳质组含量、镜质组最大反射率和硫分之间有一定关系。壳质组是煤中的韧性组分,富壳质组微亮煤的抗碎性能较高。丝炭的 HGI 最高、暗煤次之、亮煤较低、镜煤最低。采用球磨机把不同宏观煤岩组分磨成特定粒度时,暗煤相比最软的丝炭需要 8 倍的时间,亮煤和镜煤则大约分别需要 2.6 倍和 3 倍的时间。

对印度不同煤田、不同煤质 300 多种煤样 HGI 值进行回归统计分析,结果发现,统计可磨性指数与煤的水分、灰分、挥发分和固定碳之间有一定关系。煤中水溶性矿物对低煤化程度煤的可磨性有较大影响。高灰分含量且水溶性和酸溶性组分含量较高煤的 HGI 值较高,而高灰分但水溶性和酸溶性组分含量较低煤的 HGI 值较低。

3.4.2 煤的粉碎与煤岩显微组分解离

对矿物进行预处理，如热力辅助粉碎、电力辅助粉碎、微波辅助粉碎等，可以部分改变矿物的物理、化学和力学性质，提高矿物的解离程度。煤的微波辅助粉碎研究表明，微波在煤粉碎过程中有助于煤岩显微组分的解离。微波辐照尤其可以诱导煤与矿物组分产生裂隙。这是由于不同显微组分的介电常数不同，在微波作用下，其产生的热应力不同，从而导致不同组分之间的应力不同，诱导不同组分沿界面产生更多的裂隙。随着微波能量的增加，矿物的解离越充分。采用热力辅助粉碎与高压水射流粉碎相结合的方法对煤进行细粉碎，也会产生相同的效果。

基于煤的浮沉试验结果，Austin 等研究了煤中有机质和无机矿物质间的赋存关系，提出了煤中矿物质连生指数的计算模型，并指出连生指数越小，解离度越大，解离程度也就越好。通过对煤粉分形几何理论的研究可以建立颗粒的粉碎模型，并推导出煤中矿物质的解离模型如下：

$$L = Kd_i^{D_1 - D_2} \tag{3-2}$$

式中，L 代表煤中矿物质的解离度；K 代表常数；d_i 代表颗粒的粒度；D_1 代表煤中矿物质粒度分布的分形维数；D_2 代表单体矿物颗粒分布的分形维数。

煤岩显微组分解离的关键是促使裂纹、微裂纹沿着煤岩显微组分界面产生，并导致粉碎，而不是沿煤岩显微组分自身内部产生裂纹、微裂纹而导致煤岩显微组分过粉碎。这除了与粉碎方式有关外，还直接与不同煤岩显微组分之间界面的化学组成、结构及相互作用密切相关。煤岩显微组分选择性粉碎解离与不同煤岩显微组分可磨性指数的差异有关。粉碎方式不同，对应煤岩显微组分的解离度不同。

3.5 煤岩显微组分的重选和浮选分离

通常，煤炭分选加工的主要目的是分离富集煤的有机质（有机组分），剔除煤中夹杂的矿物质（无机组分）。煤岩显微组分的分选则是在煤有机组分和矿物质分离的基础上，进一步分离和富集不同煤岩显微组分。由于大多数烟煤中壳质组含量较低，且其工艺性质和镜质组相近。因此，一般煤岩显微组分分离的研究主要集中在镜质组与惰质组的有效分离和富集。

基于煤岩显微组分物理、化学性质的差异，从 19 世纪开始，人们就着手进行煤岩显微组分的分离富集研究。煤岩显微组分分离方法大体可以分为化学法和物理法两大类。其中化学法主要是氧化法，即用浓硝酸、过氧化氢等氧化剂使镜质组氧化，而其他显微组分有抗氧化性，从而保留下来实现富集。氧化法条件苛刻，且对煤的结构和性质影响较大，因此只能用于特定的煤种和研究目标，有较大的局限性。

物理法是基于不同煤岩显微组分的密度、润湿性、颜色、硬度、表面电性等物理性质的差异进行组分分离的方法，主要包括手选、筛选、静电选、重选、浮选等。手选是根据煤岩显微组分颜色、光泽、硬度、脆度等的差异通过肉眼识别对其进行分离的方法，该方法效率低，分离的纯度也因操作者的不同而不同。筛选是根据磨矿过程中各煤岩显微组分的抗破碎性差异而进行的一种分离方法，用该法分离得到的产品纯度较低。手选和筛选常常被用作煤岩显微组分的初步分离方法，将其与重选法联合使用，可获得较高纯度的煤岩显微组分。利用静电差异分选煤岩显微组分的效果较明显，但其回收率较低，且效果不稳定。目前，重选法是应用最为广泛的方法，而浮选法是最有工业前景的方法。

3.5.1　重选法

不同煤岩显微组分的密度差异为：壳质组＜镜质组＜惰质组。基于煤岩显微组分的密度差异，建立了基于浮沉实验分离富集煤岩显微组分的方法，即煤岩显微组分重液分离法。煤岩显微组分重液分离流程见图 3-7。

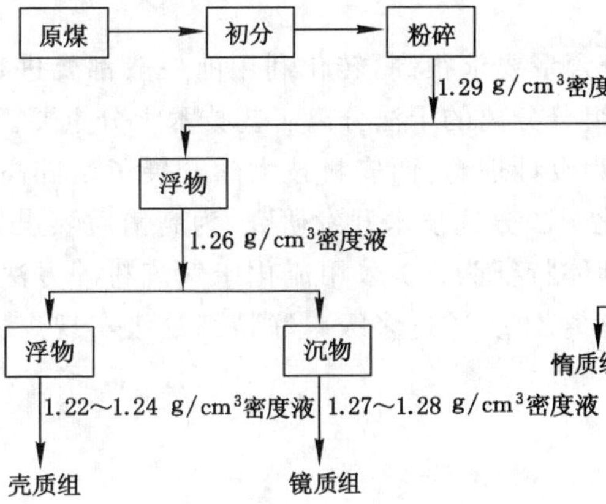

图 3-7　煤岩显微组分重液分离流程图

等密度梯度离心分离技术（DGC）是将原煤充分粉碎，使得煤岩显微组分充分解离，再采用 HCl/HF 或 HCl/NaOH 等强酸、强碱脱灰，然后用 CsCl 和月桂醇聚氧乙烯醚（Brij-35）配制的重液作为介质，在高速离心机上进行离心分离。以 CsCl 等物质和水配制的溶液作为重力分选介质，在离心分离装置上可较大规模分离与富集煤岩显微组分。

通过重介质旋流器也可以实现煤岩显微组分的有效分离。例如，对柠条塔煤，采用重介质旋流器进行煤岩显微组分分选，当精煤产率为 67.75%时，镜质组含量可达 79.83%，惰质组脱除率为 51.40%。

重液分离法进行煤岩显微组分分离的关键是要调控好粉碎粒度、重液密度级范围和离心分离条件。

3.5.2　浮选法

浮选法进行煤岩显微组分分离具有良好的工业化前景。例如，神府煤煤岩显微组分的浮选分离富集结果表明，当浮物产率小于 69%时，浮物中的镜质组含量达 80%以上；马家塔煤岩显微组分的浮选分离富集结果表明，当回收率为 65.83%时，镜质组含量由 51.90%提高到 68.10%，惰质组脱除率为 70.63%；Illinois 6 号煤用浮选法进行煤岩显微组分分离富集时，惰质组富集率从 7.5%提高到 50%，壳质组富集率从 3.8%提高到 8.7%，镜质组富集率从 79.5%提高到 87.8%。显然，煤质不同，浮选的效果不同。

煤的表面等电点随煤化程度提高而升高，镜煤的 ζ 电位更偏向于正电性，丝炭的 ζ 电位更偏向于负电性。通过表面改性可以调控煤岩显微组分表面性质，增加不同煤岩显微组分表面性质的差异。如：在氢气和甲烷气氛下，用微波法对神府煤粒进行改性，然后采用浮选法进行煤岩显微组分分离，结果表明，氢气气氛下微波处理煤粒 1 min 时，镜质组富集率可达到 93%，惰质组富集率可达到为 54%；甲烷气氛下微波处理煤粒 5 min 时，镜质组富集率为 90%，惰质组富集率为 53%。这是因为随着微波处理时间的延长，镜煤和丝炭表面接触角和表面电位出现明显变化，氢气气氛下微波处理 1 min、甲烷气氛下微波处理 2 min 后，镜煤和丝炭的表面 ζ 电位值差异达到最大。

3.6 煤岩显微组分的干法分离

煤炭的转化过程大多对煤的水分含量要求很高，转化利用前一般都要进行原料煤的干燥。因此，寻找一种适配于煤岩显微组分分离的干法分离工艺技术十分重要。

以多元强化解离、精细分级分离为设计理念，西安科技大学开展了西部高惰质煤的“选择性粉碎-高效解离-多级分选”一体化干法分选技术开发研究，为高惰质煤煤岩显微组分分离开拓了一种新途径。该新技术的具体特征为：① 采用流化床气流粉碎方法，并结合微波等强化方法实现煤岩显微组分有效解离。② 通过多级串联精细分级实现煤岩显微组分分离富集。

3.6.1 典型西部高惰质组煤的性质

以神东上湾煤(简写为 SW)－1 mm 煤样为研究样品。表 3-1 为 SW 煤的工业分析和元素分析。图 3-8 为 SW 煤的显微组分分布图。SW 煤具有灰分和硫分相对较低、碳及固定碳含量相对较高、惰质组含量相对高、壳质组含量极低等特点。用加拿大阿尔伯塔大学油砂与煤界面工程中心的矿物解离分析仪(MLA250)研究煤中矿物含量、组分解离特性与裂纹分布等。图 3-9 为经 MLA250 测得的 SW 煤中主要矿物的含量分布，A 和 A1 分别代表质量百分比和面积百分比。SW 原煤中矿物含量较少，主要矿物为方解石、伊利石、高岭石、石英、黄铁矿；黄铁矿以星点状嵌布、黏土矿物充填于显微组分的胞腔内；镜质组和惰质组相间嵌布分布，嵌布粒度为 20～250 μm。

表 3-1 原煤的工业分析与元素分析

工业分析/%				元素分析/%				
A_{ad}	M_{ad}	V_{ad}	FC_{ad}	C_{ad}	H_{ad}	O_{ad}	N_{ad}	$S_{t,ad}$
10.38	7.50	32.84	49.28	68.94	3.36	8.99	0.54	0.29

3.6.2 流化床超细粉碎-精细分级分离技术

流化床超细粉碎-精细分级分离技术由西安科技大学自主研发设计，工艺流程如图 3-10 所示。该工艺主要由预分级、微波强化裂纹生成、超细粉碎-精细分级组成。

物料在超细粉碎-精细分级的过程中因其微观硬度、粒度、密度不同而被分为四种产品，即分级一产品、分级二产品、旋风产品、布袋产品。布袋产品的产率极低(<2%)，由此将布袋产品和旋风产品合并，命名为分级三产品。根据《煤的显微组分组和矿物测定方法》将分

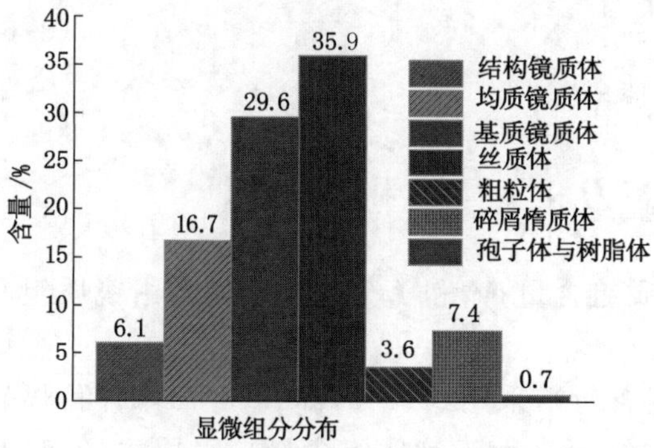

图 3-8　SW 煤的显微组分分布图

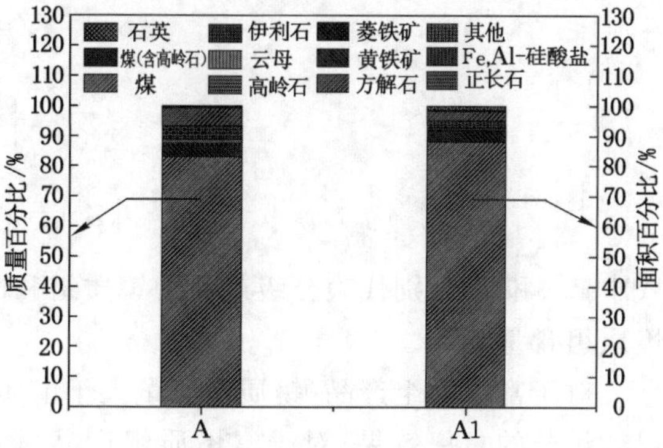

图 3-9　原煤中主要矿物的含量分布

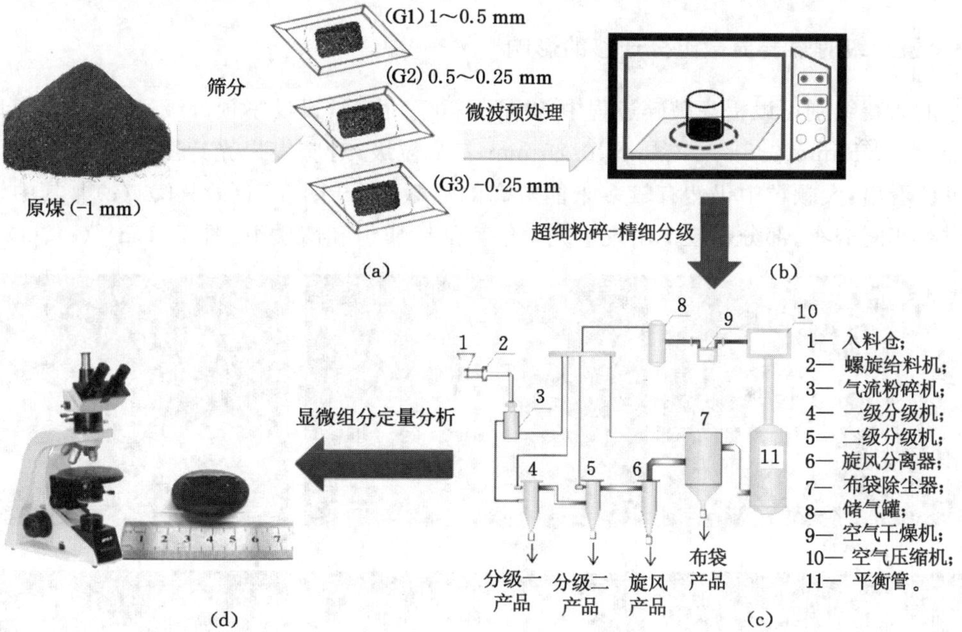

图 3-10　多元强化解离工艺流程图

级一产品和分级二产品制成煤岩光片，进行煤岩显微组分定量测定。由于分级三产品粒度过细，煤岩显微组分辨认困难，因此，分级三产品的煤岩显微组分含量由差减法得到，计算公式如式(3-3)、式(3-4)所示。

$$V_{\text{classifier-Ⅲ}}=V_{\text{raw coal}}\times P_{\text{raw coal}}-V_{\text{classifier-Ⅰ}}\times P_{\text{classifier-Ⅰ}}-V_{\text{classifier-Ⅱ}}\times P_{\text{classifier-Ⅱ}} \tag{3-3}$$

$$I_{\text{classifier-Ⅲ}}=I_{\text{raw coal}}\times P_{\text{raw coal}}-I_{\text{classifier-Ⅰ}}\times P_{\text{classifier-Ⅰ}}-I_{\text{classifier-Ⅱ}}\times P_{\text{classifier-Ⅱ}} \tag{3-4}$$

式中，V 代表对应产品镜质组含量；I 代表对应产品惰质组含量；P 代表对应产品的产率。

采用自定义参量异类比(D 值、D'值)、富集比($|Z|$值、$|Z'|$值)作为评价指标，探索各分级产品不同煤岩显微组分的富集情况，计算公式如式(3-5)～式(3-8)所示。

$$D=\frac{V_{\mathrm{m}}}{I_{\mathrm{m}}} \tag{3-5}$$

$$D'=\frac{I_m}{V_m} \tag{3-6}$$

$$|Z|=\left|\frac{V_m}{I_m}-\frac{V_r}{I_r}\right| \tag{3-7}$$

$$|Z'|=\left|\frac{I_m}{V_m}-\frac{I_r}{V_r}\right| \tag{3-8}$$

式中，V_m和 I_m分别代表分级产品中镜质组和惰质组含量；V_r和 I_r分别代表原煤中镜质组和惰质组含量。

对于富镜质组产品（镜质组含量大于惰质组含量），采用式（3-5）和式（3-7）来评价煤岩显微组分的富集效果；对于富惰质组产品（惰质组含量大于镜质组含量），采用式（3-6）和式（3-8）来评价煤岩显微组分的富集效果。$|Z|$或$|Z'|$越大，煤岩显微组分（镜质组或惰质组）在分级产品中的富集程度越高。

3.6.3 预分级对煤岩显微组分迁移的影响

窄的入料级别可以提高破碎过程中的净粉碎能。由此，设计了预分级过程，将原煤用标准筛筛分为+0.5 mm、0.5～0.25 mm、0.25 mm 三个粒级，对应煤岩光片图如图 3-11 所示。从图中可以看出：大颗粒中仍然有较多未能解离的显微组分[图 3-11(a)、(b)、(c)]，其中镜质组和惰质组相间嵌布，部分颗粒中出现了完全解离的镜质组和惰质组[图 3-11(d)、(e)、(f)]。

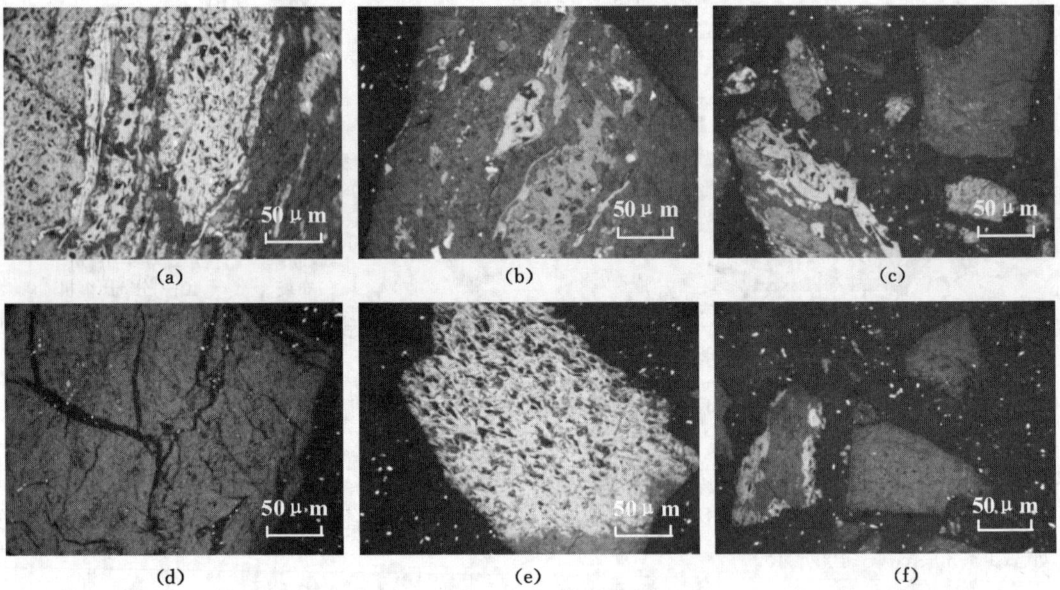

图 3-11 原煤预分级产品煤岩光片

图 3-12 为不同粒级原煤中显微组分含量、灰分、产率分布图。经过预分级，煤岩显微组分在不同粒级的产品中出现了一定程度的富集，镜质组主要集中分布于−0.25 mm 的细颗粒中，含量最高达到 53.88%，且产率最高达到 48.83%。惰质组主要集中分布于+0.5 mm 和 0.5～0.25 mm 的颗粒中，含量分别达到 50.01%、50.29%。主要原因为：镜质组的脆性较大，易存在于细粒中；惰质组的显微硬度较大，不易被粉碎成细颗粒，因此容易在粗

粒中富集。由此说明，煤岩显微组分本身的物理性质对由粒度主导的富集效果影响较大。

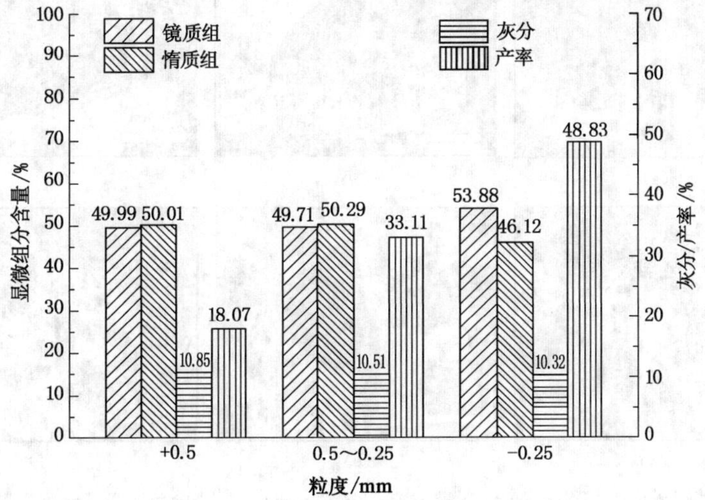

图 3-12 不同粒级原煤中显微组分含量、灰分和产率分布图

3.6.4 微波诱导裂纹生成分析

设定微波条件为：微波功率 300 W（功率密度 1.2×10^{4} W/m^{3}），微波辐照时间 2 min。对 SW 煤进行微波处理后，进行 MLA 和 SEM 检测。图 3-13 为微波预处理作用下 SW 的 MLA 分析图。SW 煤中不同显微组分对微波的响应程度不同，对应不同颗粒表面裂纹的数量、长度、形貌特征不同。微波具有选择性加热作用，容易在热活性矿物（如黄铁矿）和热惰性矿物（如碳酸盐矿物、硫酸盐矿物）之间产生一定的热失配，诱导裂纹的产生以及造成裂纹形式的多样性。黄铁矿为典型热活性矿物，其极性强于煤，在微波加热条件下升温速率较快，加之矿物受热膨胀，裂纹沿着热活性矿物周围进行扩展[图 3-13(b)、(c)]；部分煤中夹杂有嵌布粒度较细的方解石，方解石为典型的热惰性矿物，对微波的响应程度较弱，在微波处理作用下表面几乎不产生裂纹[图 3-13(e)、(f)]。

图 3-14 为微波作用后 SW 的扫描电镜图。综合图 3-13 分析可知：镜质组表面裂纹呈现直线形且裂纹宽度较大[图 3-13(a)、(b)、(e)，图 3-14(a)、(b)、(c)]；惰质组表面裂纹呈现碎散状，裂纹数量多而密集[图 3-13(c)、(d)、(f)，图 3-14(d)、(e)、(f)]，且裂纹主要集中在大颗粒表面，小颗粒表面基本不存在裂纹。不同显微组分对微波的响应形式不同，裂纹更容易沿着组间扩展以平衡不同组分间的热应力梯度。综上得出，在微波辐射作用不同组分颗粒产生裂纹的位置、数量、长度、形貌均有差异，在研究范围内，大颗粒对微波的响应程度大于小颗粒，推测在进一步的粉碎过程中因裂纹的差异会进一步强化矿物、显微组分嵌布形式、嵌布粒度的差异。

通过大量微波处理过后煤样的 MLA 图分析发现，颗粒表面裂纹的分布具有一定的自相似特征。分形维数的大小一定程度上代表了所描述物体表面的粗糙程度。图 3-15 为采用 Sandbox 法进行分形维数求解的过程。因为试验选取的表面是基本没有其他矿物嵌布

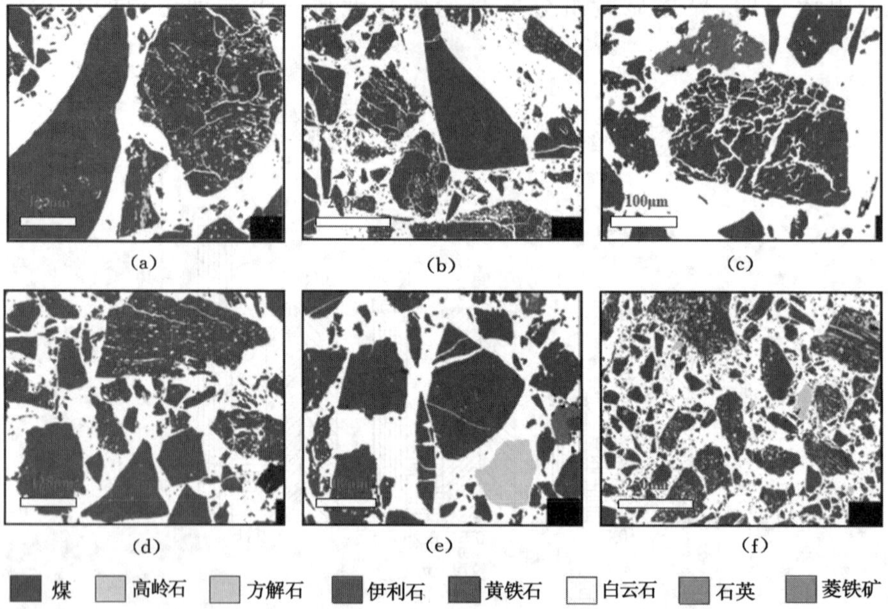

图 3-13　微波预处理作用下 SW 的 MLA 分析图

图 3-14　微波作用后 SW 的扫描电镜图

的煤粒，由此选取颗粒的中心作为方框的中心。方框的尺寸为 r，r 不断增大，截得对应 r 尺寸大小的图形，进而再采用专门的统计软件得出煤粒表面裂纹的像素 N。从图 3-15 中可以看出，SW 煤对应的 $\ln N$ 和 $\ln R$ 表现出明显的线性关系，相关系数为 0.991 0，直线的斜率为 1.011 7，其公式为 $\ln N = 1.011\ 7 \ln R - 1.622\ 39$，由此即可得到 SW 煤表面裂纹的分形维数为 1.01，证明了煤样表面裂纹具有自相似性。

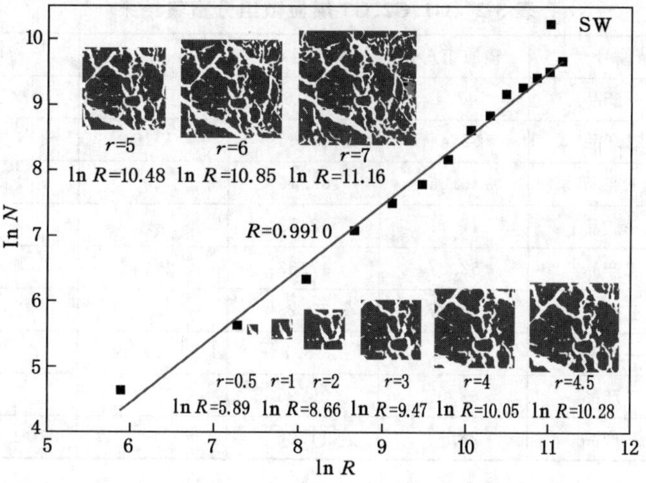

图 3-15　采用 Sandbox 法进行分形维数求解的过程

3.6.5　多元强化解离对煤显微组分富集效果的影响

将预分级后得到的+0.5 mm、0.5～0.25 mm、−0.25 mm 三个粒级煤样分别进行微波预处理(功率密度 1.2×10^{4} W/m^{3},时间 2 min),然后在气流粉碎-粗细分级系统上进行煤岩显微组分的粉碎分级分离,实验编号分别记为 G1、G2、G3。当微波预处理颗粒粒度为+0.5 mm 和 0.5～0.25 mm 时,从分级一产品到分级三产品镜质组含量先增大后减小,惰质组含量呈现先减小后增大的变化趋势,惰质组含量最高为 75.23%;当微波预处理颗粒粒度为−0.25 mm 时,从分级一产品到分级三产品镜质组含量逐渐减小,惰质组含量逐渐增大,其中镜质组含量最高为 66.30%,惰质组含量最高为 71.26%。不同粒度大小的颗粒对微波的响应程度不同,大颗粒表面的裂纹数量多于小颗粒,且镜质组脆性较大,惰质组硬度较大,因此表现为微波预处理不同粒度大小的颗粒时,所得到的分级产品中煤显微组分富集程度不同;相比原煤预分级所得结果,该多元强化解离工艺所得产品镜质组含量最高可增加 12.42%,惰质组含量最高可增加 24.94%。这主要归因于丝质体具有特殊的条带纤维状结构,对较强的外力作用,组分内解离困难,微波作用主要强化了其与其他组分的界面解离,导致分离富集含量明显增加。

此外,多元强化解离工艺条件下,从分级一产品到分级三产品灰分出现先减小后增大的变化趋势。分级二产品灰分最低为 6.77%,各分级产品灰分梯度最大达到 5.15%;相比原煤灰分降低 3.61%,进一步说明不同矿物对微波的吸收程度不同,在粉碎分级过程中促进了煤与矿物的解离,在粗细分级过程中增强了煤与矿物之间的解离性质(粒度、密度)差异,提高了分质效果。

表 3-2 为 G1、G2、G3 煤显微组分富集结果。在三组工艺条件下,D 和 D' 变化不同,其中 G3 分级一产品的 D 最大为 1.97,说明该分级产品中镜质组含量明显大于惰质组含量;G2 分级三产品的 D' 最大为 3.04,说明该分级产品惰质组的含量明显大于镜质组含量;$|Z|$ 和 $|Z'|$ 代表了分级产品中显微组分的富集程度,各组分级三产品的富集效果最好。

表 3-2　G1、G2、G3 煤显微组分富集结果

实验编号	产品编号	镜质组/%	惰质组/%	D	D'	$\|Z\|/\|Z'\|$
G1	分级一产品	47.4	52.6	—	1.11	0.22
	分级二产品	52.44	47.56	1.10	—	0.02
	分级三产品	36.55	63.45	—	1.74	0.85
G2	分级一产品	47.71	52.29	—	1.10	0.21
	分级二产品	52.37	47.63	1.10	—	0.02
	分级三产品	24.77	75.23	—	3.04	2.15
G3	分级一产品	66.3	33.7	1.97	—	0.85
	分级二产品	63.05	36.95	1.71	—	0.59
	分级三产品	28.74	71.26	—	2.48	1.59

G1、G2、G3 分级产品中，分级一产品粒度分布曲线均呈现单峰分布，这是由于微波作用强化了各父代颗粒之间的裂纹分布，在进一步粉碎过程中，颗粒更容易沿着裂纹方向发生选择性破碎，从而强化了分级效果；随着入料粒度减小，分级二产品从多峰分布逐渐转向双峰/单峰分布，表明分级二产品的分级效果较好；发生多次粉碎的颗粒，产生了更多子代颗粒，最终进入分级三产品，对应分级三产品粒度最细以及粒度分布范围较宽，分级三产品均呈现多峰分布。

基于以上分析，提出了多元强化煤岩显微组分解离模型，如图 3-16 所示。原煤颗粒本身存在的裂隙、各组分的物理性质差异对初步分级过程中显微组分的富集起主导作用，在预分级过程中显微组分按粒度大小首先发生一定程度的富集[图 3-16(a)]，但预分级对于没有解离的矿物和显微组分没有影响；在进一步微波诱导裂纹生成的过程中，不同显微组分之间、显微组分内部以及在热活性矿物和热惰性矿物中发生裂纹的生成、扩展以及截止，主要

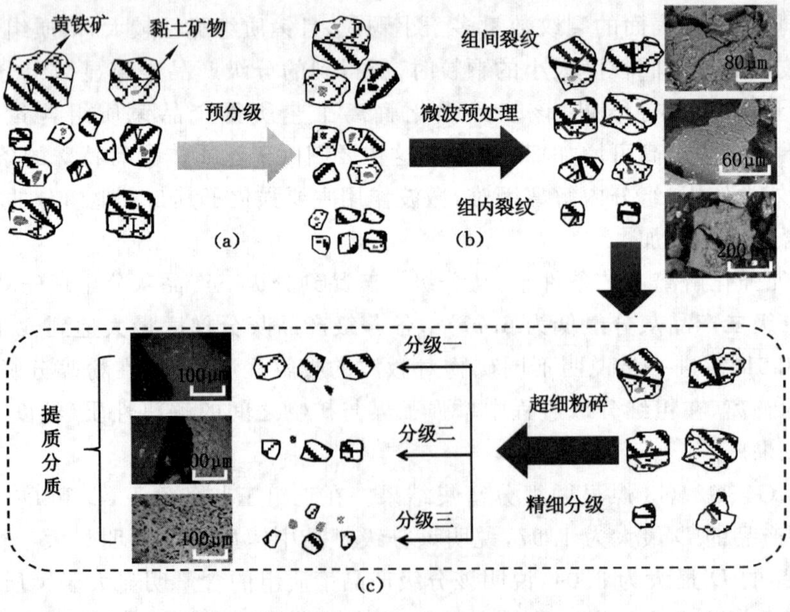

图 3-16　多元强化煤岩显微组分解离模型

的裂纹形式有组内裂纹和组间裂纹[图 3-16(b)];最后在超细粉碎过程中,粉碎沿着裂纹的方向进行,强化了各组分和矿物之间的解离,发生选择性粉碎和随机粉碎,在精细分级的过程中,不同矿物和组分在不同产品中得到富集,由此实现较好的分质效果[图 3-16(c)]。

3.6.6　多元强化解离模型预测

综上所述,由于不同煤岩显微组分的结构和性质不同,其最适合的应用领域各异。因此,煤岩显微组分分离理论与方法研究对于指导煤岩显微组分应用具有重要意义。不同煤岩显微组分的应用如图 3-17 所示,镜质组是煤液化、气化、热解等工业的优质原料,惰质组是制备碳素材料、高炉喷吹的优质原料。

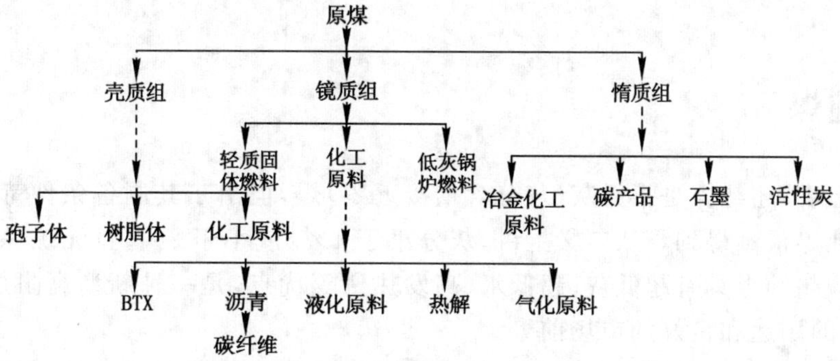

图 3-17　煤岩显微组分的应用

思考与讨论

1. 煤岩显微组分的有效分离对于拓展煤的低碳高效利用有何价值和意义?
2. 利用交叉学科的相关理论,强化煤岩显微组分解离的方法还有哪些可以尝试?
3. 煤岩显微组分干法分离的原理是什么?

第4章 煤及典型矿物超纯加工技术

传统意义上，矿物加工以提供精矿及粗级矿产品为主，主要为冶金和化工等行业提供基础原料，产品附加值低，已不能满足现代科技、社会和环境发展对矿产质量的要求。煤及矿物的高纯化、超细化和表面改性等精加工是现代矿物加工技术的发展趋势之一。本章选择超纯煤、超纯石英和高纯石墨作为典型代表，讨论煤及矿物超纯加工技术的一般原理和方法。

4.1 超纯煤

从狭义上讲，超纯煤是指无灰（灰分含量接近零）煤，但由于其制备条件苛刻，真正意义上的无灰超纯煤很难得到。从广义上讲，灰分小于1%（或小于2%，暂无统一标准）的煤可称作超纯煤。超纯煤具有超低灰、超低水、高发热量等优点，是一种新型高附加值的煤炭产品，具有广泛的用途和良好的市场前景。

煤炭是有机成分和无机成分的混合体。我国煤炭资源的显著特点是：低灰、低硫、化学结构特殊的特种煤炭资源（如太西无烟煤）短缺，中高灰分煤炭资源相对丰富。超纯煤的制备对煤炭的清洁加工和高附加值利用具有重大意义，主要包括：① 超纯煤用于直接燃烧，可降低颗粒污染物及SO_2、CO_2、NO_x等燃煤污染物的排放量，减少污染；② 超纯煤用于制备水煤浆代替石油制品，不仅能提高燃烧效率，还易于调控、方便管理；③ 超纯煤用于炼焦会降低灰分，用于炼钢可减少焦炭的消耗，提高生产能力，并可提升钢材质量；④ 超纯煤用于研制煤基新材料，在增加煤炭的附加值、提高煤炭经济效益的同时，还可提高活性炭、碳纤维、纳米碳管等产品的性能。

随着国家对环境保护的要求越来越高，超纯煤的评定指标不应局限于特低灰特低硫方面，鉴于煤中某些微量元素的高毒性，微量有害元素含量也应成为超纯煤的重要检测指标，特低有害元素含量的超纯煤理应成为超纯煤制备的一个重要研究方向。

4.1.1 超纯煤的用途

4.1.1.1 在油煤浆制备中的应用

随着经济的快速发展，对于油料的需求量越来越大，但是我国的煤炭资源丰富而石油资源相对匮乏。油煤浆是一种以煤代油的流动燃料，具有良好的流动性，可以替代石油制品（重油、柴油等）直接在内燃机、燃气轮机、柴油机、航空发动机等动力设备内使用，而不会发生活塞阀门和油路系统的堵塞。油煤浆要求原料的灰分小于0.2%、粒径为几十微米甚至更小。超纯煤灰分低、粒径小、发热量高，完全符合制备油煤浆的要求。因此使用超纯煤作为高级燃料，既提高了煤炭的燃烧效率，又达到了替代石油燃料的目的。

4.1.1.2 在煤基新材料方面的应用

以超纯煤为原料开发新型煤基材料具有良好的发展前景，可以制备包括石墨烯、金刚石、碳纤维以及富勒烯(C60、纳米碳管、碳葱)等在内的新型碳材料以及功能高分子材料。

4.1.3.3 在炼焦生产中的应用

我国焦炭的产量位居世界首位,炼焦煤是焦炭生产的主要原料之一,但是炼焦煤查明储量仅占我国煤炭总储量的27%,而且优质、强黏结性肥煤和焦煤只占炼焦煤储量的1/3。为了降低生产成本,节约优质炼焦煤资源,在炼焦煤资源相对匮乏的情况下,在配煤的过程中尽可能多地使用弱黏煤、不黏煤,少用甚至不用优质炼焦煤。

超纯煤,特别是优质超纯炼焦煤具有良好的熔融性且软化点低。超纯煤可降低配煤的软化温度,在超过其软化温度后,发生熔融成为液态,通过溶解作用促进可溶物的生成,使液相的流动度、热稳定性得到提高,改善煤颗粒间的接触,提高黏结性。因此,将超纯煤作为添加剂用于配煤炼焦,既可以提高弱、非黏结煤混合比例,也可提高焦炭的质量。

4.1.2 超纯煤的制备

超纯煤的制备方法大致分为物理法、物理化学法和化学法3类。

4.1.2.1 物理法

直接用物理法进行超纯煤制备的原料煤很有限,一般要求原料煤应具有内在灰分低、质脆易磨、矿物易于单体解离、可选性好等特点。因此,在选择原料煤时,首先应进行显微镜观察,了解煤岩学特性,以判断用物理法制备超纯煤的可行性。煤中矿物在不同煤岩显微组分中的分布不同,镜质组与壳质组所含矿物质较少,而惰质组所含矿物质相对较多,且矿物质常充填于细胞腔内,很难从煤中单体解离。因此,在选择制备超纯煤的原料煤时,要尽量选择丝质体含量少的中、高变质程度煤。中、高变质程度煤中最主要的显微组分是镜质组,一般占有机显微组分的90%以上。因此,超纯煤的制备从某种意义上讲也是煤中镜质体的富集过程,镜质组与矿物质的解离情况对低灰煤的制备有重要意义。物理法也常作为超纯煤制备前原料煤的预处理方法。物理法主要包括超细粉碎-分级技术、重介分选技术、离心分选技术、摩擦电选技术等。

(1) 超细粉碎-分级技术

煤中矿物质包括原生矿物质、外来矿物质和次生矿物质,原生矿物质由成煤物质本身含有的矿物质形成,已参与到有机分子的结构中,无法用物理法将其解离;外来矿物质是在采煤过程中由于煤层顶底板和煤层中的矸石等混入煤中而造成的,以单体或夹矸状存在,采用常规的破碎方法就可以分离;次生矿物质是在成煤过程中,外界的矿物质混入煤层中形成的,它以夹层、包裹体、细粒浸染等嵌布状态存在,分散或充填在煤的基质或缝隙中。在制备超纯煤时,需要将其充分破碎,甚至打破胞腔,才能达到单体解离,这就需要超细粉碎技术。

根据煤中有机质、矿物质、水三者介电常数间较大的差异,在电脉冲破碎中有机质和黏土矿物界面上所产生的电场感应作用可使煤沿有机质和黏土矿物的界面拉裂解离,从而提高破碎效果。研究表明,电脉冲破碎相对机械粉碎具有有机质和矿物质解离程度高、低密度破碎产物灰分和黏土矿物含量低等有利于超纯煤制备的优势。

超细粉碎-分级技术可用于制备超纯煤。当冲击式粉碎分级系统中分级机转速适当时,能有效强化粉碎物料在分级过程中的分选效果;用马来酸酐(MAH)对冲击式粉碎分级机的底流产品进行原位改性,配合流化床粉碎机的粉碎作用,可有效减小颗粒之间的相互作用,阻止煤粉之间、煤粉与矿物质之间的黏附作用,通过分级可得到灰分为1.41%的超纯精煤。该技术以气相为主体介质，分选过程中煤粒与煤粒、煤粒与矿物颗粒以及矿物颗粒之间不会因水的作用而团聚在一起，使颗粒间更加分散，作用力更加均匀。

（2）重介分选技术

重介分选技术分为重介干法分选技术与重介湿法分选技术。对于重介干法分选，采用流化床对灰分为15.62%的原煤进行分选，可得到灰分为2.65%、产率为64.89%的精煤；用山东神州机械有限公司研制的GZJ-60型干法重介质分选机对新疆宽沟矿30～13 mm粒度级煤进行分选试验，可获得灰分为3.71%的超低灰煤，但要获得超纯煤还有很大难度。

对于重介湿法分选，重介质旋流器分选法是当前精度最高的分选方法，是国内目前少有的工业化超纯煤制备方法之一。重介质旋流器分选法具有单位体积处理量大、分选效率高、分选密度调节范围宽、易于实现全过程自动化等突出优点，可以对各种可选性煤进行高效分选作业，特别是难选和极难选煤，具有其他设备无法替代的作用。用精选型圆筒重介质旋流器两段等密度精细分选太西煤，可得到灰分为1.94%、产率为54.67%的超纯煤。

（3）离心分选技术

离心分选是在离心力场中进行的，它的特点是利用微细矿粒在离心力场中所受离心力大大超过重力，从而加速了矿粒的沉降，扩大了不同密度矿粒沉降速度的差别，从而强化了重选过程。Falcon离心分选机在分选中煤或黄铁矿含量高的细粒煤时比浮选更经济有效，是处理氧化的细粒煤最经济有效的设备之一，但处理−0.037 mm煤泥时降灰效果并不明显，需采用脱泥设备或浮选进一步降灰从而获得低灰精煤。

（4）摩擦电选技术

摩擦电选法是利用煤中有机质具有的介电常数和电导率比煤中黄铁矿和大部分矿物质低的特点来制取超纯低灰煤的方法。该方法的原理为：微细煤粒由高速气流携带进入摩擦带电器，经过与摩擦材料及颗粒间的摩擦碰撞，使得煤颗粒带正电，矿物质带负电；然后从摩擦带电器的喷嘴喷入由两平行极板产生的强电场中，在强电场的作用下，煤和矿物质分别被吸向并沉积在负极板和正极板上，从而实现煤与矿物质的分离。

选用灰分为3.56%的太西选煤厂煤样，经磨细至−200网目，选取PVC作为摩擦器材料，有机玻璃作为摩擦板，在电压为80 kV左右、风量为70 m^3/h左右、给料频率为70 Hz左右时，用煤油作为表面改性剂（用量8 000 g/t）、改性时间为22 s时效果最佳，得到灰分为1.76%、产率为64.54%的超纯煤。摩擦电选法工艺简单，适用于灰分较高的原煤降灰，无须煤泥水处理系统，运行成本低，污染小，目前处于工业化研究阶段。

4.1.2.2 物理化学法

用于制备超纯煤的物理化学法都是基于煤中有机质和矿物质表面性质的差异进行的。这些物理化学法主要有常规浮选法和选择性絮凝法，后者又包括选择性絮凝-筛分法和选择性絮凝-浮选法。

（1）常规浮选法

浮选就是从水的悬浮体（即矿浆）中浮出固体矿物的分选过程，目前普遍应用的是泡沫浮选法，其实质就是：把矿石加水磨细成矿浆，加入浮选药剂（捕收剂、起泡剂、调整剂等）处理，然后在浮选机中搅拌，并导入空气形成气泡，于是一部分疏水性好的矿物就黏附于气泡上而浮出矿浆形成泡沫，将其刮出即为泡沫产物，通常为精矿，另一部分没有浮上来的脉石通常为尾矿，从而达到分选的目的。

常规浮选法主要采用浮选机和浮选柱，其中浮选柱对细粒煤的处理效果较好。目前应用较广泛的浮选柱包括美国的VPI浮选柱、澳大利亚的詹姆斯浮选柱、加拿大的CFCC浮选柱以及中国的旋流静态微泡浮选柱等。浮选柱制备超纯煤具有处理量大的优点，但是精煤产品灰分较高，达不到超纯煤灰分要求，而且产率较低。

(2) 选择性絮凝法

选择性絮凝法包括选择性絮凝-筛分法和选择性絮凝-浮选法。

选择性絮凝-筛分法是根据煤粒与脉石矿物颗粒表面性质的差异，利用絮凝剂将纯煤形成的絮团与细粒脉石进行筛分分离的方法。该法较成熟的工艺是美国Otisca公司的T-press工艺(简称"OTP工艺")，其主要流程是：将煤制成一定浓度的微细粒煤浆悬浮液，加入团聚剂，经强烈搅拌(高速剪切)后，煤粒形成具有一定强度和粒度的聚团，矿物质则分散在水中，经筛分机脱水、洗涤，筛下水澄清复用，将筛上物(煤粒聚团)在60 ℃水浴加热的条件下使团聚剂蒸发，得到最终产品，同时冷却回收团聚剂。在国外一般采用沸点为36 ℃的短链烃戊烷作为团聚剂。该团聚剂选择性好，不用高温即可回收，能有效降低成本；但其缺点是沸点低，易挥发和着火点低，整个过程需密封完成。

选择性絮凝-浮选法是将煤磨矿后制成一定浓度的微细粒煤浆悬浮液，分别加入调整剂和团聚剂，经高速搅拌后，纯煤形成疏水聚团，然后通过浮选将疏水性煤粒聚团和亲水性矿物质分离的方法。团聚剂包括煤油、柴油、燃料油等常规长链烃或多环芳烃等。该法与OTP工艺相比，能大幅度降低用油量，机械夹带低，产品水分较低，在无须较大改动现有流程、设备的条件下，可用于解决入料粒度过细、分选效果不佳等浮选问题。

4.1.2.3 化学法

化学法是利用化学试剂与煤中组分进行化学反应而制备超纯煤的方法。按化学试剂的类别，化学法可分为无机法和有机法。前者利用酸、碱类的无机化合物与煤中杂质进行反应，经洗涤、过滤、干燥除去含灰物质，而有机质仍保留其原有的结构和性质；后者通过有机溶剂的溶解，破坏煤中的有机物质，然后将热溶解的有机物和不溶的残渣分离。具体方法包括以下几种。

(1) 常规酸碱法

常规酸碱法的基本原理是：首先，在一定的温度、压力和氢氧化钠作用下，煤中游离的SiO_2和硅酸盐矿物生成可溶性的硅酸盐，溶于水后被除去；其次，高岭土类矿物在氢氧化钠存在的条件下，与前一过程生成的硅酸盐进行反应，生成可溶于酸的衍生物$Na_2O \cdot Al_2O_3 \cdot 18SiO_2 \cdot 1.5H_2O$而被除去；再次，使用盐酸将煤中的碳酸盐及其他金属氧化物溶解除去；最后，经过酸碱两步处理，部分黄铁矿也能被除去。

酸碱法使用的药剂包括NaOH-HCl、$NaOH\text{-}H_2SO_4$、$NaOH\text{-}HCl\text{-}HNO_3$等，其中NaOH-HCl应用最为广泛。以NaOH-HCl药剂为例，上述过程涉及的反应如下：

与NaOH作用时的反应：

$$2NaOH + SiO_2 = Na_2SiO_3 + H_2O \tag{4-1}$$

$$2NaOH + Al_2O_3 + 3H_2O = 2Na[Al(OH)_4] \tag{4-2}$$

$$2NaOH + FeS_2 = Fe(OH)_2 + Na_2S_2 \tag{4-3}$$

$$O_2 + 2H_2O + 4Fe(OH)_2 = 4Fe(OH)_3 \tag{4-4}$$

与HCl作用时的反应：

$$2HCl+CaCO_3 \xlongequal{} CaCl_2+CO_2\uparrow+H_2O \tag{4-5}$$

$$3HCl+Fe(OH)_3 \xlongequal{} FeCl_3+3H_2O \tag{4-6}$$

$$6HCl+Al_2O_3 \xlongequal{} 2AlCl_3+3H_2O \tag{4-7}$$

$$2HCl+Na_2S_2 \xlongequal{} 2NaCl+H_2\uparrow+2S\downarrow \tag{4-8}$$

该法具有产品纯度高、一次性投入少、工艺适应性强等优点，但后续化学药剂与副产物回收工艺较为复杂。为了解决操作烦琐、成本较高的问题，有研究利用碱低温常压焙烧工艺，对传统酸碱法进行了改良，得到灰分小于0.5%的超纯煤，满足了超纯煤的生产需求。

(2) 氢氟酸法

氢氟酸法常用混合酸，包括氢氟酸和氟硅酸（H_2SiF_6）或者氢氟酸和盐酸。该法的基本原理是 HF 和 H_2SiF_6 与煤中的灰分进行化学反应，使煤中的灰分转变为可以溶于 HF 溶液的金属氟化物或金属氟酸盐，而 SiO_2 转化为 SiF_4 和水后，通过过滤从煤中除去。

主要化学反应过程如下：

$$6HF+SiO_2 \xlongequal{} H_2SiF_6+2H_2O \tag{4-9}$$

$$H_2SiF_6 \xlongequal{} 2HF+SiF_4 \tag{4-10}$$

$$14HF+Al_2O_3\cdot 2SiO_2\cdot xH_2O \xlongequal{} 2(SiF_6)^{2-}+2Al^{3+}+2F^-+(7+x)H_2O \tag{4-11}$$

由于氢氟酸具有强氧化性，性质活泼，因此该法对煤质要求不高，对不同煤种的适用范围较广，产品质量较高。另外，该法对入料粒度没有严格要求，有利于简化磨碎工艺，降低能耗。但是氢氟酸有剧毒，其腐蚀性强，易于引发污染问题，从而使得该法存在较大的局限性。

(3) 熔融碱沥滤法

熔融碱沥滤法的原理是：在高温条件下，原煤与熔融状态的苛性钠或熔融状态的氢氧化钠-氢氧化钾混合物进行充分沥滤，在此过程中，煤中大部分矿物质生成可溶性碱金属盐，一些含硫成分转化为无机硫化物、多硫化物以及其他可溶的含硫化合物，小部分有机质生成碳酸盐或其他可溶有机酸盐，沥滤后依次用稀酸和水对处理过的煤进行多次洗涤，除去上述可溶性杂质。该方法具有较好的降灰除硫效果，但是能耗较高。

(4) 热萃取法

热萃取法的原理是：煤的主体结构由空间网络交联的大分子组成，其内部含有以游离态、微孔嵌入态和网络嵌入态方式存在的小分子。在低温下，煤在溶剂中发生溶胀，煤大分子结构间的非共价交联键会被溶剂打破，使得小分子可溶物被溶剂溶解并从煤中萃取出来。由于温度低、内部结构被破坏较少，煤的大分子主体结构之间的键能无法被打破，绝大部分有机物没有被溶剂溶解萃取出来。在高温热萃取过程中，除了侧链和官能团等小分子被裂解外，煤的主体结构开始断裂、分解，大分子链发生了断裂、裂解、加氢反应，生成了众多的小分子并被溶剂萃取出来。

(5) 化学煤法

热萃取法中较成熟的工艺是化学煤工艺，其原理是利用煤的衍生物——酚油和碱液作溶剂，在325～345 ℃和8.6～12.4 MPa(CO表压)条件下，溶解并破坏煤中有机质，使煤结构中C—C链断裂，大分子变成小分子；同时，用一氧化碳或合成气与水蒸气的变换反应，产生活性氢覆盖在煤粒表面上，使其与煤中的不饱和键反应，起到加氢的作用。然后将溶解的有机物和不溶的残渣进行分离，接着再用甲醇作反溶剂，从热的有机物中沉淀出固体化学煤。

该法脱灰效果好，适用于各种牌号的煤，尤其是可以用褐煤、低阶煤或劣质烟煤为原料制备化学煤，这是其他超纯煤技术无法相比的。该法在脱除煤中杂质的同时还会增加氢含量，使煤的热值得到有效提高。由此方法得到的固体化学煤可经加热后作为民用燃料，也可作为优质工业原(材)料。但是该法存在工艺流程和处理过程复杂、药剂成本高的缺点。

化学法具有脱灰彻底、适用面宽的特点，是一种不受煤种限制的制取超纯煤的重要方法，因而在制取超纯煤的工艺中占有重要地位。但是该法存在工艺复杂、成本高、腐蚀性强、污染重等明显缺点，此外一些化学法破坏了煤的性质，给煤的质量和使用带来很大的影响。

4.2　超纯石英

随着电子工业等高新科技迅速发展，超纯石英的需求量日益增大。一般将SiO_2含量不低于99.99%的石英粉体称作超纯石英砂。超纯石英最早的生产原料是天然水晶，但其储量有限，随着开采力度加大，已逐渐枯竭。石英砂原料廉价，储量丰富，可以取代天然水晶生产超纯石英砂。石英砂中矿物含量变化较大，以石英为主，其次为长石、云母、岩屑、重矿物、黏土矿物等。石英砂岩是固结的碎屑岩石，石英碎屑含量达95%以上，来源于各种岩浆岩、沉积岩和变质岩，伴生矿物为长石、云母和黏土矿物，胶结物主要为硅质胶结。石英岩分沉积成因和变质成因两种，前者胶结物为变质石英，碎屑颗粒与胶结物的界线不明显；后者指变质程度深、质纯的石英岩矿石。

4.2.1　石英的结构和应用

石英是石英石与石英砂的主要矿物组分，化学成分为SiO_2(Si 占 46.7%、O 占53.3%)，密度为2.65 g/cm^3，硬度为7，有两种变体，即α-石英和β-石英。β-石英是在高温下生成的；α-石英最常见，是在低温下生成的，加热到573 ℃时可转变为β-石英。α-石英属于三方晶系，架状结构，常为无色、乳白色、灰色，包含杂质时可有各种变化，具有玻璃光泽，断口油脂光泽、无解理，贝壳状断口，具有压电性。

显晶石英按颜色变化分为无色透明的水晶、紫色透明或半透明的紫水晶、浅玫瑰色半透明的蔷薇石英、烟色或褐色透明的烟水晶、黑色半透明的墨晶体、金色或柠檬黄色的黄水晶；隐晶石英分为含阳起石包裹体而呈浅绿色的葱绿石髓，含云母、赤铁矿等细小包裹体而呈浅黄色或褐红色的砂金石，交代纤维石榴而呈不同色调、具有丝绢光泽的猫眼石、虎眼石、鹰眼石，呈红色、黄褐色、绿色不透明的致密块状的碧玉等。

石英(SiO_2)的晶体结构如图4-1所示，其结构中每个硅分别连接4个氧构成硅氧四面体，四面体中的氧又与相邻的[SiO_4]四面体共用而连接成沿三维空间无限延伸的架状结构。以角顶相连的四个[SiO_4]四面体围成一个四方环，环环相连形成硅氧层，两个活性氧更迭地指向上或向下的硅氧层，而使硅氧层重叠起来，因此[SiO_4]在c轴方向上呈螺旋状排列。石英结构中的Si—O键60%是共价键，40%是离子键，且各向键力相等，故无解理面形成。石英结构中只有Si—O键存在，当受到外力强行破碎时，会造成Si—O键的大量断裂，故矿物表面暴露了大量Si^{4+}和O^{2-}。Si—O键键能很高(88.2 kcal/mol)，石英破碎断面上的极化程度较高，亲水性极强，表面负电性较强，零电点很低，化学活性较强。

高纯石英砂的Fe_2O_3含量在0.000 1%以下、Al_2O_3含量在0.01%以下，主要应用在高新技术产业，如航空航天、生物工程、高频率技术、电子技术、光纤通信和军工等领域。

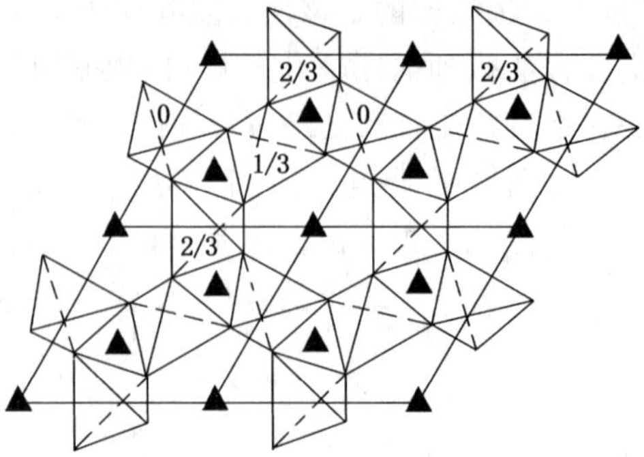

图 4-1　石英的晶体结构

4.2.2　石英矿的分布及矿物组成

石英在自然界中分布仅次于长石，其储量十分丰富。我国石英矿储量十分丰富，在二叠系、泥盆系和震旦系等地层都有广泛的分布，其中质地好、规模大的产地有湖北蕲春和枣阳、安徽铜陵、内蒙古通辽等地。矿床类型按其成矿年代的不同可划分为沉积-变质矿床、脉石英-伟晶岩矿床和沉积矿床三类。

石英矿的矿物组成以 SiO_2 为主要成分，含有少量 Al_2O_3、Fe_2O_3、MgO、CaO、Na_2O、K_2O 等矿物和少量 Ti、Au、Ag、Ge、Cr 等元素。石英砂中杂质分结构性杂质和非结构性杂质。结构性杂质是指能从硅氧四面体中取代硅而参与结晶的杂质，主要有 Al^{3+}、Ti^{4+}、Ge^{4+}、B^{3+}、P^{3+}、As^{5+} 等；非结构性杂质是指以离子吸附或单质包裹体的形式存在于石英晶体中的杂质，主要是 Cu^{2+}、Pb^{2+}、Mn^{2+}、F^{3+}、Cr^{3+}、Au、C 等。结构性杂质存在于石英晶体网络中，一般很难去除。

石英矿中含氧化铝的杂质矿物主要是各种长石、云母、高岭土等含铝矿物，其中云母、高岭土等层状硅酸盐矿物与石英的硬度和浮游性相差较大，较易通过脱泥或者浮选去除，而长石与石英同属于架状硅酸盐矿物，结构相似，很难脱除，一直以来是非金属矿浮选领域研究的热点。石英矿中含铁杂质矿物主要是赤铁矿、针铁矿等。与长石相比，含铁矿物在分选中可用强磁或者浮选的方法分离，难度较小。

自然界中只有优质一级水晶、二级水晶可以满足高纯石英的纯度要求，但其储量有限，加上全球光纤通信和半导体工业的飞速发展，使之逐渐趋向枯竭。

4.2.3　石英提纯技术开发研究现状

国外利用石英砂制备高纯石英的研究起步比较早，像美国、日本、俄罗斯、德国等一些发达国家均实现了自给自足，尤其是美国，技术最为先进，基本占据了整个世界的高纯石英的出口市场，具有工业化产量大、制备专业化、自动化程度高、检测水平高、产品质量稳定的特点。日本从细粒伟晶岩中分离出透明的高纯石英，德国和俄罗斯则在脉石英、变质石英岩中提纯出高纯石英。

美国尤尼明公司是世界上最大的石英原料制造商，其部分产品的质量指标如表 4-1 所示，其纯度被当作国际标准纯度。

表 4-1　尤尼明公司高纯度石英砂主要质量标准　　单位：mg/kg

元素	IOT 标准		IOTA-4		IOTA-6		IOTA-8
	平均值	最大值	平均值	最大值	平均值	最大值	目标值
Al	15.2	22.0	7.9	10.0	7.9	9.5	7.0
Ca	0.4	1.5	0.6	1.0	0.5	0.7	0.5
Fe	0.3	1.5	0.6	1.0	0.2	0.3	0.03
Li	0.7	1.5	0.2	1.0	0.2	0.3	0.02
Na	0.9	1.5	1.0	1.3	0.1	0.2	0.03
K	0.7	1.5	0.4	1.0	0.1	0.2	0.04
B	0.08	0.1	0.04	0.05	0.03	0.04	0.035

高纯石英的提纯极限与其原料的品质密切相关，独特的石英矿床的地质作用导致石英动力学重结晶、石英颗粒的晶体塑性变形、晶体内空隙杂质沿着新形成的颗粒界限集中。与变形运动相随的液体有助于这些杂质的溶解和迁移，使杂质从重新结晶的石英颗粒中移出。尤尼明公司生产高纯石英工艺的第一步是鉴定和仔细挑选高纯原矿；第二步是建立严格的采矿和选矿标准；第三步是选择矿体中质量最好的部分用于生产。

矿冶科技集团有限公司在实验室通过浮选、浸出的工艺制备出了高纯石英砂，其原料均为高质量的石英矿原矿，原矿品位在 99.8%以上，再经过深加工处理，得到 99.9%甚至 99.99%的高纯石英砂。苏州大学通过对品位 99.9%的石英砂，以高温掺杂焙烧-混合酸酸浸的工艺，得到了与美国尤尼明公司产品质量相当的高纯石英砂。我国高纯石英生产量较小，主要原因是没有勘探到可以生产高纯石英砂的较大矿体，大部分石英矿为鸡窝矿或脉状矿。

目前获得高纯石英砂代用原料的途径大致有以下三种方式：利用人造水晶、采用溶胶-凝胶法及四氯化碳气相沉淀法、利用天然石英砂或石英矿深度提纯。前两种方法由于能耗大、成本高、产量低等原因，不能真正意义上代替天然水晶作为高纯石英砂的原料。所以利用普通石英砂为原料制备高纯石英成为研究的热点。石英砂提纯是除去石英砂中少量或微量杂质，获得精制石英砂或高纯石英砂（如电子级产品）的高难度分离技术，涉及无机化学、物理化学、扩散动力学和晶体学的许多内容。

4.2.4　石英砂选矿技术

通过选矿的方法对物料进行提纯，是用较低的选别成本剔除矿石中有害杂质，提高目的矿物的纯度。对石英矿而言，目的矿物是石英，而杂质则是长石、云母、绿泥石、黏土矿物、岩屑和含铁杂质等。一般来说，根据石英砂含铝矿物、含铁矿物以及钛、铬的含量来判断以何种手段对其进行提纯，并用其中的铁杂质和铝杂质的含量来衡量石英砂的质量，因此石英砂的选矿提纯也主要体现在铁杂质和铝杂质的脱除上。由于两者与石英的物理、化学性质的差异，铁杂质比铝杂质更易脱除。

将含铁矿物与石英进行有效分离时，需探明铁杂质在石英矿中的赋存状态，选择合理的选矿方法和选别工艺，实现铁杂质脱除。一般含铁矿物在石英矿中以常见的六种形式存在：① 以细微粒状赋存在黏土或高岭土化的长石中；② 以氧化铁薄膜形式附着于石英颗粒表面；③ 以铁矿物（如赤铁矿、磁铁矿、镜铁矿、钦铁矿等）或含铁矿物（如云母、角闪石、石榴子石等)形式存在;④ 在石英颗粒内部呈浸染或透镜状态;⑤ 以固溶体状态存在于石英晶体内部;⑥ 破碎磨矿过程中混入一定量的次生铁。针对不同形式的铁杂质,选用不同选矿提纯方法,主要方法如下:

(1) 筛分、分级

铁杂质以微细粒状存在于黏土矿物中时或者石英原矿泥化现象严重时,采用筛分、分级可以有效地将之除去,提高 SiO_2的含量。这是因为石英砂中的 SiO_2品位随着石英粒度的变细而降低,铁和铝等杂质的品位则正好相反。尤其近年来随着细筛技术的进步和微小型旋流器的应用,分级粒度越来越小,对有效去除微细粒铁杂质非常有效。

(2) 擦洗法

擦洗法是借助机械力和沙粒间的摩擦剥离力去除石英砂表面的薄膜铁、黏结性和泥性杂质矿物,进一步擦碎未成单体的矿物集合体,再经分级作业达到提纯石英砂目的的方法。目前,擦洗法主要有棒磨擦洗法和机械擦洗法两种方法。对于机械擦洗,一般认为影响擦洗效果的主要因素是擦洗机的结构特点和配置形式,其次为工艺因素,包括擦洗时间和擦洗浓度。砂矿擦洗浓度在50%~60%之间效果最好,浓度过大或过小都会降低杂质矿物的擦除效果。擦洗时间原则上以初步达到产品质量要求为基准,不宜过长,因为时间过长,会加大设备磨损,提高能耗,增加选矿提纯成本。对于某些石英砂矿,机械擦洗去除效果不太理想,因此,棒磨擦洗工艺应用得较为普遍和相对成熟。

(3) 化学酸浸法

化学酸浸法经常用于除去石英颗粒表面的薄膜铁和石英颗粒内部的铁杂质,也用来除去其他杂质。常用的酸有硫酸、盐酸、硝酸、氢氟酸和草酸等。通常在酸浸过程中加入绿矾、亚硫酸盐等还原剂,更有利于杂质矿物的浸出。酸浓度、酸用量、酸浸时间、温度以及矿浆搅拌时间均会影响石英砂的浸出效果。试验表明,混合酸的浸出效果好于单一酸。化学酸浸法的缺点是对设备腐蚀严重、成本高、污染环境、浸出时间长。

(4) 浮选法

浮选法主要用于除去石英颗粒内呈浸染状或透镜状的铁以及存在于云母、角闪石等矿物中的铁,也可用于脱除破碎和磨矿中混入的次生铁。常用的浮选法是用硫酸调整剂和阴阳离子混合捕收剂除铁,或者用氢氟酸活化剂和阳离子胺类捕收剂的氢氟酸法,或者用阴离子捕收剂,在抑制剂的作用下除去铁杂质。

石英表面有强烈的亲水性,晶体结构中不含金属阳离子,所以纯净的石英不能用阴离子捕收剂浮选,但许多金属阳离子能活化石英,经活化的石英可用阴离子捕收剂浮选;未经金属阳离子活化的石英可用阳离子胺类捕收剂直接进行浮选。

用脂肪酸及其皂类药剂浮选石英时,需要预先用金属阳离子(如钙、钡、铜、铅、铝、铁等)进行活化。多价金属阳离子的活化作用机理已有不少研究,并发现金属阳离子活化与水溶液的 pH 值密切相关,活化剂与捕收剂之间没有化学计量关系,但其与该金属的氢氧化物的形成关系密切。金属离子在石英表面吸附的牢固性与该金属氢氧化物的溶度积有关,金属氢氧化物的溶度积越小,该金属离子在石英表面的吸附越牢固,反之亦然。

对于仅含铁矿物而不含或少量含云母和长石的石英砂,可用碳酸钠调节矿浆 pH 值达 8~9,用塔尔油作捕收剂浮选含铁矿物,尾矿即为石英;也可以将矿浆 pH 值调节到 7~8,用磺化石油作捕收剂浮选铁矿物,尾矿再用胺类捕收剂浮选得石英精矿,槽内产物为废弃尾矿。

（5）重选、磁选

重选即重力选矿，是利用被分选矿物颗粒间相对密度、粒度、形状的差异及其在介质水、空气或其他相对密度较大的液体中运动速率和方向的不同，使之彼此分离的选矿方法。重选包括水洗脱泥、水力分级和摇床选矿三种，常用的设备主要是螺旋选矿机、溜槽和摇床等，摇床的分选效果较好。

磁选是利用石英和含铁矿物磁性的不同而进行分选的一种方法，可以最大限度地去除石英砂颗粒内含有的以赤铁矿、褐铁矿和黑云母等为主的弱磁性杂质矿物和以磁铁矿为主的强磁性杂质矿物。对于弱磁性杂质矿物常选用强磁磁选机进行磁选；对于强磁性杂质矿物常采用弱磁磁选机或者中磁磁选机进行磁选。但是石英砂中含杂质较多时，特别是含有较多的弱磁性或者非磁性杂质时，仅采用磁选难以提高石英砂的纯度。磁选的次数和磁场的强度对磁选除铁有显著影响，随磁选次数和磁场强度增加，除铁量显著增加。

4.2.5　含长石的石英砂浮选提纯

石英和长石表面多价金属阳离子相对含量较低，且长石表面一些低电价、大半径金属阳离子易溶解于水中，因此这两种矿物的表面负电性极强，零电点较低，在阴离子捕收剂浮选体系中可浮性极差，故在酸性条件下用阴离子捕收剂可实现石榴子石与石英和长石的浮选分离。石英和长石的明显区别是长石结构中存在[AlO_4]，石英解离时大量 Si—O 键断裂，酸性条件下无机调整剂 HF 对石英起清洗作用，在 HF 作用下导致石英表面 OH^- 含量降低，使 Si^{4+} 在矿物表面富集，故矿物表面负电性减弱，而在此介质条件下，HF 能在长石表面 Al^{3+} 处形成铝氟络合物区域而增加矿物表面负电性。因此，在阳离子捕收剂浮选体系，酸性条件下 HF 能活化长石的浮选而抑制石英的浮选，实现石英和长石的浮选分离。

当石英砂中长石含量较多、其他杂质含量很少时，可用胺类捕收剂混合浮选长石和石英得混合精矿和废弃尾矿，前者再用 HF 活化并用胺浮出长石，槽内产品即为石英精矿。但由于环保问题以及 HF 使用过程中的诸多不方便，无氟分离方案代表了石英-长石浮选分离的主导研究方向。

（1）石英与长石的反浮选分离

① 强酸性反浮选长石

该法是在强酸（一般为 H_2SO_4）性条件下（pH＝2～3），用阴阳离子混合捕收剂优先浮选长石。这一 pH 值正处于石英零电点附近，而比长石零电点（pH＝1.5）高。因此，在这一 pH 值条件下，长石表面荷负电，石英表面不荷电。胺类阳离子率先吸附在长石表面负电荷区，阴离子捕收剂再与吸附的胺类捕收剂络合，共吸附在长石表面。带相反电荷的捕收剂离子之间通过电荷中和而形成分子络合物，这些络合物比单一组分具有更高的表面活性，从而大大增加了长石表面疏水性，使长石得以上浮。混合捕收剂的物质的量比对浮选具有显著影响，当捕收剂混合物的物质的量比（阴/阳）小于 1 时，浮选回收率提高。如果混合捕收剂中阴离子物质的量组分大于阳离子时，共吸附的硫酸盐类阴离子端部基团朝向溶液，进而使矿物颗粒亲水，导致浮选受到抑制。pH≤2 时，浮选的选择性主要取决于长石与石英表面电荷的固有差别。

这种工艺方法在生产实践中已获得广泛应用，例如，内蒙古通辽市角干区石英砂矿用硫酸为调整剂，高级脂肪胺和石油磺酸盐为捕收剂进行脱除长石等杂质的反浮选，获得 SiO_2

品位为97.83%的最终产品，可作为生产平板玻璃的原料，也可作为优质铸钢造型用砂。又如，山东省荣成市港西镇的旭口硅砂矿选矿厂，在pH=3条件下，采用*N*-烷基丙撑二胺与石油磺酸钠混合捕收剂优先浮选长石，获得了SiO_2品位为96.94%的石英产品，达到优质玻璃原料要求。

② 中性反浮选长石

中性反浮选方法是在中性自然介质中，用阴阳离子混合捕收剂，外加抑制剂分离石英与长石。浮选机理为：中性介质中，石英和长石均荷负电，阴离子捕收剂（油酸根离子）在这两种矿物表面上均可发生吸附行为，但其吸附规律存在一定差别，主要是石英表面尽管荷负电，但仍有局部正电区存在，借助静电力和氢键作用对油酸根离子有微量吸附。这一吸附是极不稳定的，加入抑制剂（如六偏磷酸钠）即可以脱去表面吸附的捕收剂。长石则不同，它与油酸根离子的吸附有三种形式：一是静电吸附；二是以氢键或分子力吸附；三是与Al^{3+}反应而产生化学吸附。第三种吸附作用相当牢固，用去离子水冲洗或加入其他阴离子均不能完全解吸长石表面上吸附的油酸。长石表面Al含量并不高，化学吸附上去的油酸也不会太多，其疏水力有限，不能导致大量长石上浮。但是表面所吸附的这些油酸根离子可作为阴离子活性质点再去吸附胺类阳离子捕收剂，其作用相当于氟化物与矿物表面作用所产生的氟化铝络合物阴离子区或氟硅酸铝阴离子区，使胺类阳离子捕收剂牢固地吸附在其表面，从而使长石可浮性大大优于石英，二者得以分离。这一分离技术的关键在于要有合适的抑制剂既可以解吸石英表面上吸附的油酸根离子，又能阻止胺离子捕收剂在石英表面上吸附，且对长石的影响不大。已证明六偏磷酸钠能很好地起到这一作用。阴阳离子捕收剂的配比对分离效果有着很大影响，若阳离子捕收剂占比过量则浮选选择性下降，两种矿物都上浮；若阴离子捕收剂过量，则分离效果较好。

(2) 石英与长石的正浮选分离

在高碱性介质条件下（pH=11～12），以碱土金属离子为活化剂，烷基磺酸盐为捕收剂可优先浮选石英，实现石英与长石的分离。在碱性条件下，加入金属阳离子与烷基磺酸盐后，所形成的中性络合物在其中起着关键作用。这些中性络合物可以与游离的酸盐离子结合在一起，并共同吸附在石英表面，起到半胶束促进剂的作用，使石英疏水上浮。在高碱性介质中，长石表面的硅离子减少，碱金属离子增多，故在此条件下不利于金属阳离子的吸附。

(3) 含铁矿物和长石的石英砂浮选

对于不含云母（或含极少），但含较多长石和铁矿物的石英砂，将矿浆pH值调到7～8，脂肪酸作捕收剂浮选含铁矿物，尾矿进行长石和石英分离浮选。

(4) 含铁矿物、云母和长石的石英砂浮选

对于这种组成较复杂的石英砂，可用硫酸调节矿浆pH值达3～4，用胺类捕收剂浮选出云母，尾矿用盐酸调节pH值到4～5，用磺化石油捕收剂浮选铁矿物，然后进行长石和石英分离浮选，也可以依次优先浮出铁矿物、云母、长石，尾矿为石英精矿。

例如，国外某矿，由于其长石与云母、石榴子石和石英共生，该矿采用浮选法综合回收长石、云母和石英。浮选工艺分三段进行：首先在酸性介质中（pH=3.0～3.5）用阳离子捕收剂（牛脂胺醋酸盐）浮选白云母，得到的粗选精矿经筛分过滤后销售给云母厂家进一步加工。粗选尾矿经脱水、调浆后在酸性介质中（pH=3.0～3.5）用阴离子捕收剂（石油磺酸盐）浮选铁-石榴子石和剩余云母，浮选泡沫产品作为尾矿抛弃，浮选槽内产品以HF作为长石的活

化剂在 pH＝3.0～3.5 的介质条件下用阳离子捕收剂(牛脂胺醋酸盐)浮选长石,达到与石英分离的目的。混合尾矿再经旋流器脱泥、湿式强磁选再处理及云母、长石的浮选,进一步回收细粒云母、长石和石英。

又如,湖北某长石矿,原为稀有金属矿山,矿石中主要矿物有微斜长石(39.9%)、钠长石(19.6%)、石英(32.8%)以及云母(主要为白云母),入选原矿(即金属矿物重选尾矿)化学成分如表 4-2 所示。综合回收长石、石英的工艺流程如图 4-2 所示。该矿采用一段磨矿两段选别的浮选流程。先用硫酸调浆,在强酸性条件用阳离子捕收剂混合胺除去易浮的云母矿物,然后采用无机阴离子调整剂 NaF 活化长石,利用传统的“氢氟酸浮选法”,在阳离子捕收剂混合胺浮选体系中分离长石和石英。

表 4-2　湖北长石矿入选原矿主要化学成分

化学成分	SiO_2	Al_2O_3	Fe_2O_3	K_2O+Na_2O	CaO	MgO
含量/%	74.89	13.72	0.42	7.27	微量	微量

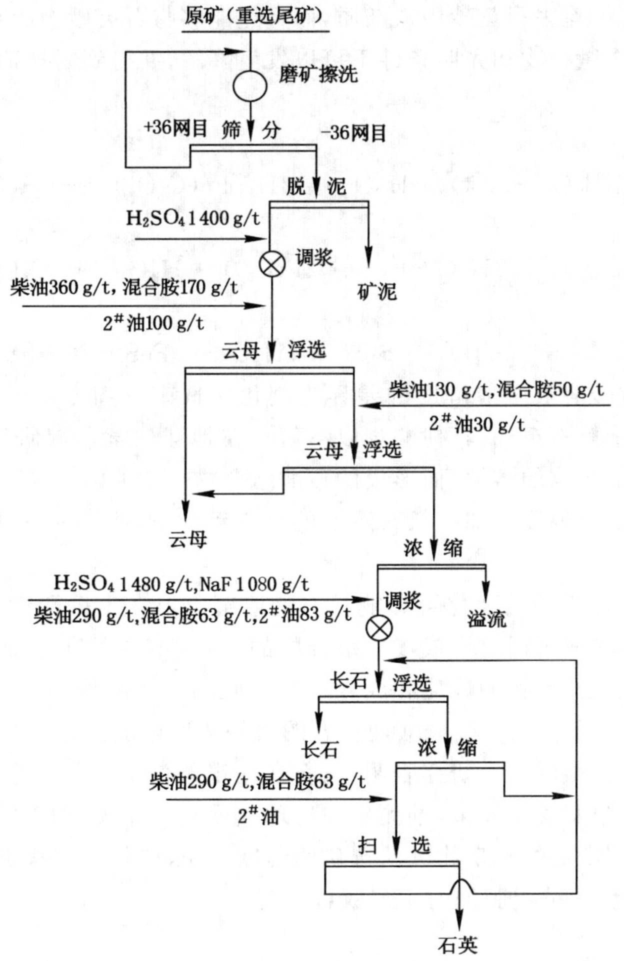

图 4-2　湖北长石矿综合回收长石和石英的工艺流程

4.2.6 化学提纯法

化学提纯法包括酸处理法和碱处理法两种。相对于物理提纯法,化学提纯法成本比较高,但是加工高纯、超高纯石英砂时,化学提纯法的效果远优于物理提纯法。

(1) 酸处理法

酸处理法是利用石英砂不溶于酸(除氢氟酸),而其他杂质矿物能被酸液溶解的特点,实现对石英砂进一步提纯的方法。酸处理法常用酸有:硫酸、盐酸、硝酸、氢氟酸等。酸的种类及浓度与金属杂质种类相关。稀酸对 Fe、Al、Mg 的去除效果显著,而去除 Ti 和 Cr 时就需要较浓的硫酸、王水或氢氟酸等进行酸浸。由于每一种酸对石英砂中杂质的去除效果不同,采用混合酸处理能产生"协同效应",使石英砂中杂质的去除率更高。

无机酸处理具有提纯效率高的优势,但存在价格昂贵、污染大、阴离子容易污染石英砂表面等缺点。有机酸处理技术受到广泛关注,这是因为有机酸处理具有污染相对较小、后处理相对简单等优点。其中,草酸酸性、络合能力以及还原性较明显优于其他有机酸,具有良好的应用前景。

草酸作为浸出剂可除去石英砂中铁杂质,而且还能够与石英砂中的杂质发生反应,生成一些可溶性络合物,在微生物和光照条件下可以发生降解,并得到附加值较高的副产品。其主要反应如下:

浸出:

$$6H_2C_2O_4+Fe_2O_3\cdot H_2O = 2H_3[Fe(C_2O_4)_3]+4H_2O \tag{4-12}$$

光催化降解:

$$2H_3[Fe(C_2O_4)_3]+2H_2O+hv = 2FeC_2O_4\cdot H_2O+3H_2C_2O_4+2CO_2 \tag{4-13}$$

生物降解:

$$Fe(C_2O_4)_3^{3-}+1.5C_2O_4^{2-}+SO_4^{2-}+4H_2O = FeS+CO_2+8HCO_3^- \tag{4-14}$$

石英与长石在羧酸溶液中溶解度的差异为其化学选矿分离提供了可能。石英结构稳定,除了氢氟酸能够溶解石英外,其他酸难以溶解。在地球化学领域研究发现,在成岩作用中,羧酸可增强硅酸盐矿物的溶解,而形成的羧酸络合物是亲油的。在羧酸与长石的溶解实验研究中,发现提高反应温度可加强长石溶解的反应动力学,提高水相中金属阳离子浓度,促进长石溶解。

在强酸性条件下,pH 值的变化可影响长石的溶解。但在中等酸性条件下,pH 值对长石的溶解影响很小。羧酸可通过形成羧酸络合物的形式,不同程度地增加长石在溶液中的溶解度。有机酸在硅酸盐矿物的风化和成岩过程中起到了主导作用,实验室模拟试验结果表明,在 pH=6 的条件下草酸和柠檬酸使长石的溶解速度增加了一个数量级。但是石英在浸出前后的变化却不是很明显。研究表明,长石在一定条件下可与羧酸反应生成高岭土和伊利石。地质学家通过实验室模拟,推测出在地球演变过程中架状的长石经过风化和成岩作用,可逐渐演变成层状硅酸盐矿物。从选矿的角度来说,层状硅酸盐矿物与石英的分离就变得简单得多,通过擦洗-分级脱泥的工艺就可实现。

(2) 碱处理法

碱处理法主要是使用氢氧化钠和碳酸钠等碱性溶液溶蚀分解细小的含铝硅酸盐矿物,从而达到提纯目的的方法。通过氢氧化钠溶液加温浸泡石英砾石,石英砂边缘的微粒白云母碎片与碱发生分解。反应生成物主要是微量的硅酸钠和铝酸钠。再用硫酸溶液浸洗石英砂，使硫酸和硅酸钠、铝酸钠反应生成可溶于水的硫酸盐。提纯后的石英砂不仅能达到电光源石英管的质量要求，而且能大大减少高纯石英砂加工过程中排放的废酸对环境的污染。

4.2.7　微波辅助提纯法

微波在矿物加工过程中的应用是近些年发展起来的一种新技术，其频率在 300 MHz～300 GHz 之间。微波加热完全不同于传统的外加热方式，前者属于物料内部的加热过程。物质在微波加热下升温速率如下：

$$\frac{\mathrm{d}T}{\mathrm{d}t} = 2\pi f \varepsilon_0 \varepsilon'' E^2 / \rho c$$

式中，ρ 表示物质的表观密度；f 为微波频率；ε_0 为真空中的介电常数；ε'' 为复介电常数中的介电损耗因子；E 为电场强度；c 表示物质的比热容。

石英及其所含杂质矿物的复介电常数中的介电损耗因子不同，导致在微波场中加热时升温速率不同。因此，石英砂中不同组分会被微波加热到不同的温度，不同的矿物之间会形成明显的局部温差，导致不同矿物之间产生热应力。当这种热应力大到一定程度时，就会在矿物之间的界面上产生裂缝，促使石英中的杂质包裹体“开裂”，裂缝的产生可以有效地促进杂质矿物的单体解离，增加杂质矿物与酸的有效反应面积，提高酸处理反应速度以及酸洗脱杂的效果。

用常规酸浸方法脱除铁杂质时，主要存在处理时间较长、铁杂质难脱除等问题，采用微波辅助提纯法，可以有效地“打开”石英矿物中含铁的包裹体，不仅能促进含铁杂质矿物的酸浸去除，还可以极大地加快酸浸速度，提高高纯石英生产能力。

4.2.8　超声辅助提纯法

超声波具有机械能，在传播的过程中会引起介质的相互作用，产生各种效应，如机械效应、热效应及空穴效应。当超声波从水或溶液中发出时，会产生许多压缩、膨胀区域，导致大量微气泡、空化泡的形成和破裂，这种情况被称为空化现象。当空化泡崩溃时，在极短时间和极小空间内，产生 5 000 K 以上的高温和大约 5×10^7 Pa 的高压，温度变化率高达 10^9 K/s，并伴有强烈的冲击波和(或)时速达 400 km 的射流，对液体中石英砂颗粒进行猛烈冲击。在这种剧烈的冲击作用下，颗粒表面微量杂质迅速从颗粒表面剥落，达到提纯目的。

研究证明，在碳酸钠溶液中，通过超声辅助提纯法可使石英砂中 Fe_2O_3 含量降低一半。在石英砂除铁和除铝杂质等方面，超声辅助提纯法优于机械擦洗以硅酸钠液体为介质，在相同条件下，超声辅助提纯法与无机电解溶液结合具有“协同效应”，经处理后氧化铁的含量明显降低。在混合酸(1%的盐酸和 0.5%的草酸)的作用下，采用超声辅助提纯法对石英砂进行处理，对降低铝杂质有明显效果。

4.2.9　微生物提纯法

微生物提纯法是用微生物浸除石英砂颗粒表面杂质的方法，其原理是利用微生物的生理机能及代谢产物氧化、溶浸和分解石英砂表面的杂质矿物，使其与石英母体分离。目前，微生物除杂研究还处于实验室研究阶段。草分枝杆菌、青霉菌、假单胞菌、黑曲霉菌、芽孢杆菌等微生物对提纯石英砂均有较好效果。

微生物对长石、云母等硅酸盐矿物的分解作用机理主要有以下几个方面：一是真菌可分泌出硫酸、硝酸等无机酸和草酸、柠檬酸、葡萄糖酸等有机酸，细菌产生的有机酸主要有甲酸、乙酸、乳酸、琥珀酸和丙酮酸等，这些无机酸和有机酸通过酸溶解作用，实现杂质矿物的分解。某些真菌的菌丝以顶端伸长的方式穿透到矿物颗粒内部，利用分泌的有机酸加快矿物的分解；二是微生物产生的胞外多聚糖能加速微生物在矿物表面的反应速率，使矿物溶解速率比无微生物时大几个数量级；三是微生物还以机械破坏的方式对矿物产生作用，促进矿物的分解。

微生物在分解矿物方面具有一定选择性，这种选择性与营养需求有关。微生物对矿物和岩石的作用并不是简单的新陈代谢作用的副产品，而是微生物需要从特殊的矿物中提取所需的有限的营养并促进自身生长和发育。很多微生物包括一些细菌、真菌、藻类等都具有分解硅酸盐矿物的能力。双球菌对钙长石具有明显的选择性。环状芽孢杆菌、胶质芽孢杆菌和土壤芽孢杆菌等硅酸盐细菌和青霉菌等真菌能选择性地破坏含钾的硅酸盐矿物。

在含有碳水化合物的营养介质中，黑曲霉菌培养后，用过滤法把发酵液体从真菌菌丝体中分离出来，发酵液用水稀释，并且用盐酸酸化至 pH 值为 0.5，所得液体作为浸出溶液提纯石英砂，Fe_2O_3的分解率高达 88.8%，且提纯效果优于其他菌种。另外，浸出后的最终铁含量与浸出前最初的铁含量无关，而与铁在矿物原料中的存在形式有关，只有不位于矿物晶格点阵中的铁才能通过此方法除掉。

4.2.10 其他提纯方法

(1) 高温掺杂法

该方法的原理是将石英砂加入一定浓度的硝酸钠和硝酸铝混合溶液中，高温处理后使石英砂中有害杂质元素和掺入的元素反应生成易溶于混合酸或水的物质，实现杂质和石英基体的分离，从而达到提纯的目的。提纯后石英中三种有害杂质含量总和小于 20×10^{-6}，纯度达到美国尤尼明公司的石英砂标准。

(2) 高温氯化法

石英砂中含有微量的菱铁矿、褐铁矿等铁矿石和钛矿石，在高温焙烧时均会转变成 Fe_2O_3 和 TiO_2。高温氯化法的原理是氯化钠在高温下分解出的氯气与石英砂中的铁矿石和钛矿石反应生成气态的 $FeCl_3$ 和 $TiCl_3$ 而被除去。采用该方法可有效除去石英砂中的铁、钛杂质。

(3) 冷爆炸法

该方法是将烘干后的石英砂投入到特制的制冷机械中，使之达到零下，并突然投入到零上的高温炉中，达到微爆炸的目的，使砂粒表面产生众多的经纬裂痕，以便下一步更好地用酸除去内部杂质。

(4) 射频介电法

该方法是利用物质在射频电场中受到的作用力不同而达到分选的目的。该方法对含铝杂质矿物去除效果不明显，但对含铁杂质矿物去除效果明显，铁的去除率将近 80%。

(5) 高温 $HCl_{(g)}$ 法

该方法比酸浸法去除杂质更有效，原因是在 1 200 ℃的条件下，晶格原子振动加剧，杂质原子能够从晶格平衡位置获得跳跃势垒和杂质扩散活化能，使扩散迁移得以进行。另一方面，在石英颗粒的固-$HCl_{(g)}$界面及固-$HCl_{(l)}$界面上，化学位梯度也不同，显然，$HCl_{(g)}$浓度要远大于$HCl_{(l)}$，将直接影响固体表面的化学反应速率乃至晶格内部杂质的扩散。

4.2.11　联合提纯法

实际工业化生产需根据生产成本、环境保护、质量要求和杂质分离难易程度等来决定适宜的提纯方法，往往一种提纯手段不能达到预期效果，通常采用几种提纯方法相结合。例如：一石英砂提纯的联合工艺流程为石英原矿-粗选-破碎-水选-焙烧-水碎-草酸或柠檬酸浸-干磨或湿磨高梯度磁选-分级-联合工艺洗-浮选-去离子水洗-特种干燥-真空包装。经过联合提纯后，石英砂的纯度为99.9%～99.995%；德国某工厂石英砂提纯采用联合提纯工艺，使铁杂质从420×10^{-6}降至84×10^{-6}；通过焙烧-水淬-磁选-浮选-酸浸联合工艺处理某石英矿，可将Fe含量从178.2 μg/g降低至5.0 μg/g以下，Al含量由152.6 μg/g降低至14.0 μg/g以下，得到SiO_2含量超过99.99%的超纯石英。

4.3　高纯石墨

高纯石墨是含碳量大于99.99%的石墨。天然石墨大多数不是纯净矿物，一般含有10%～20%杂质，主要包括SiO_2、Al_2O_3、FeO、MgO、CaO、P_2O_5、CuO、V_2O_5、S等。这些杂质一般以石英、黄铁矿、碳酸盐等矿物形式存在。石墨具有多种优良性质，广泛应用于冶金、化工、航天、电子、机械、核能、轻工等工业领域。例如，石墨在冶金工业中制备耐火材料；在铸造业中主要用作铸模涂层和防锈涂料；在电气工业中主要用于生产碳素电极、电极碳棒、电池，在机械工业中主要用作飞机、轮船、火车等高速运转机械的润滑剂；在化学工业中主要用于制造各种耐酸耐碱和抗腐蚀的输送管道及承受容器；在核工业中用作原子反应堆中的中子减速剂和防护材料等；在航天工业中可做火箭发动机尾喷管喉衬，火箭、导弹的隔热、耐热材料以及人造卫星上的无线电连接信号和导电结构材料；在轻工业中可作玻璃和造纸的磨光剂和防锈剂，制造铅笔、墨汁、黑漆、油墨和人造金刚石的原料；此外，高纯石墨还大量用于直拉单晶硅炉中，加工成各类坩埚，制造光谱分析用石墨电极，制备石墨层间化合物和石墨烯等。

4.3.1　石墨矿石的分类及资源分布

根据矿石中石墨晶体结构的差异，工业上将石墨矿石主要分为晶质石墨矿石和隐晶质石墨（土状石墨）矿石两类，其中晶质石墨矿石又分为鳞片状石墨矿石和致密结晶状石墨（块状石墨）矿石。三种石墨矿石的特点比较如表4-3所示。

表 4-3　石墨矿石的分类与特性

类型	鳞片状石墨矿石	致密结晶状石墨矿石	隐晶质石墨矿石
结晶状态	较好	很好	不好
结晶粒度	0.05～1.5 mm， 大鳞片＞0.1 mm	＞0.1 mm	0.01～0.1 μm

表 4-3(续)

类型	鳞片状石墨矿石	致密结晶状石墨矿石	隐晶质石墨矿石
品位	2%～5%， 或 10%～25%之间	60%～65%， 高的可达 80%～98%	60%～80%， 少数高达 90%以上
可浮性	好	好	不好
主要产地	澳大利亚、巴西、加拿大、 中国、德国、马达加斯加	斯里兰卡	中国、欧洲、墨西哥、美国

(1) 鳞片状石墨矿石

结晶粗大，破碎后呈鳞片状，故称鳞片石墨。天然鳞片状石墨光泽强，滑腻性强，可塑性大，且在加温时不易被氧化。鳞片状石墨矿石晶体粒径一般为 0.05～1.5 mm。根据鳞片大小，鳞片状石墨矿石又分为粗鳞片状石墨(鳞片宽度大于 0.1 mm)和细鳞片石墨(鳞片宽度小于 0.1 mm)。鳞片状石墨矿石通常品位不高，一般在 2%～5%或 10%～25%之间。这种矿石是自然界中可浮性最好的石墨矿石之一，经过多磨多选可获得高品位石墨精矿，其可浮性、润滑性、可塑性均比其他类型石墨优越，其工业价值最大。

(2) 致密结晶状石墨矿石

由互相紧密连接的晶体组成的块状体，多呈放射状取向，故又称块状石墨。致密结晶状石墨晶体不易沿解理面破裂，也不易滑动，故在研磨时结构几乎不会破坏，滑腻性及可塑性均小于鳞片状石墨。致密结晶状石墨矿石颗粒直径大于 0.1 mm。致密结晶状石墨矿石中的石墨是根据晶体大小分为粗粒结晶质石墨和细粒结晶质石墨，后者单晶尺寸小于 0.05 mm。这类矿石的工业矿床极少见，但其品位很高，一般含碳量为 60%～65%，有时达 80%～98%。

(3) 隐晶质石墨矿石

晶形不明显，晶粒很小，平均尺寸为 0.01～0.1 μm，由在显微镜下都无法分辨的微晶组成，也称为非晶质石墨或土状石墨。此类石墨表面呈土状，缺乏光泽，滑腻性小，没有塑性，可浮性最差，但品位较高，一般为 60%～80%，少数高达 90%以上。无烟煤可过渡到典型的隐晶质石墨。因此，其往往可在同一矿床中出现。

从石墨矿产资源储量上看，土耳其、中国、巴西等国为石墨储量大国，其中中国的储量占比 24.33%。我国的石墨矿产资源种类齐全，绝大多数为晶质(鳞片状)石墨矿石，约占总保有石墨矿石储量的 98%，分布于区域变质型及岩浆热液型石墨矿床中；隐晶质石墨矿石则主要分布于接触变质型矿床中。我国石墨矿产资源又相对集中，晶质(鳞片状)石墨矿主要集中于黑龙江、四川、山东、河南、内蒙古等省区，约占全国晶质石墨矿储量的 89%。其中，黑龙江省占全国晶质石墨矿储量的 64%；其次为川南滇北、山东东部、豫西陕东、内蒙古东部与山西北部等。晶质石墨矿石重要产地有黑龙江鸡西和萝北、山东平度和莱西、内蒙古兴和、河北赤城等。隐晶质石墨矿主要分布于湖南、吉林、广东、陕西等省，其中，湖南约占全国隐晶质石墨矿储量的 75%。隐晶质石墨矿石主要产地有湖南郴州和吉林省磐石等。

4.3.2 石墨的结构和性质

石墨是碳的同素异形体，不透明，呈铁黑色至钢灰色，有半金属光泽，密度为 2 g/cm^3，质软，硬度为 1～2，熔点(3 850±50) ℃，沸点 4 250 ℃。

石墨晶体中，碳原子成片状排列成平行六角形面网(图 4-3)，具有特殊的层状结构。平行面网中每一原子为相邻三原子所围绕，联系牢固，层与层之间碳原子的距离约为 0.335 4 nm，联系很弱。这种结构特点决定了石墨最易出现平行于网层结构的完整片状解离面，该层面呈非极性，因而具有良好的天然疏水性。

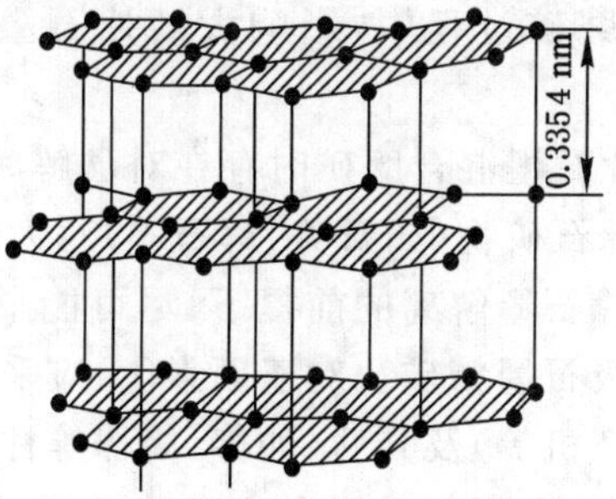

图 4-3　石墨晶体结构图

石墨具有一系列优良特性，主要表现为：

① 耐高温性。耐受温度高，在 3 800 ℃下，性质也不会改变；在超高温电弧下，其重量损失极小。

② 导电性和导热性。与常规非金属材料相比，石墨电导率比一般非金属材料高 100 倍。导热性超过钢、铁、铅等金属材料。导热系数随温度升高而降低，甚至在极高的温度下，石墨成绝热体。

③ 抗热震性。热膨胀系数小(1.2×10^{-6})，能经受住温度的急剧变化，温度突变时，其体积变化不大，且不产生裂纹。温度越高，石墨的强度越强，2 000 ℃时，其强度是常温时的 2 倍。

④ 润滑性。石墨平整、可滑移的片层结构使其具有良好润滑性；鳞片越大，摩擦因数越小，润滑性能越好。

⑤ 涂敷性和可塑性。石墨能以薄膜形式紧密附着在固体物体表面起保护作用；也可做成极薄的薄片适应各种特殊的机械结构。

⑥ 化学稳定性。在常温下，石墨不被盐酸、硫酸、烧碱及其他有机溶剂腐蚀，也不易与其他无机材料和熔融金属产生反应；表面张力和润湿性小，具有天然疏水性。

4.3.3　石墨选矿提纯技术

天然的石墨矿石往往达不到工业应用的纯度要求，需要借助一定的提纯方法来实现。在既有的提纯方法中，选矿提纯是最简单和最有效的，主要包括重选(预处理)、电选(粗选)和浮选(精选)等。

4.3.3.1　鳞片状石墨的提纯技术

鳞片状石墨根据其鳞片大小分为大鳞片石墨(指＋50 网目、＋80 网目、＋100 网目的鳞片状石墨)和细鳞片石墨。大鳞片石墨在经济价值、用途、自身性能、石墨生产等方面较细鳞片石墨都具有更大的价值。石墨矿同其他矿石一样，都趋于“贫、细、杂”，一般采用浮选方法进行提纯。

（1）磨矿工艺

鳞片状石墨中，鳞片尺寸及固定碳含量是判断其价值高低的重要参考指标。在选矿过程中，特别是磨矿过程中，鳞片结构易遭到破坏。因此，需要在保证精矿品位要求的同时，尽可能地提高大鳞片石墨的产率。

一般而言，在鳞片状石墨磨矿过程中，影响大鳞片石墨产率的因素主要有以下几个方面：

① 在大鳞片石墨与细鳞片石墨混合磨矿时存在对已解离大鳞片的过磨；

② 具有明显边角的硬质脉石矿物（如石英、辉石等）对大鳞片石墨有研磨破坏作用。

对于因素①，应在使大鳞片石墨解离的前提下，尽可能早地将粗粒级筛出来，然后加以回收，以获得品位较高的粗粒级石墨精矿。对于因素②，应采用具有磨剥剪切作用的磨矿设备（如振动磨、立式搅拌磨、棒磨机等）及介质（如棒、筒棒等柱介质），改变鳞片石墨的解离方式，使得大鳞片石墨的产率提高；也可以采用多段磨矿工艺，使已解离脉石矿物经浮选及时分离排出，降低硬质脉石矿物在再磨过程中对大鳞片石墨的破坏程度。

（2）浮选工艺

鳞片状石墨具有良好的天然可浮性，且密度较小，故粗粒也易浮起。捕收剂常用煤油（约 0.5～2.5 kg/t）、柴油、杂酚油等，起泡剂常用松醇油。大多数鳞片状矿石浮选时，一般情况下，不添加调整剂，但当矿石中含有大量方解石等脉石矿物时，需加调整剂，以提高精矿质量和回收率。有时可添加水玻璃、石灰、苏打等来抑制细泥与云母，添加氰化物来抑制黄铁矿等硫化物，添加淀粉、有机胶、木质素磺酸等来抑制碳质页岩。

大鳞片石墨的保护性浮选工艺主要有常规工艺、快速浮选或预先选别工艺、阶段磨矿-阶段选别-预先分目工艺、混目粗选-分级磨矿工艺等，其保护原理大致相同，即缩短选别流程，提前并快速地分选出大鳞片石墨，防止在再磨再选过程中鳞片遭到破坏。这些工艺技术的特点表现为：

① 鳞片状石墨常规选矿工艺。粗精矿多段再磨-多段再选，大鳞片石墨与细粒石墨混合进行再磨再选过程。主流工艺为粗精矿 3～4 段再磨，4～6 段精选，根据中矿返回方式及段数的不同有不同的类型。这种常规工艺由于对大鳞片石墨与细粒石墨采用混合磨矿，且大鳞片石墨要经过每一段再磨，因此大鳞片损失情况最为严重。

② 快速浮选或预先选别工艺。该工艺控制合适的粗磨粒度，石墨原矿经一段粗磨后进行两段粗选：一段粗选以回收解离度高的大鳞片石墨为目的，粗选泡沫直接进入第 2～3 段再磨；二段粗选以回收连生体石墨为目的，粗选泡沫进入第 1 段再磨，后续工序与常规浮选工艺相同。该工艺通过减少粗精矿中已解离或解离度高的大鳞片石墨的再磨段数，达到保护石墨鳞片的目的。在实际生产中，往往存在大鳞片石墨产率低、细粒石墨精矿固定碳含量低等问题。

③ 阶段磨矿-阶段选别-预先分目工艺。该工艺对通过适当精选段处理的浮选精矿产品进行筛析，当泡沫产品中筛上大鳞片固定碳含量达到精矿指标时，用相应筛孔尺寸的筛机对该段精矿进行筛分，筛上产物即为最终大鳞片精矿产品，筛下产物进行后续再磨再选。根据原矿性质及最终产品要求，可在多段精选处设置不同尺寸的分级筛，常见的筛孔尺寸为 0.5 mm、0.297 mm、0.177 mm、0.147 mm 等。该工艺通过对精选段的精矿进行分级，预先将合

格大鳞片石墨精矿分离出，减少了已解离大鳞片石墨的再磨段数，在一定程度上提高了最终精矿的大鳞片石墨产率。但小于筛孔尺寸的细粒石英、云母、方解石等脉石连生体会全部进入后续作业，降低药剂的选择性，增加矿浆泥化程度和泡沫层浓密现象。从而，影响细粒最终精矿的固定碳含量提升，增加后续磨矿的功耗，降低生产能力。

④ 混目粗选-分级磨矿工艺。该工艺将原矿经 2～3 段磨矿后，进行混目粗选，在尽量减小鳞片破坏程度的前提下，提高选矿回收率。在粗精矿精选第 1 段或第 2 段处采用合适的筛机(筛孔≥0.147 mm)对精矿进行分级，采用不同磨矿条件进行再磨作业，筛上产物主要用于保护大鳞片石墨，筛下细粒石墨主要用于提高固定碳含量，这些操作在一定程度上提高了最终精矿中大鳞片石墨的产率。但在闭路工艺中，随较细粒级中矿的不断返回，易在细粒石墨磨浮段发生泥化现象，影响细粒石墨的药剂选择性和细粒石墨固定碳含量的提升。

此外，与普通浮选机相比，采用充填式浮选机选别大鳞片石墨矿时，可简化工艺流程，减少 1～2 次精选作业。

(3) 重选工艺

石墨的重选主要用于后续分选(如浮选)和化学提纯的预处理环节，如基于矿石中石墨与杂质矿物密度差异的重介质分离法。利用摇床选别鳞片石墨时，由于大鳞片石墨在摇床上受阻力大，沉降速度慢，而脉石矿物颗粒小，沉降速度快，故能使其与脉石分离，预先分离出大鳞片石墨，以实现保护作用。

4.3.3.2　致密结晶状石墨的提纯技术

致密结晶状石墨矿石原矿品位一般较高，一般经手选后，再经过粉碎加工即可作为产品。对于细粒致密结晶状石墨矿石，其浮选工艺与鳞片状石墨矿石的浮选工艺相近，只是在磨矿时无须防止石墨鳞片受到破坏，磨矿段数较少，但磨矿机的工作强度较大。致密结晶状石墨矿石中常含有 15%～25%的浮选速度较慢的隐晶质石墨，使得致密结晶状石墨的浮选速度变慢，需要在磨矿过程中对矿石磨得很细，才能使其较易浮起。

4.3.3.3　隐晶质石墨的提纯技术

隐晶质石墨矿石由于原矿石墨含量较高(70%～80%)，经磨矿到一定粒度后即可成为成品。当采用浮选法富集时，捕收剂用量大(1.5～2.0 kg/t)，浮选速度慢，回收率低，尾矿品位高。其浮选难度与矿石的磨细程度以及矿石中对石墨有抑制作用的有机物的含量有关。浮选尾矿中常含有许多石墨，一般不能作为废弃尾矿，可用作低级铸造翻砂石墨。

因此，在选择石墨的选矿方法时应考虑到产品的用途和矿石的特点。制造坩埚需采用大鳞片状的石墨，+0.2 mm 的粒级应不少于 95%，灰分小于 15%；生产电极采用灰分低于 17%的细粒石墨；制造铅笔采用灰分小于 5%的细磨石墨，细度为−0.074 mm 达到 100%；铸模采用灰分小于 30%的细磨石墨，细度为−0.074 mm 达到 80%；原子反应堆采用无灰分的石墨。

4.3.4　石墨的超纯化技术

石墨提纯的方法主要分为湿法提纯和火法提纯，其中，湿法提纯包括浮选法、碱酸法、氢氟酸法；火法提纯包括氯化焙烧法和高温法。除浮选法外，其他几种方法都属于石墨的深加工(超纯化)方法。石墨的提纯方法与特征如表 4-4 所示。

表 4-4 石墨的提纯方法与特征

提纯方法	设备要求	产品含碳量	优 点	缺 点
浮选法	设备简单	一般 80%～90%，高的可达 95%	能耗小，成本低	纯度提高有限，需磨矿，不利于石墨大鳞片的保护
碱酸法	设备简单，适应性强	99%～99.9%	一次性投资少，品位高	能耗大，工艺流程长，设备易腐蚀，耗水量大
氢氟酸法	设备简单	99%～99.9%	工艺流程简单，成本低	有剧毒，环境污染严重
氯化焙烧法	设备复杂	98%左右	能耗小，效率高	设备复杂，产品纯度有限，工艺稳定性不好，氯气有毒，环境污染严重
高温法	需专门设计，设备复杂	99.99%以上	产品含碳量高	设备昂贵，投资大，能耗高

4.3.4.1 碱酸法提纯技术

碱酸法，又称酸碱法、碱熔-酸浸法、熔碱法或氢氧化钠法等，其工艺流程如图 4-4 所示，包括碱熔和酸浸两个反应过程。碱熔过程[式(4-15)～式(4-19)]是在高温条件下，利用熔融状态下的碱和石墨矿石中杂质(如 SiO_2、Al_2O_3、Fe_2O_3、MgO、CaO 等)发生化学反应，生成可溶性盐(如氢氧化物、硅酸钠等)，再经洗涤后去除杂质的过程。酸浸过程[式(4-20)～式(4-24)]是利用酸和碱熔后的杂质(如氢氧化物)发生反应(热浸滤)，使其转化为可溶性盐，再经洗涤使其与石墨分离，进而获得高纯石墨的过程。

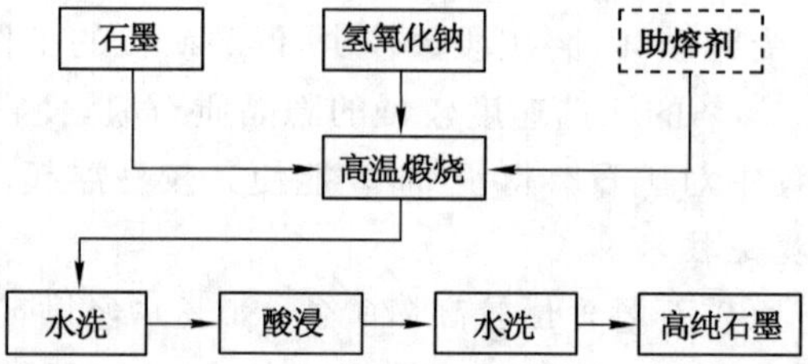

图 4-4 碱酸法工艺流程示意图

$$SiO_2 + 2NaOH \longrightarrow Na_2SiO_3 + H_2O \quad (4\text{-}15)$$

$$Fe^{3+} + 3OH^- \longrightarrow Fe(OH)_3 \downarrow \quad (4\text{-}16)$$

$$Al^{3+} + 3OH^- \longrightarrow Al(OH)_3 \downarrow \quad (4\text{-}17)$$

$$Ca^{2+} + 2OH^- \longrightarrow Ca(OH)_2 \downarrow \quad (4\text{-}18)$$

$$Mg^{2+} + 2OH^- \longrightarrow Mg(OH)_2 \downarrow \quad (4\text{-}19)$$

$$Na_2SiO_3 + 2HCl \longrightarrow 2NaCl + H_2SiO_3 \quad (4\text{-}20)$$

$$Fe(OH)_3 + 3HCl \longrightarrow FeCl_3 + 3H_2O \quad (4\text{-}21)$$

$$Al(OH)_3 + 3HCl \longrightarrow AlCl_3 + 3H_2O \quad (4\text{-}22)$$

$$Ca(OH)_2 + 2HCl \longrightarrow CaCl_2 + 2H_2O \quad (4\text{-}23)$$

$$Mg(OH)_2 + 2HCl \longrightarrow MgCl_2 + 2H_2O \quad (4\text{-}24)$$

碱熔过程多用熔点小、碱性强的 NaOH。酸浸过程可用 HCl、H_2SO_4、HNO_3或者混合酸，其中 HCl 应用较多。

碱酸法是我国石墨化学提纯工业生产中应用最为广泛的方法，具有一次性投资少、产品品位较高、适应性强、设备简单、通用性强等优点。但也存在需要高温煅烧熔融、能量消耗大、工艺流程长、设备腐蚀严重、石墨流失量大以及废水污染严重的缺点。

在常规碱酸法基础上改进的加碱焙烧酸浸法可有效降低石墨原料中的杂质含量，可将石墨的固定碳含量由 85.792%提高至 99.914%。对于粒度大于 0.589 mm 的粗粒石墨，加碱焙烧酸浸法也可使纯度达到 99.92%。高压碱浸-常压酸浸法也是鳞片石墨提纯的有效方法，可以使石墨的固定碳含量达到 98.71%，杂质脱除率超过 93%，其中，Si、Al 的脱除率>87%，Fe 的脱除率>90%，Ca 的脱除率>95%，Na、Mg 的脱除率>95%。

在碱酸法制备高纯石墨过程中，助熔剂（如偏硼酸锂）的添加可以起到简化工艺、降低反应温度和能耗、减小污染、显著提高石墨固定碳含量的作用。

对于隐晶质石墨的提纯，研究发现：与未经焙烧样品相比，隐晶质石墨经单独焙烧后，可提高杂质与碱、酸反应的活性，提高杂质的脱除率。超声-混酸法也可将固定碳含量为 81.54%的隐晶质石墨提高到 99.97%。

4.3.4.2 氢氟酸法提纯技术

氢氟酸法是利用氢氟酸不与石墨反应，而能与石墨矿石中几乎所有杂质反应生成可溶性物质及挥发物这一特性进行提纯石墨的方法。其原理为：石墨矿中的 Na_2O、K_2O、Al_2O_3、SiO_2 等与氢氟酸反应生成相应的氟化物[式(4-25)～式(4-29)]，而 CaO、MgO、Fe_2O_3 等与氢氟酸反应得到氟化物沉淀[式(4-30)～式(4-32)]，当有混合酸存在时，进一步反应生成硅氟酸进入溶液[式(4-33)～式(4-35)]，从而实现石墨提纯的目的。

$$Na_2O+2HF \longrightarrow 2NaF+H_2O \tag{4-25}$$

$$K_2O+2HF \longrightarrow 2KF+H_2O \tag{4-26}$$

$$SiO_2+4HF \longrightarrow SiF_4+2H_2O \tag{4-27}$$

$$SiO_2+6HF \longrightarrow H_2SiF_6+2H_2O \tag{4-28}$$

$$Al_2O_3+6HF \longrightarrow 2AlF_3+3H_2O \tag{4-29}$$

$$CaO+2HF \longrightarrow CaF_2\downarrow+H_2O \tag{4-30}$$

$$MgO+2HF \longrightarrow MgF_2\downarrow+H_2O \tag{4-31}$$

$$Fe_2O_3+6HF \longrightarrow 2FeF_3\downarrow+3H_2O \tag{4-32}$$

$$CaF_2+H_2SiF_6 \longrightarrow CaSiF_6+2HF \tag{4-33}$$

$$MgF_2+H_2SiF_6 \longrightarrow MgSiF_6+2HF \tag{4-34}$$

$$2FeF_3+3H_2SiF_6 \longrightarrow Fe_2(SiF_6)_3+6HF \tag{4-35}$$

氢氟酸法的特点是工艺流程简单、产品品位高、成本相对较低、对石墨产品性能影响小，但氢氟酸有剧毒和强腐蚀性，废水须经过严格处理，否则将会对环境造成严重污染。

与常规氢氟酸法相比，对于经初步提纯石墨中的剩余杂质，用热活化处理的改进氢氟酸法，可将原料固定碳含量提高至 99.98%，可明显降低氢氟酸用量和生产成本。采用改进的硫酸-氢氟酸分步提纯法，可获得含碳量为 99.94%高纯石墨。与常规氢氟酸法相比，该法具有反应时间短、酸度利用合理、酸挥发损失少、工作环境相对安全等特点。

4.3.4.3 氯化焙烧法提纯技术

氯化焙烧法的原理是石墨矿石在特定的设备和气氛下高温焙烧，其所含杂质分解为熔沸点较高的氧化物(如 SiO_2、Al_2O_3、Fe_2O_3、CaO、MgO)。这些氧化物在一定高温和气氛下,与通入的氯气(Cl_2)发生氯化反应,生成气相或凝聚相的金属氯化物(熔沸点较低),从而与其余组分分离,进而达到石墨提纯的目的。其主要化学反应如式(4-36)~式(4-38)所示。

$$SiO_2+2Cl_2+C \longrightarrow SiCl_4\uparrow+CO_2\uparrow \tag{4-36}$$

$$2Fe_2O_3+6Cl_2+3C \longrightarrow 4FeCl_3\uparrow+3CO_2\uparrow \tag{4-37}$$

$$2Al_2O_3+6Cl_2+3C \longrightarrow 4AlCl_3\uparrow+3CO_2\uparrow \tag{4-38}$$

氯化焙烧法的优点是节能、提纯效率高(>98%)、回收率高,缺点是工业纯度有限、稳定性不好、氯气有毒、严重腐蚀性和严重污染境等。

4.3.4.4 高温法提纯技术

高温法是基于石墨和杂质的熔沸点差异,在一定的气氛下,利用特定的仪器加热到 2 700 ℃,将杂质以汽化形式从石墨矿石中逸出,来提纯石墨的方法。该方法可以将石墨提纯到 99.99%以上。该方法的优点是产品质量高(含碳量达 99.995%以上),缺点是能耗大、投资大、设备要求极高、石墨原料要求高。只有应用于国防、航天、核工业等高科技领域的石墨才用此方法进行提纯。

4.3.4.5 其他高纯石墨制备方法

除使用石墨矿石作为高纯石墨制备原料外,也可用优质低灰(灰分小于 0.5%)的石油焦、沥青焦为原料(其中,沥青焦主要用于提高产品的机械强度),选用中温煤沥青或高温煤沥青为黏结剂,在改进的艾奇逊石墨化炉中制备高纯石墨。其生产工艺流程如图 4-5 所示。

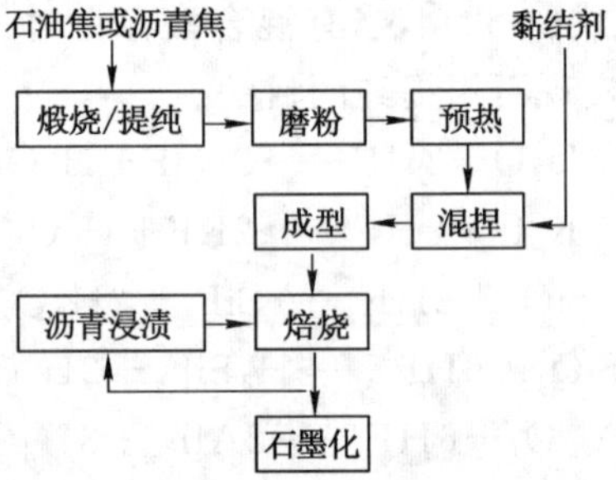

图 4-5 高纯石墨的生产工艺流程图

在 2 000~2 800 ℃高温下,通入氯气和氟利昂气体,使杂质元素形成氯化物和氟化物挥发逸出,并在炉温下降至 1 800 ℃时充入纯净氮气使多余的氯气、氟气排出,以提纯产物。粒径为 5~10 μm 的石墨材料已实现工业化生产,用沥青中间相小球体为原料可制作高纯石墨,可能达到纳米级结构,高纯石墨含碳量已达到 99.999 5%。

此外,也可采用微波预处理方法提高石墨矿石中杂质的浸出效率和粗粒石墨矿的磨矿效率。

4.3.4.6 高纯石墨中杂质成分的分析方法

制备得到的高纯石墨需要相应的检测方法进行检验,而高纯石墨中杂质成分及含量的多少直接决定了高纯石墨的用途,故有必要对其进行检测。常用的检测分析方法有:激光烧蚀电感耦合等离子质谱(LA-ICP-MS)、电热原子吸收光谱法(ETAAS)和溶液标定法等。其中,LA-ICP-MS 和 ETAAS 是对固态粉体样品非常有效和敏感的方法,其检测精度可达纳克级(ng/g)。

思考与讨论

1. 简述超纯煤的标准研制与超纯煤利用研究现状。
2. 简述超纯煤的制备方法。
3. 简述超纯石英的应用与新领域拓展。
4. 列表比较国内外超纯石英制备方法的优缺点。
5. 简述高纯石墨的制备技术与应用。

第5章　水煤浆技术

水煤浆是由62%～70%的煤粉、29%～37%的水、1%左右添加剂组成，经过一定的工艺加工，制备而成的具有一定流动性的煤基流体燃料或原料。水煤浆的应用范围极广，涉及冶金、化工、电力、建材、轻工、石油等领域，可分为燃料型水煤浆和气化型水煤浆。

5.1　水煤浆的性质及应用

5.1.1　水煤浆的基本性质

水煤浆浓度的高低对水煤浆的性质和应用有显著影响。水煤浆的浓度是指水煤浆中固体煤的质量含量，通常用质量分数表示。水煤浆浓度是以干煤占整个煤浆质量百分比计算的。采用GB/T 18856.2—2008中规定的干燥法进行水煤浆中煤质量分数的测定。水煤浆浓度越高，水煤浆的热值就越高，越有利于燃烧。为利于燃烧，通常要求水煤浆的浓度在62%～70%。

(1) 成浆性

煤炭的成浆性是衡量煤制浆难易程度的重要指标，也是影响水煤浆产品质量与经济性的重要因素。煤种不同，制浆的难易程度有很大的差异。张荣曾采用多元非线性逐步回归分析方法，对不同煤阶中有代表性煤样的工业分析、灰成分、煤岩显微组分、煤炭表面特性、表面积和孔特性、接触角、吸附特性、含氧官能团、表面电性、煤中可溶性矿物及红外光谱分析等34项煤质数据进行统计分析，建立了预测煤炭成浆性的模型和评定指标D，用于预测煤炭制浆性评价和制浆用煤的选择。为适应不同条件下使用，建立了两个计算煤炭成浆性指标D的模型。式(5-1)为需要含氧量数据的模型，式(5-2)为不需要含氧量数据的模型。

$$D=7.5-0.051\mathrm{HGI}+0.223M_{\mathrm{ad}}+0.025\,7\mathrm{O}_{\mathrm{daf}}^{2} \tag{5-1}$$

$$D=7.5-0.05\mathrm{HGI}+0.5 \tag{5-2}$$

式中　HGI——哈氏可磨性指数；

M_{ad}——煤炭分析基水分，%；

$\mathrm{O}_{\mathrm{daf}}$——煤炭可燃基含氧量，%；

D——煤炭成浆性指标。

根据煤炭成浆性指标D，还可以按式(5-3)预测该煤样的可制浆浓度C(%)。

$$C=77-1.2D \tag{5-3}$$

按照煤炭成浆性指标D的大小，可将煤炭的成浆性难易分成4个等级，见表5-1。由于实际的制浆浓度还取决于粒度分布与添加剂配方等其他因素，因此，模型的估计值常常会有一定偏差。式(5-1)的标准误差为1.706%，式(5-2)的标准误差为2.116%。指标D对成浆性评定具有指导意义。

表 5-1　煤炭成浆性分类

成浆性难易	指标 D	可制浆浓度/%
易	<4	>72
中等	4～7	72～68
难	7～10	68～65
很难	>10	<65

由于水煤浆泵的输送能力和雾化燃烧等方面的限制，工业上要求水煤浆的表观黏度在 1 000 mPa·s 左右。目前，随着水煤浆泵的技术进步，对泵送水煤浆的表观黏度要求最高可达到 3 000 mPa·s。因此，在保证流动性的前提下，可以尽可能提高泵送水煤浆的浓度。

（2）燃烧性

水煤浆作为代油燃料，首先要具有高热值、易点燃、便于排渣、污染小等特点。水煤浆的热值与煤阶、煤样灰分、煤样浓度有关。煤阶越高，灰分越低，热值就越高。对于指定的煤种，水煤浆浓度是影响热值的主要因素。虽然灰分的增高会降低可燃值，但是高灰分煤的成浆性好，减少了添加剂用量，而且高灰煤炭价格也便宜，可大大降低水煤浆的成本，煤浆热值的损失可以通过提高浓度来补偿。因此，近几年，我国陆续采用中等灰分（20%～40%）煤泥或原煤制浆。煤浆的燃点主要取决于煤的挥发分，挥发分越高，煤浆越容易燃烧，一般要求挥发分最好在 30%以上。

（3）稳定性

水煤浆的稳定性是指水煤浆在储存过程与输送过程中，可保持其物性均匀的一种性质。水煤浆的稳定性是水煤浆产品最重要的物理性质之一，也是评价水煤浆质量的一项重要指标，它直接影响水煤浆的生产和使用。水煤浆的稳定性检测方法主要有以下几种方法。

① 析水率法

将各制浆条件下所制备的适量水煤浆（<50 mL）充分搅拌均匀倒入 50 mL 的量筒中，记录体积 V_0，用保鲜膜封口后静置 7 d，之后每天测定上层析出水量 V_1，直至析水量恒定，计算析水率如下：

$$析水率 = \frac{V_1}{V_0} \times 100\% \tag{5-4}$$

析水率与水煤浆稳定性成反比，析水率数值越小，表明水煤浆越稳定。

② 静置观察法

取少量水煤浆样品，放在带有密封盖的容器中，静置一段时间后，观察它的变化情况，主要观察析水状况：是否发生沉淀、浆体的可再生能力、黏性及流动性情况等。按照 A、B、C、D 4 个等级对稳定性进行划分。分类情况如下：

A 级：水煤浆的稳定性最好，浆体均匀分布，无析水，无沉淀；

B 级：水煤浆稳定性较好，无沉淀或仅有少量软沉淀，有少许析水和轻微的密度分布不均匀现象；

C 级：水煤浆的稳定性较差，有析水，浆体密度分布不均，沉淀严重，但可被玻璃棒搅拌后重新恢复成均匀的浆体；

D 级：水煤浆的稳定性最差，浆体密度明显分布不均匀，析水多，沉淀坚硬，不可再生。

为了更好地表示某一等级中稳定性的微小差异，用“＋”和“－”加以区分，“＋”表示某一等级中稳定性较好，“－”表示某一等级中稳定性较差。

③ T 形棒法

由于稳定性好的水煤浆沉降柱在垂直方向上不同高度的浓度应该相同，因而黏度也应该相同。当水煤浆中煤粒发生沉降时，垂直方向上的浓度会发生变化，导致了相应高度上黏度发生变化。通过测定沉降柱方向上的黏度变化值来评价水煤浆中的浓度分层现象，从而表示其稳定性。但 T 形棒的转动会在一定程度上改变水煤浆的浆体结构，从而影响到稳定性的测量和评价。

④ 冰冻重量分析法

在水煤浆的沉降柱中，当煤颗粒发生沉降时，会造成垂直方向上浆体浓度的变化。采用速冻的方法，使样品在短时间内浓度不变，并沿垂直方向分成数份，对每一份进行分析。根据浆体浓度变化程度，计算出浆体浓度的变化率，以此来评价水煤浆的稳定性，计算公式为：

$$\rho = [(W_1 - W_0)/W_0] \times 100\% \tag{5-5}$$

式中 ρ——煤浆浓度变化率；

W_1——采样样品的煤浆浓度，%；

W_2——水煤浆起始浓度，%。

⑤ 插棒法

将被测水煤浆样品密封静置 24 h 后，然后将一定质量和直径的玻璃棒落入浆体中，测算玻璃棒从浆体表面落到容器底部的时间，所用时间越短，表明浆体稳定性越好。

⑥ 残留物质量百分比法

将一定质量均匀的水煤浆样品置于容器中，在规定条件下振荡或静置一定时间后，将容器倒置一段时间，待水煤浆完全流出后，测定容器中残留物的质量，以水煤浆的残留物质量占水煤浆试样的质量百分比表示水煤浆的动态或静态稳定性。

(4) 流动性

水煤浆的流动性采取目测法测定，分为 A,B,C,D 共 4 个等级，每个等级划分如下：

A 级：稀流体，流动连续，平滑不间断；

B 级：稠流体，流动较连续，流体表面不光滑；

C 级：借助外力才能较好地流动；

D 级：泥状不成浆，不能流动。

(5) 流变特性

由于水煤浆是由固体煤和水及少量添加剂所组成的混合物，因此其是一种包括宾汉塑性体、胀性体、屈服假塑性体、假塑性体等多重性的非牛顿流体。水煤浆的流变曲线可分为两种类型：一种是呈现出剪切增稠类型，即水煤浆的表观黏度随着剪切速率的增加而增加，也叫胀塑性；另一种是呈现出剪切变稀类型。实际应用中要求水煤浆黏度呈现出剪切变稀，即表观黏度随着剪切速率的增加而减小，具体流变性如图 5-1 所示。

例如，以神府煤、彬长煤和内蒙煤为研究样品，分别制浓度为 65%、65%和 52%的水煤浆，三种流体流变模型(Power-law、Bingham 和 Herschel-Bulkley)对其水煤浆浆体的剪切应力-剪切速率关系曲线及其拟合曲线如图 5-2 所示，内蒙煤浆流变符合 Herschel-Bulkley 模型，神华煤和彬长煤浆流变更接近于 Bingham 模型。

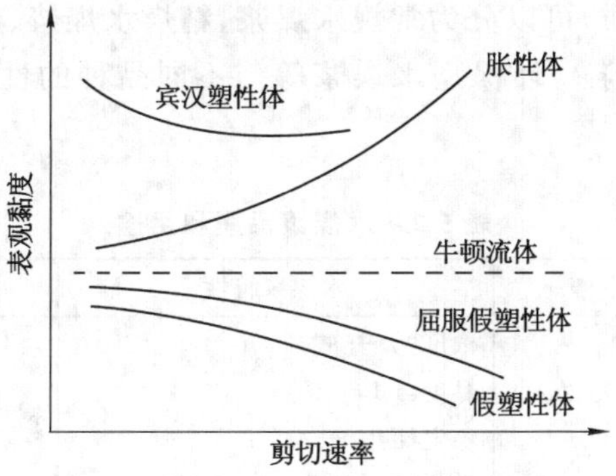

图 5-1 表观黏度与剪切速率的关系

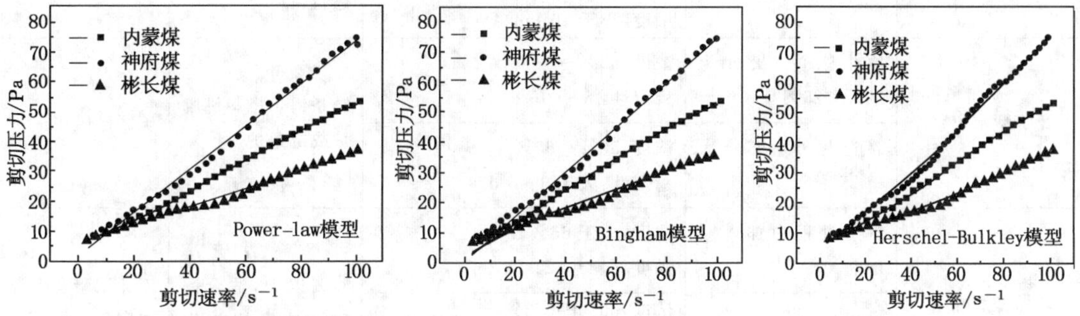

图 5-2 水煤浆浆体的剪切应力-剪切速率关系曲线(点线)及其拟合曲线(实线)

水煤浆的上述各项性能是相互制约的。例如,要想获得高浓度的水煤浆,其含水量就要低,这会导致流动性受很大影响,黏度也会增大;要想流动性好,黏度低,就要多加水,这会导致热值降低,稳定性也会变差。因此,水煤浆的制备复杂,影响因素众多,涉及煤化学、颗粒学、胶体学、有机化学、表面化学及流变学等学科领域。

5.1.2 水煤浆的分类和用途

经过多年的发展,水煤浆的品种也多种多样,按照不同的分类方式可分为以下几类:

(1) 按照水煤浆的用途,可以分为燃料型水煤浆和气化型水煤浆。燃料型水煤浆用于工业锅炉、工业窑炉的燃料;气化型水煤浆用于工业造气,然后进行下游产品的合成。

(2) 按照制备水煤浆的原料种类,可以分为褐煤水煤浆、烟煤水煤浆、无烟煤水煤浆、煤泥水煤浆、水焦浆、生物质煤浆等。褐煤水煤浆以褐煤为主要原料,由于其成浆性差,成浆浓度不高,一般用于褐煤水煤浆气化;烟煤成浆性较好,是目前水煤浆市场上主要的制浆煤种之一;无烟煤由于挥发分低,难于点燃,导致工业化生产很少用,一般作为配煤加入其他煤种的水煤浆中;煤泥水煤浆主要以分选过程中产生的煤泥为主要原料,采用搅拌直接成浆泵送燃烧,就地消化,多用于工业锅炉和电站锅炉掺烧使用;水焦浆是以炼油厂产生的石油残渣如石油焦、半焦等为主要原料制成的浆体,具有高热值、低挥发分、低灰、高硫高氮的特点,也是主要作为配煤加入;生物质煤浆是以煤为主要原料,掺入部分生物质制备成的煤浆,其中生物质主要指城市污泥、造纸黑液、工业废水等,主要用于工业锅炉中燃烧。

（3）按照水煤浆的品质，可以分为常规水煤浆、精煤水煤浆、超低灰精细水煤浆、经济型水煤浆、速溶干煤粉（袋装浆）、环保型水煤浆等。不同品种的性能以及应用途径也各有差异，具体品质和用途见表 5-2。

表 5-2 水煤浆品质和用途

品　种	选用原料煤	水煤浆特性	用　途	应　用
精煤水煤浆	洗精煤，灰分小于10%	浓度：大于65% 黏度：1 Pa・s 稳定性：大于3个月 发热量：1 818～2 019 MJ/kg	锅炉代油燃料	国内各浆厂
超低灰精细水煤浆	超低灰精煤，灰分1%～2%	浓度：50%～55% 黏度：小于0.3 Pa・s 细度：小于10 μm	内燃机、燃气透平燃机	工业试验阶段
经济型水煤浆	原生煤泥，灰分为15%～25%	浓度：65%～68% 稳定性：大于15 d	链条锅炉燃料沸腾炉或链条炉	矿区已应用
	浮选尾煤，灰分大于25%	浓度：50%～65% 稳定性：大于3～5 d		
环保型水煤浆	制浆过程中加入脱硫剂	浓度：大于65% 黏度：(1±0.2) Pa・s	可提高脱硫率30%以上，适合高硫煤地区锅炉燃用，脱硫效果好	工业试验及生产应用
	制浆过程中加入碱性有机废液	浓度：50%～55% 黏度：小于1.2 Pa・s 稳定性：30 d		

5.1.3 水煤浆的技术要求和测定方法

水煤浆的技术要求和测定方法应符合国家标准规定（表 5-3）。

表 5-3 水煤浆的技术要求和国家标准测定方法

项　目	技术要求	测定方法
浓度 C/%	Ⅰ级：>66 Ⅱ级：64.1～66 Ⅲ级：60.1～64	GB/T 18856.2—2008
黏度 η（在浆体温度 20 ℃，剪切速率 100 s^{-1} 时）/(mPa・s)	<1 200	GB/T 18856.4—2008
发热量 $Q_{net,cwm}$/(MJ/kg)	Ⅰ级：>19.50 Ⅱ级：18.51～19.50 Ⅲ级：17.00～18.50	GB/T 18856.6—2008
灰分 A_{cwm}/%	Ⅰ级：<6.00 Ⅱ级：6.00～8.00 Ⅲ级：8.01～10.00	GB/T 18856.7—2008

表 5-3(续)

项　　目		技术要求	测定方法
硫分 $S_{t.cwm}$/%		Ⅰ级：<0.35 Ⅱ级：0.35～0.65 Ⅲ级：0.66～0.80	GB/T 214—2007
煤灰熔融性软化温度 ST/℃(适合固态排渣方式)		>1 250	GB/T 219—2008
粒度	$P_{cwm.+0.3\ mm}$/%	Ⅰ级：<0.03 Ⅱ级：0.03～0.10 Ⅲ级：0.11～0.50	GB/T 18856.3—2008
	$P_{d.-0.075\ mm}$/%	≥75.0	
挥发分 V_{daf}/%		Ⅰ级：>30.00 Ⅱ级：20.01～30.00 Ⅲ级：≤20.00	GB/T 18856.7—2008

5.2　水煤浆用原料煤及其改性

从成浆性的评定可以看出，影响煤炭成浆性最显著的因素是煤质，其他因素还包括原料煤粉的粒度分布(级配)、添加剂类型和用量、水质、制备条件、温度等。

5.2.1　煤质的影响

(1) 内在水分

水煤浆的水分含量是指包括煤粒的内在水分和外在水分的全水分。内在水分分布在煤粒的内部孔隙表面，其分子和煤表面的极性官能团有较强的结合力。当水煤浆质量浓度相同时，内在水分越高，导致起流动介质作用的外在水分含量降低，造成水煤浆的黏度增加或者难以制取高浓度的水煤浆。

(2) 孔隙率及比表面积

煤的孔隙率越发达，其比表面积越大。在潮湿的环境中，煤的孔隙是造成其内在水分高的重要原因，高比表面积又会导致添加剂的使用量增多。另外，发达的孔隙会储存大量的气体，成浆后水会慢慢渗入其中，出现煤浆“鼓泡”“发干”等现象，加剧煤浆的“老化”，给水煤浆的储存、运输等带来困难。

(3) 含氧极性官能团

水是典型的极性物质。煤表面的极性官能团越多，煤的亲水性就越强，就会在煤表面吸附大量的水分子，不仅使煤的内在水分含量增加，而且在煤颗粒表面形成坚固的水化膜，减少自由流动水量。另外，极性官能团还会导致表面活性剂分子在煤表面的反吸附，随着氧碳比增加，煤成浆浓度逐渐降低。

(4) 灰分和可溶性矿物质

相同浓度时，煤的灰分越高，制备的水煤浆黏度越低，稳定性越好。从物理角度看，灰分越高意味着制浆用煤的密度变大。但是灰分过高会造成对泵、阀、管道及喷嘴的磨损加剧。

另外，煤的灰分升高1%，可燃物质则相应降低1%，发热量和气化效率相应降低。不溶或难溶矿物质对水煤浆的流动性并无不良影响，而可溶性矿物质则不同，特别是高价金属阳离子，很少量就足以使煤浆失去流动性。这是因为金属阳离子会使颗粒表面的阴离子电位降低，降低了固体颗粒间的斥力作用，从而导致水煤浆的黏度升高。

(5) 哈氏可磨性指数(HGI)

可磨性指数越高，表示煤越容易磨碎。可磨性好的煤可以有更多的微细颗粒，从而提高了堆积效率，易制得高浓度的水煤浆，改善了煤的成浆性。

(6) 煤岩显微组分

煤岩显微组分中镜质组和半镜质组含量高、惰质组含量低时对提高水煤浆浓度、改善煤浆稳定性及降低煤浆黏度有利。

5.2.2 煤炭改性

(1) 表面改性

研究表明，表面疏水性越好的煤越容易制浆。低阶煤表面疏水性差，加入一种提高煤表面疏水性的处理剂，可以有效削弱分散剂在煤表面的反吸附现象，提高分散剂的效能，增强煤浆的抗剪切、抗温升和抗老化的能力，同时还起到封孔作用，降低了低阶煤的比表面积。

通过第二液体和第二颗粒悬浮液对煤颗粒表面进行修饰(为与水煤浆中占主体的液体区分开，将用来修饰煤颗粒的少量不相溶液体定义为第二液体，同样也为与煤颗粒区分开，将用来修饰煤颗粒的其他颗粒定义为第二颗粒，利用第二颗粒与第二液体混合后得到的悬浮液称为第二颗粒悬浮液)，再利用修饰后的煤颗粒制备水煤浆。例如，利用工业煤油作为第二液体以及碳酸钙煤油悬浮液作为第二颗粒悬浮液修饰煤颗粒，制备得到的水煤浆的表观黏度降低且流动性提高；利用干基煤粉质量0.8%的碳酸钙煤油悬浮液(碳酸钙质量分数分别为9%和17%)修饰神华烟煤颗粒后制备水煤浆，可以得到流动性良好且浓度为66%(质量分数)的水煤浆。

(2) 水热处理

热处理包括用过热水、热烟道气和直接烘烤等方法对煤进行预热处理，使煤的结构、组成和表面性质向有利于制浆方向发生变化。低阶煤内在水分高是其成浆性差的主要制约因素之一，通过水热处理可有效提高年轻煤的成浆性。例如，采用高压反应釜对小龙潭褐煤和印度尼西亚亚烟煤进行水热处理后，氧/碳原子比$A_{O/C}$降低，芳香度f_a增加，表现为空干基水分含量(内水含量)降低，氧含量减少，从而提高了低阶煤的成浆性能，小龙潭褐煤最大成浆浓度由44.6%(原煤)提高到64.55% (320 ℃，1 h)，印度尼西亚亚烟煤最大成浆浓度则由39.71% (原煤)提高到64.61% (320 ℃，1 h)。这是由于经水热反应后，低阶煤中亲水性的酚羟基、羧基含量等含氧基团数量明显下降，亲水性含氧基团数量减少，使低阶煤释放更多的束缚水成为自由水，降低了浆体的黏度，改善了其流动性。含氧基团数量与煤样空干基水分含量以及$A_{O/C}$存在正相关关系，随水热反应终温的升高，煤-水界面接触角逐渐升高，煤表面的亲水性减弱。

(3) 低温热解

与水热处理相似，低阶煤经过低温热解处理，也可以有效提高其成浆性。例如，对成浆性较差的神府煤进行低温热解处理，结果发现，经低温热解后，煤的内在水分含量和含氧量降低，450 ℃下，经低温热解处理0.5 h后，其成浆效果最好。

(4) 微波处理技术

煤经过微波、光波以及光微波组合等辐照改性处理后，其成浆性有了明显改善。例如，水分高、含氧量高、成浆性差的菲律宾煤，通过微波辐照改性后，最大成浆浓度得以提高。这是由于改性后煤的微观形貌和成分组成发生了变化，煤粉颗粒出现了缩聚现象，比表面积和孔容积都有所减少。

5.3　水煤浆助剂

5.3.1　水煤浆分散剂

5.3.1.1　分散剂作用机理

为了使水煤浆在正常使用中有较低的黏度、较好的流动性，静止时又有较高的黏度、不易产生沉淀，在制浆过程中添加少量的化学添加剂是必不可少的。添加剂的用量通常占煤量的1%左右。分散剂的作用机理包括以下三个方面。

(1) 润湿分散作用

水煤浆是一种煤水混合物，使煤粒表面能充分为水所润湿是制备高性能水煤浆的先决条件。煤炭主体是疏水性的，但也存在容易为水所润湿的亲水部分。煤中的含氧官能团主要有羟基(—OH)、羰基($>$C═O)、羧基(—COOH)及甲氧基(—O—CH_3)和醚基(—O—)等。羧基和羟基在含氧官能团中的亲水性最强，但羧基含量随煤化程度加深显著减少，所以煤炭对水的亲疏程度与煤中芳烃及烷烃与羟基的含量比有关。

由于煤表面主要呈现疏水性，煤颗粒在水中具有热力学不稳定性，极易团聚，导致本来有限的水被包裹在颗粒缝隙里，从而使体系黏度增高，流动性变差。分散剂通过其疏水基和煤表面结合，亲水基朝向水定向排列，把水分子吸附在煤粒表面，变疏水性为亲水性，借助水化膜将煤粒隔离开，减少煤粒间的阻力，从而达到降黏的作用。

(2) 静电斥力分散作用

在胶体稳定性理论中，当颗粒相互接触时，如果没有其他力量的阻挡，聚结是不可避免的。胶体颗粒稳定存在的先决条件是颗粒间的静电斥力大于颗粒间的范德瓦耳斯引力。当增加了煤粒表面静电斥力以后，煤粒之间不易接近，难以形成聚集状态，可以增强水煤浆的分散稳定性。但是，这并不是煤粒分散的充分条件。如非离子表面活性剂不能改善煤粒间静电斥力，却分散性很好的事实也证明，除了静电斥力外，还有其他效应存在。

(3) 空间位阻效应

煤粒表面吸附添加剂分子时，颗粒间就增加了一层障碍，煤粒、添加剂分子的亲水链及水分子就构成了三维立体结构，当颗粒相互靠近时，可机械地阻挡聚结。其中稳定剂的作用机理主要体现在使煤粒与水之间形成一种较弱但又有一定强度的三维空间结构，从而对颗粒的沉淀起到阻碍作用。

5.3.1.2　分散剂的分类及影响

制浆用添加剂主要有分散剂、稳定剂和其他辅助药剂，其中分散剂起关键作用。根据水煤浆用分散剂分子链上所带电荷性质，可将其分为非离子型、阴离子型和阳离子型等。阳离子型分散剂不仅成本高，而且由于煤表面为负电性，少量阳离子分散剂不足以改善煤表面润湿性，故不常用。常用的合成分散剂是阴离子型和非离子型两大类。

(1) 阴离子型分散剂

阴离子型分散剂可分为合成有机高分子分散剂和天然高分子改性分散剂两大类，其中天然高分子改性分散剂主要包括木质素分散剂和腐植酸分散剂等；合成有机高分子分散剂主要有煤焦油系、三聚氰胺系、聚烯烃磺酸盐系、聚羧酸系等。

(2) 非离子型分散剂

非离子型分散剂主要是聚氧乙烯醚类和聚氧乙烯/聚氧丙烯嵌段聚醚类表面活性剂。聚氧乙烯系列分散剂的主要优点是亲水性、相对分子质量、质量易调控，不受水质及煤中可溶性物质的影响，一般用量在0.5%以上，但价格昂贵。经环氧乙烷加成改性后的聚氧烯系列分散剂毒性很小，稳定性较高，生物降解性和水溶性均较好，并且有良好的润湿性能，能兼做稳定剂。非离子型分散剂虽然价格稍贵，但其用量比较少，对水质和煤质的要求不严，可明显改善水煤浆质量。

5.3.1.3 常用分散剂简介

(1) 萘系分散剂

萘磺酸盐与甲醛的缩合物是一种优良的阴离子表面活性剂，主要组分为β-萘磺酸盐甲醛缩合物，其亲水基团为磺酸根，疏水基团为萘。萘系分散剂是具有2个苯环的少支链线性结构阴离子化合物，呈链状，磺酸基对煤粉颗粒以短棒形式吸附，立体空间斥力较小，其分散作用主要由静电斥力决定。萘系分散剂因分散性能好、降黏作用强、成浆流动性好等优点，广泛应用于湿法气化料浆的制备，但其缺点是浆体稳定性差，易吸水产生沉淀。

目前，较少使用单一萘系分散剂，一般用接枝共聚型及复配型改性萘系分散剂。β-萘磺酸盐甲醛缩合物的合成工业装置较为成熟，合成工艺流程主要包括萘的磺化、水解、缩合以及中和等反应过程。β-萘磺酸在水解后需进入蒸汽吹扫精萘回收系统，中和完成后，根据成品的应用性能及纯度要求，需增设过滤净化装置。

传统合成工艺采用浓硫酸法，现代工业采用 SO_3 更适合环境友好型生产，但对反应设备、过程的控制精度要求较高。接枝共聚改性反应主要有两种，即聚羧酸盐氯甲基化接枝改性和萘磺酰化接枝改性。第一种是将聚羧酸盐高效减水剂用盐酸和甲醛进行氯甲基化反应，然后将产物作为改性剂加入萘磺酸盐中，在催化剂的作用下，进行萘磺酸与甲醛的缩合反应以及改性剂与萘磺酸的接枝反应，反应结束时用碱中和。第二种是将萘磺酸溶于DMF中，加入二氯亚砜进行萘磺酰化反应，反应后的产物溶于吡啶溶液，向其滴加带有活性基团—OH的改性剂，如葡萄糖酸钠、聚羧酸盐减水剂和多元醇等改性剂的吡啶溶液，进行接枝反应。将反应后的产物加入萘磺酸中，在甲醛和浓硫酸的共同作用下进行缩合反应，反应结束用碱中和。

(2) 木质素系分散剂

木质素系分散剂主要是苯甲基丙烷的衍生物，木质素磺酸盐分子中含有磺酸根及羟基等亲水基团，因而具有较好的水溶性，能够降低水的表面张力，并且在水中不会形成胶团。木质素磺酸钠对煤粉颗粒吸附力的大小与其疏水基团和相对分子质量的大小有关。疏水基团含量一定时，相对分子质量越大，木质素磺酸钠分子越容易吸附在煤粉颗粒表面，吸附量也越高，产生的空间位阻效应和静电斥力越大，煤粉颗粒越容易分散在水中，但相对分子质量超过一定限度反而使煤粉颗粒容易聚结。

木质素系分散剂主要是通过对造纸废液的再加工获得的，其最突出的优点是价格便宜，易于加工，原料丰富，且制出的水煤浆稳定性较好。来源于造纸制浆工业蒸煮废水的工业木质素主要分为三类：① 碱木素。来自硫酸盐法、烧碱法、烧碱蒽醌法等制浆过程，可溶于碱性介质，具有较低的硫含量（<1.5%），平均相对分子质量较低，相对分子质量分布宽。由于其中含有大量的紫丁香基和少量的愈创木基及羟苯基且高甲氧基、酚羟基含量和醇羟基含量较低等，因此有较高的反应活性。② 木素磺酸盐。主要来自传统的亚硫酸盐法制浆过程和其他改性的亚硫酸盐制浆过程，由于存在磺酸基团，其含硫量高达10%左右，有很好的水溶性和广泛的应用途径。③ 其他木质素。近年来，为了减少木质素与纤维素分离过程中的化学变化，大规模地利用这一资源，许多新型的制浆方法得到研究和发展，如有机溶胶木质素（有机溶剂蒸煮而得）等。

（3）聚羧酸系分散剂

典型的聚羧酸系分散剂分子是由（甲基）丙烯酸酯与（甲基）丙烯酸盐共聚得到的，其分子结构中含有酯基和羧基，使其同时具有疏水性和亲水性。同萘系分散剂一样，羧基与煤粉颗粒间静电斥力大小决定了分散性能的好坏。同样，聚羧酸系分散剂相对分子质量的大小与羧基的含量对煤粉颗粒的分散效果也有很大的影响。主链的疏水性、侧链的亲水性及侧基（—CH_2CH_2O—）产生的立体稳定作用，能够有效防止发生团聚现象，从而利于煤粉颗粒在水中的分散。目前，合成聚羧酸系分散剂活性大单体所选原料单体主要有三类：① 不饱和酸，如马来酸酐、马来酸和丙烯酸、甲基丙烯酸等；② 聚链烯基物质，如聚链烯基及其含不同官能团的衍生物；③（甲基）丙烯酸盐、酯或酰胺等。

（4）腐植酸系分散剂

腐植酸是一类由相对分子质量和结构均不相同的大分子多取代芳香酚组成的混合物，腐植酸分子主要由多个含有核、桥键及官能团所组成的基本结构单元构成。其中核包括芳环、脂环、酚、醌和杂环；桥键包含—CH—、—NH—、—O—、—CO—等；官能团基本由羧基、酚羟基、烯醇基等构成。

腐植酸在煤粉颗粒表面吸附量的大小决定了其分散性能的好坏。吸附量越大，分散性能越好；吸附量越小，分散性能就越差。在水煤浆体系中，腐植酸分散剂在煤粉颗粒表面吸附量的大小主要由腐植酸分子所带负电荷与煤粉颗粒表面所带负电荷间的静电斥力和腐植酸分子与煤粉颗粒分子间的范德瓦耳斯引力大小决定。若分子间范德瓦耳斯引力小于静电斥力，则腐植酸分子就难于吸附在煤粉颗粒表面，且差值越大，吸附量越小，分散性能越差；反之，则分散性能较好。

腐植酸盐的制备方法根据其生产方式的不同，可分为湿法生产和干法生产。湿法生产根据其萃取碱液的不同又可分为氢氧化钠法和碳酸钠法等。为了进一步提高腐植酸盐的分散效果，必须对腐植酸盐进行化学改性。化学改性主要是以腐植酸盐为基体，通过引入其他官能团来改变腐植酸盐自身的性质。化学改性包括磺甲基化、磺化、化学氧化和接枝共聚等。

（5）脂肪族系分散剂

脂肪族系分散剂中应用较为广泛是脂肪族羟基磺酸盐缩聚物（SAF）。该类分散剂是由丙酮和甲醛作为主要原料，首先通过缩合得到脂肪簇高分子链，然后利用亚硫酸盐对羰基的加成在分子链中引入亲水性磺酸基的一类脂肪簇磺酸盐高分子分散剂。SAF的相对分子质量和磺化度是影响其分散降黏作用的主要因素,其对水煤浆的分散降黏能力优于萘磺酸盐甲醛缩合聚合物系分散剂。

(6) 分散剂复配技术

分散剂的复配不仅可以提高水煤浆浓度,降低煤浆黏度,同时还可降低总添加剂用量,此外,它还具有协同增效特性,起到了取长补短的作用,达到价廉、高效的目的。在分散剂的复配中,最常见的方式为阴离子型-阴离子型复配、非离子型-非离子型复配和阴离子型-非离子型复配。阴离子型-非离子型复配作为高效水煤浆分散剂比较理想。

阴离子型-阴离子型分散剂的主要特点是一般不会起泡,制浆时不需要另加消泡剂;降黏作用及流型好、稳定性好,而且价格便宜。非离子型-非离子型分散剂的主要优点是可以通过改变环氧乙烷量,来实现亲水亲油性和相对分子质量的调节、控制,不受水质及煤中可溶性物质的影响,但价格昂贵,用量一般为干煤质量的0.5%以上。这类分散剂适宜用作高浓度水煤浆分散剂,所制备的水煤浆的成浆性、稳定性均很好,在多数情况下一般不需要再加稳定剂,但需要配用消泡剂。阴离子型-非离子型分散剂作为高效水煤浆分散剂时,既可以提高水煤浆浓度,降低煤浆黏度,又可以降低总添加剂用量,达到价廉、高效的目的。因为这类分散剂不仅兼具非离子型表面活性剂和阴离子表面活性剂的特性,还可以起到显著的协同增效作用。

5.3.2 水煤浆稳定剂

水煤浆稳定剂有两种作用:一方面使水煤浆具有剪切变稀的流变特性,即当静置存放时水煤浆有较高的黏度,开始流动后黏度又可迅速降下来;另一方面是使沉淀物具有松软的结构,防止产生不可恢复的硬沉淀。水煤浆稳定剂大多数是有机高分子聚合物,如黄原胶、阿拉伯胶、羟乙基纤维素、聚丙烯酰胺、聚乙烯醇(PVA)、羧甲基纤维素(CMC)等。高分子聚合物的特点是分子链长,而且每个分子都有许多极性基团通过氢键或其他键合作用(如共价键),在煤粒间架桥,形成网络结构。网络结构形成后,水被包覆在结构的孔隙内,浆的黏度升高,尤其有高的剪切应力,有利于稳定。由于水煤浆为粗粒悬浮体,属于动力不稳定体系,要设法使它成为假塑性触变体。稳定剂的用量随煤种、稳定剂类型、要求的稳定期而异。

阿拉伯胶与金属离子有很好的交联作用,能增加水煤浆的黏度和稳定性。阿拉伯胶与金属离子的交联作用是建立在煤粒表面ζ电位与煤粒亲水性关系基础上的。外加金属离子会使煤颗粒表面电性降低,颗粒间静电斥力降低,增加煤粒间相互凝聚的趋势,增强了网络结构的胶体性质,使得大小颗粒形成溶胶和絮团的相互作用力增大,从而增加了浆体的黏性。金属离子除了具有压缩双电层的作用外,还可吸附在稳定剂上和煤粒表面上,增大稳定剂在煤粒表面的黏附概率和黏附力,同时稳定剂之间的架桥作用也得到了加强。此外,一价离子对浆体的影响不好,使浆体由假塑性变为胀塑性。三价离子对浆体的表观黏度影响最大,而二价离子则增强了浆体的假塑性。

5.3.3 其他助剂

5.3.3.1 消泡剂

消泡剂又称防沫剂,用以消除和抑制工业生产中产生的有害泡沫,其作用就是要破坏和抑制气液间薄膜的形成，因此消泡剂必须在溶液表面易于铺展，易于进入泡沫的双分子定向膜，破坏膜的力学平衡而达到消泡目的。消泡方法主要有物理消除法、机械消除法、化学消除法三种。机械消除法只能短时间去除表面泡沫，而难以消除大量细密的内部泡沫。通常指的消泡是采用化学消泡法，即使用某种化学物质，降低发泡物质的发泡力或降低泡沫的稳定性以达到消除或抑制泡沫生成的目的。向起泡体系中加入消泡剂是目前最有效、最经济的消除有害泡沫的方法。

消泡剂常见于两种情况下使用：一种情况是分散剂为非离子型时，因它常常同时有很好的起泡性能，水煤浆中含过多气泡，特别是微泡会使流动性大受影响；另一种情况是制浆用煤为浮选精煤，当其表面残留起泡剂较多时，经搅拌充气也会产生大量气泡。许多阴离子型分散剂，如萘磺酸盐类，同时有很好的消泡作用，和非离子型分散剂联合使用，不仅能消泡，而且可降低价格昂贵的非离子型分散剂的用量。消泡剂用量大约是分散剂的1/10，两者可同时加入。消泡剂品种繁多，性能各异，从组成上大致可分为有机硅型、聚醚型和非硅型三类。

5.3.3.2 pH 调节剂

水煤浆的酸碱性，不仅对水煤浆生产、储存、运输等设备有腐蚀作用，而且对水煤浆稳定性也有一定的影响。同时，pH 值是水煤浆体系保持性能长期稳定、分散性良好和水煤浆的生产、储存、输送和使用过程的防腐的重要控制因素，必须加以考虑。水质为弱碱性有利于提高水煤浆的流动性，增强水煤浆的稳定性，实现这一目的就要控制和调节体系的 pH 值使之保持在适宜的范围(pH＝8～10)。常用的水煤浆 pH 调节剂有氢氧化钠、氨水、碳酸钠、氢氧化钙和碳酸氢钠等。

5.3.3.3 杀菌剂

水煤浆中包含各种添加剂，都是一些有机物质，由于这些物质是微生物生长的养料，而且是含水的环境，在一定的环境温度、湿度下，各菌类就会大量繁殖生长。添加剂有的在长期储存中易受细菌的分解而失效，并可能引起水煤浆性能的变化，这时必须使用杀菌剂。

5.4 水煤浆的粒度分布

水煤浆的粒度分布对其流变性、稳定性和浓度具有重要的影响。通过粒度级配优化可以获得具有高堆积效率的水煤浆，并且在相同浓度条件下，其流变性变好，表观黏度降低。

5.4.1 粒度分布模型

利用级配技术提高成浆浓度的关键在于如何判断已有粒度分布的颗粒是否具有良好的堆积效率。比较通用的做法是将粒度分布用一个数学方程描述，再通过计算确定堆积效率或堆积效率最高时方程的特征参数。美国阿尔弗雷德大学 J. E. Funk 教授等提出了著名的连续分布的颗粒堆积效率与黏度分布的关系，认为煤浆分散体系中煤粒度分布应服从 Alfred 方程，即

$$y = \frac{d^n - d_S^n}{d_L^n - d_S^n} \tag{5-6}$$

式中，d 为某个粒度；y 为小于粒度 d 的粒级含量；d_L为颗粒体系中的最大粒径；d_S为颗粒体系中的最小粒径；n 为模型参数(均匀性系数)。Alfred 方程是有关水煤浆级配最著名的方程，当模型参数 $n=0.37$ 时，该分布最大体积浓度高达 81.75%，相当水煤浆质量浓度为 85%($\rho_s=1.3\ g/cm^3$ 时)(简称 A 分布)。

但在实际磨煤中，难以实现 A 分布，而更符合 R-R 分布，即

$$R = 100\exp\left(\frac{-D}{D_M}\right)^n \tag{5-7}$$

式中，D 为某个粒度；R 为大于粒度 d 的颗粒含量；D_M为与 $R=0.368$ 相对应的粒度；n 为模型参数。

张荣曾证明 R-R 分布在模型参数 $n=0.7\sim0.8$ 时，体积浓度为 64.22%～69.77%，相应水煤浆质量浓度为 70%～75%，并基于以下原因推荐以 R-R 分布来调控水煤浆的粒度组成。

(1) 对比图 5-3(a)和(b)可见，R-R 分布中堆积效率随模型参数的变化没有 A 分布那样敏感，有利于稳定生产，便于控制。

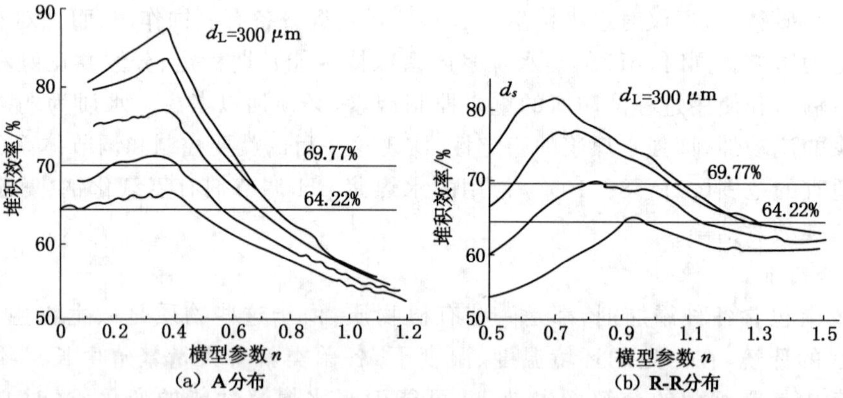

图 5-3　两种粒度分布模型的分布参数和堆积效率的关系

(2) 当粒度上、下限及浓度相同时，A 分布中粗粒含量高于 R-R 分布，即 R-R 分布的平均粒度小，$d_L=300\ \mu m$，$d_S=1\ \mu m$，浓度为 70%时，R-R 分布的比表面积比 A 分布高 23%，有利于提高燃烧效率。

(3) 最重要的原因是实际磨机产物更符合 R-R 分布。怎样才能达到尽可能高的堆积效率呢？一种比较普遍和行之有效的方法是双峰级配，即把磨机入料磨成粗细两种粒级产品，再按一定比例混合。为兼顾水煤浆的流变性、稳定性、燃烧性及生产成本等因素，通常都要达到以下粒度要求，即粒度上限小于 300 μm(保证不堵喷嘴)，小于 75 μm 含量应高于 70%，平均粒度 50～60 μm。稳定性要求高时，上限和平均粒度应再降低，细微粒含量应更高。

5.4.2　级配技术

不论单煤还是配煤，采用合适的粒度级配，均可明显提高成浆浓度。不同颗粒级配的煤制成的浆体都存在不同的浓度临界值，超过这个临界值，浆体的黏度急剧增大，流动性恶化。

相同浓度水煤浆的黏度随颗粒级配不同而有较大差异。以羊场湾矿煤为例，选用 3 种粒度组成不同的细煤粉制浆，粒度分别是 425 μm 以下、180 μm 以下和 75 μm 以下，煤浆的浓度控制在 61.0%，测定不同粒径煤的浆体黏度和稳定性，见表 5-4。

表 5-4　不同粒径煤的浆体黏度和稳定性

粒度范围	煤浆浓度/%	添加剂掺量/%	表观黏度/(mPa·s)	稳定性/d
425 μm 以下	61.03	0.997 7	97.4	2
180 μm 以下	61.00	0.997 4	499.4	6
75 μm 以下	61.01	1.000 4	2 557.7	>30

由表 5-4 可知，当煤浆的浓度相同时，煤粒度对水煤浆的黏度有显著影响，制浆所用煤的粒径越小，浆体的黏度越高，稳定性也越好。但是全部采用 75 μm 以下煤粉制成的煤浆其黏度过大(2 557.7 mPa·s)，超过了工艺要求上限，表明需要向浆体中加入粗粒子，以降低浆体的黏度，同时使煤粉具有紧密的堆积，进一步提高浓度，并使浆体保持一定的稳定性。例如，采用多级配方法制备水煤浆时，级配对表观黏度的影响如表 5-5 所示。

表 5-5　级配对水煤浆黏度的影响

煤颗粒级配①	煤浆浓度/%	表观黏度/(mPa·s)
5∶3∶1∶1	65.02	1 772
5∶2∶1∶2	65.00	756.7
5∶2∶2∶1	65.04	986.0
5∶1∶2∶2	64.98	1 176
5∶1∶1∶3	64.98	1 058
5∶1∶3∶1	65.00	1 069

注：① 表示 $W_{75\ \mu m以下}$ ∶ $W_{75\sim180\ \mu m}$ ∶ $W_{180\sim250\ \mu m}$ ∶ $W_{250\sim425\ \mu m}$。

由表 5-5 可见，当 $W_{75\ \mu m以下}$ ∶ $W_{75\sim180\ \mu m}$ ∶ $W_{180\sim250\ \mu m}$ ∶ $W_{250\sim425\ \mu m}$ =5∶2∶1∶2 时，水煤浆的黏度最低，通过多级级配方案可以将水煤浆的黏度调到<1 500 mPa·s，以达到德士古气化炉原料使用要求。

传统单磨机制浆工艺由于棒磨机棒与棒之间是线接触，在磨矿过程中仅对大颗粒进行有效研磨，导致煤浆中粒度比较均一，平均粒径 100～150 μm。新一代煤浆提浓工艺在大颗粒间填充了平均粒径 30 μm 的细颗粒和 5 μm 的超细颗粒，使大小颗粒能相互填充，减少了颗粒间空隙，实现了煤浆颗粒的三峰级配，提高了煤浆堆积效率，进而可提高水煤浆浓度 4%～6%。

5.5　制浆工艺

制浆工艺选择的主要依据是制浆用煤的煤质和添加剂特性、制浆设备以及用户对水煤浆性能的质量要求等。水煤浆的制备工艺可分为干法制浆和湿法制浆两种。完整的水煤浆制备工艺主要包括选煤(脱灰、脱硫)、破碎、磨煤、加入添加剂、捏混、搅拌与剪切，以及为剔除最终产品中超粒与杂物的滤浆等环节，下面介绍几种典型制浆工艺。

5.5.1 干法制浆

干法制浆是将制浆用煤破碎后进行干磨(干基水分不大于 5%)，干磨后进行捏混，以使煤粉与水和分散剂混合均匀，并初步形成有一定流动性的浆体，以便在下一步搅拌工序中进一步混匀调浆。如果需要进一步提高浆体的稳定性，还需要加入适量的稳定剂，然后进行搅拌混匀、剪切，使浆体进一步熟化。进入储罐前还必须经过滤浆去除杂质，得到最终产品。

在实际生产中，干法制浆工艺主要有以下两种工艺流程：① 煤粒破碎、筛分后，与水和添加剂进行搅拌，制成煤浆母料(速溶水煤浆粉)，装袋外运至炉前再加水调制成浆。天津、辽宁营口等制浆厂就采用该工艺生产水煤浆。干法母料煤浆粉质量：固体物含量≥86%；+0.3 mm<0.03%；～0.075 mm>75%，成浆浓度 63%±1%。② 针对神木难成浆煤，采用干法制浆工艺时，不用风力分选，直接把干磨好的不同粒径的煤粉集中到煤粉仓，采用雾化的方式把溶解了水煤浆添加剂的溶液均匀喷入该仓的煤粉中，然后采用全自动装袋机把煤粉装袋，外运至用户处，给入专门设计的全自动搅拌机中，按比例加入一定量的清水，在搅拌机中搅拌成水煤浆。干法制浆工艺存在如下问题：

(1) 干法磨矿的能耗比湿法高。在产品细度相同的条件下，干法球磨机的能耗约比湿法球磨机高 30%。

(2) 一般情况下，干法磨矿的效果不及湿法。这是因为干法磨煤粉的堆积效率远不及湿法产品高，而且干法磨煤时新生表面积很快被氧化，从而降低了它的成浆性。

(3) 干法磨矿的安全与环境条件较湿法磨矿差。

5.5.2 湿法制浆

湿法制浆是将煤炭、水和添加剂一起加入制浆磨机，研磨一定时间后制得水煤浆的过程。现在的水煤浆制备工艺更倾向于湿法磨矿制浆工艺。其中湿法制浆工艺又分为高浓度磨矿和中浓度磨矿两种方式，对易成浆与中等成浆性的煤种，宜采用高浓度一段磨矿制浆工艺，对难制浆煤种则宜使用两段磨矿级配制浆工艺。

例如，以宁东煤与内蒙煤为制浆原料，采用分级研磨制浆工艺，如图 5-4 所示。棒磨机出料槽煤浆通过配浆泵计量与生产工艺水按设定指标稀释进入粗浆槽混合，通过粗浆泵计量后送至细磨机研磨，细浆槽内部分煤浆通过细浆泵送至超细磨机研磨。合格的超细浆流至超细浆槽溢流后与细浆混合，通过超细泵输送至棒磨机中，形成煤浆三级粒度级配，提高了煤浆浓度，改善了煤浆稳定性。图 5-4 中虚线内为细浆制备系统，该分级研磨制浆工艺将选择性粗磨和超细研磨进行有机结合，增加了煤粉颗粒的堆积效率，优化了产品的流动性及稳定性。煤浆槽的少部分煤浆(10%～15%)通过配浆泵输送到粗浆槽，并与配水管道的流量值形成串级(配水管道带有与配浆泵流量形成串级的调节阀)，通过自动计算，配入一定量的工艺水，稀释后的煤浆通过泵送入超细研磨机，研磨合格的细浆最终通过细浆泵重新输送至棒磨机中。采用分级研磨制浆工艺后，在气化用煤和添加剂用量不变的前提下，水煤浆质量分数由 60.2%上升到 62.8%，增加了 2.6 个百分点。

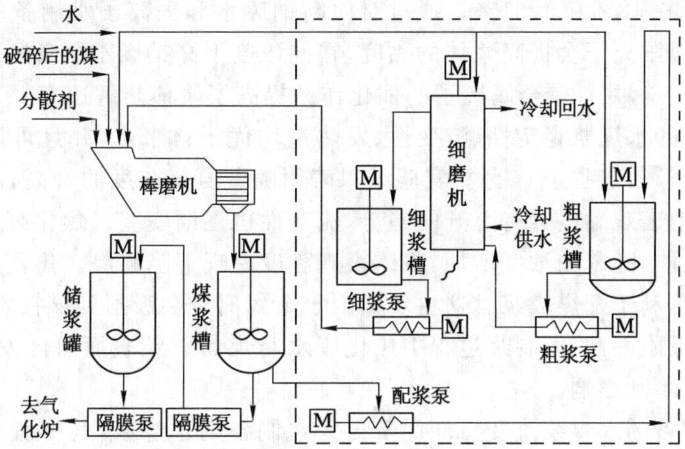

图 5-4　分级研磨制浆工艺

5.5.3　干-湿法联合制浆

干-湿法联合制浆工艺与上述干法制浆工艺不同之处在于从干法磨矿的产品中分出一部分用于湿法细磨。该工艺比干法制浆工艺效果好，可以实现双峰级配，改善最终产品的粒度分布，从而提高制浆效果。但是由于它的主体仍是干法磨矿，所以还存在干法磨矿相同的缺点。

5.6　制浆新原料

5.6.1　配煤制浆

单一难成浆煤种可通过配煤改善成浆性能，扩大制浆用的煤种范围。配煤制浆中，煤质因素的差异导致煤种间的相互作用效果不同。由于煤种的成浆性受多种因素共同影响，并且因素与因素之间关系比较复杂，因此不能仅仅通过一个影响因素来判断某种煤的成浆性。配煤不仅能改善煤种的成浆性，而且对灰渣的性质也有一定的影响。高品质煤种与高灰分煤种相配，不同的配比比例对灰渣的性质有不同的影响，并且随着高灰分和 SiO_2 煤种比例的增加，灰渣的液化温度先降低后升高，灰渣的黏度升高，因此，使用配煤技术时，应根据企业的生产要求以及气化炉的使用参数选择合适的配煤比例。

5.6.2　用工业废水制水煤浆

在水煤浆生产中，如果利用工业废液替代清洁水来制备水煤浆，不仅节约水资源，而且节约企业处理废液的费用，降低企业生产成本，达到清洁生产和资源合理化利用的目的。常见废水有气化废水、焦化废水和印染废水等。焦化废水中氨氮含量较低，挥发酚含量较高，钠含量较高。印染废水中的污染物主要有纤维、退浆废水、染料废水及其他助剂等，印染废水中表面活性剂浓度很高，可达到 70～90 mg/L。

采用煤气化废水与神华煤和义马煤制备水煤浆时，两种煤制备的水煤浆最大成浆浓度比去离子水分别低 0.42%和 1.31%。通过对比高钠废水和去离子水制备的水煤浆的成浆性能可以发现：金属阳离子会提高浆体的黏度，在同浓度下高钠废水制备浆体的黏度比去离子水高约 180 mPa·s，并且碱金属离子的催化作用提高了浆体热解速率。

焦化废水制备的水煤浆稳定性、流变性、发热量均优于自来水，并且可以将添加剂的用量从 1%降低到 0.6%，节省了 40%。实验结果表明随着氨氮浓度的升高，制备的水煤浆稳定性会逐渐提高，但表观黏度会有上升的趋势，流变性也逐渐变差。焦化废水中酚类物质能够改善水煤浆的性能，随苯酚浓度增加，浆体表观黏度呈现下降趋势。焦化废水中含有氨氮以及较多的钠时，不利于配煤成浆。这主要归因于金属离子会吸附到煤粒表面，占据活性位点，影响分散剂的吸附。此外，制浆过程中焦化废水与煤粉颗粒表面可能发生化学反应，既存在有利影响也有不利影响。

用印染废水制备的水煤浆流变特性优于自来水制备的水煤浆，其中碱法退浆废水制备的水煤浆，其黏度随 NaOH 浓度的增加先上升，达到一定值后开始下降。氧化退浆废水制备的水煤浆，其黏度降随着 H_2O_2的加入先迅速下降，而后趋于平缓，符合水煤浆流变特性的变化趋势，通过调节 H_2O_2的浓度可以实现水煤浆在储存、运输和燃烧不同阶段对黏度的要求。

5.6.3 生物质与煤配合制浆

常见生物质主要是一些废弃的二次资源，如污泥、蓝藻、秸秆、藻类等。这些废弃生物质用于制备水煤浆，可实现废弃物的减量化、无害化和资源化。

5.6.3.1 *污泥水煤浆*

城市污泥是污水处理厂经各级处理净化后而产生的固体或流体状物质，一般含水率在 75%～99%，其中的固体成分主要有有机残片、细菌菌体、无机颗粒、胶体及絮凝剂等，是一种以有机成分为主、组成复杂的混合物。

污泥是由水中的悬浮固体经不同的方式凝聚而成的。污泥结构松散，形状不规则，具有网状结构，比表面积、孔隙率和含水率高，脱水性能差。污泥中有机物含量高，易腐烂，有强烈的臭味，并且含有寄生虫卵、病原微生物和铜、锌、铬等重金属以及盐类、二噁英等难降解的有毒有害物质。这增加了污泥处理的难度，限制了污泥的资源化利用。

污泥的加入对水煤浆的成浆浓度、黏度、流动性和稳定性均产生较大的影响。加入污泥后，污泥-煤浆的定黏浓度明显降低，流动性变差，但是其稳定性却得到很大的改善，这与煤粒和污泥的表面物理化学性质、内部结构密切相关。这可能是由于污泥表面亲水性含氧官能团较多，易与水分子通过氢键产生缔合效应，而污泥亦是通过氢键作用来维持其絮凝体结构稳定性的，这就使得包裹在污泥絮凝体表面的水化膜厚度明显增加，加之污泥的絮凝体结构易与添加的高分子水煤浆分散剂发生交联，形成复杂的三维网状结构，煤粒进入该结构中，增加了煤粒间的空间距离，颗粒间位阻增大，颗粒间团聚絮凝作用降低，颗粒沉降速率降低，浆体稳定性增加。

水煤浆的黏度随着剪切速率的增加而增大，浆体呈现屈服胀塑性，这主要是由于煤样颗粒堆积效率高，颗粒间排列紧密，内部含水量少，在外界剪切作用下，浆体中的自由水分进入颗粒间出现的松散空隙中，使得自由流动的水分含量降低，体系黏度升高。加入污泥后，所制得的污泥-煤浆的黏度随着剪切速率的增加而减小，浆体呈现剪切变稀的变化趋势，为宾汉塑性流体。污泥的絮凝体结构中含有大量的水分，当污泥-煤浆受到外界的剪切作用力时，污泥的絮凝体结构受到挤压，结构内的一部分水分被释放到体系当中，成为自由水，使得污泥-煤浆呈现宾汉塑性流体特征。但是，外界的剪切作用对污泥的絮凝体结构破坏程度较小，浆体中颗粒间的空间位阻作用依然很大，加之污泥的 O/C 比较高，污泥-煤浆的黏度急剧增大。

由于添加污泥后，导致污泥-煤浆的成浆浓度大幅下降，黏度急剧增加，严重限制了污泥的规模化利用。因此，通过对污泥进行改性处理，改变污泥的结构及表面物理化学性质，以提高其成浆性能。例如，通过对比发现，使用 NaOH 作为改性剂，改性时间为 1.5 h，改性剂用量为污泥干燥基质量的 20%时，添加改性污泥不仅可以显著提高污泥-煤浆的成浆浓度(改性前为 54.11%，改性后为 57.55%)，而且还可以提高污泥-煤浆的稳定性和流动性。改性污泥-煤浆均能连续流动，稳定性均表现为无析水和产生在搅拌条件下即可恢复流动的软沉淀。这是由于污泥改性后，破坏了污泥的絮凝体结构，降低了污泥与水分子间氢键的缔合效应，吸附在污泥絮凝体结构中的结合水被释放出来变成了自由水，参与到污泥-煤浆的成浆体系中去，使得制浆时加入的水量减少，不仅改善了其流动性，而且节水效果显著。

5.6.3.2 秸秆与煤配合制水煤浆

我国的秸秆资源十分丰富。据不完全统计，仅 2015 年我国的秸秆产量就达到了 8.5 亿 t。将秸秆与煤混合制备水煤浆，实现了秸秆的无害化、资源化利用，是一种可行的生物质能源化技术。将农村废弃水稻秆烘干磨成粉末后，以一定的比例与煤粉掺混可制备出秸秆水煤浆。在使用单一添加剂情况下，随秸秆添加量的增加，秸秆水煤浆的表观黏度将会上升，同时秸秆水煤浆的最大成浆浓度将会下降。这是因为水稻秆本属于高含水率纤维性物质，本身吸水性极强。随着秸秆添加量的增加，有更多的自由水被固定到水稻秆颗粒的孔隙之中，从而减弱表面活性剂的效果，不能很好地形成水包秸秆或水包煤的结构，进而引起秸秆水煤浆表观黏度的增大。

麦秸秆经低温炭化处理后，可改善其与煤配合制浆性能，麦秸秆水煤浆的成浆浓度随着炭化温度的升高逐渐增大，然后趋于稳定。炭化后，麦秸秆水煤浆的流动性明显增加，随炭化温度的升高，常温至 300 ℃时稳定性明显变差，300 ℃至 400 ℃稳定性有所改善。这主要是随着炭化温度的升高，麦秸秆中氧含量降低，吸水性能降低，自由流动水分增加，对浆体黏度降低和流动性提高有利。加热条件下，麦秸秆中的纤维素长链断裂、侧链脱除，颗粒径向长度减小，网状结构遭到破坏，对浆体稳定性不利。随着炭化温度进一步升高，浆体浓度增加，促进其稳定性提高；麦秸秆表面疏水性不断增强，疏水性与范德瓦耳斯力共同作用使煤粒产生聚集形成软沉淀，有利于提高浆体稳定性。故随着炭化温度的升高，麦秸秆水煤浆的稳定性呈先下降后改善的趋势，浆体的成浆性和流动性提高。

5.6.4 兰炭末与煤配合制浆

使用兰炭末与神府煤制备煤焦浆发现，当兰炭末的最大成浆浓度高于煤浆浓度时，随着兰炭末掺入量的增加，煤焦浆的最大成浆浓度整体呈升高趋势，但是浆体的流动性与稳定性逐渐变差，因此，兰炭末含量 $\alpha<40\%$ 时为宜，通过兰炭末与煤配合制浆可以解决水煤浆成浆浓度低、水焦浆稳定性和流动性差的问题。

思考与讨论

1. 简述精细水煤浆的制备与应用前景。
2. 简述煤-半焦配合制浆关键影响因素与应用性能。
3. 简述高浓度水煤浆流变特性与稳定性调控机制。
4. 简述煤-生物质配合制浆技术与应用。
5. 简述新型水煤浆分散剂的制备技术与应用。
6. 简述改善煤炭成浆性的新工艺。

第 6 章　煤炭化学加工

煤炭是我国的主体能源和重要工业原料，近年来，煤炭工业已取得了长足发展，煤炭产量和消费量快速增长，生产力水平也得到了大幅提高，为经济社会健康发展做出了突出贡献，但仍然存在煤炭利用方式粗放、能效低、污染重、碳排放量高等现状，需要从根本上予以改变。突破煤炭传统能源利用模式，在精细原料＋清洁高效转化模式上获得突破是煤炭化学加工所面临的关键问题。本章重点讨论煤高效深加工(主要包括煤炭热解、煤炭气化和煤直接液化等可为下游高效转化利用提供原料的煤直接化学转化过程)和煤基新型碳材料。

6.1　煤炭热解

煤炭热解是将煤在隔绝空气或非氧气氛条件下加热至一定温度，使煤炭发生系列物理化学反应，解聚形成煤气、焦油和半焦或焦炭的过程。煤气的主要成分为 H_2，CH_4，CO，此外含有少量的 CO_2 和 N_2，以及 C_2—C_4 烃类。高温热解得到的煤焦油(高温煤焦油)是制取芳烃的优质原料。中低温热解得到的焦油含有较多的酚类化合物(占焦油总量 13.7%)、芳烃类化合物、脂肪族长链烷烃和烯烃类化合物等。中低温煤焦油加氢精制后，可得到馏分油，深加工可以得到环烷油等。95%以上的 2～4 环芳香物和杂环化合物以及 15%～25%的 BTX(苯、甲苯和二甲苯)来自煤焦油(包括粗苯)。高温热解的固体产物主要为冶金焦。中低温热解的固体产物主要为半焦，可用作工业和民用燃料、冶金和化工原料、优质还原剂和廉价吸附剂。

煤炭热解按热解终温可分为低温热解(500～650 ℃)、中温热解(650～800 ℃)、高温热解(900～1 000 ℃)和超高温热解(>1 200 ℃)；按热载体不同可分为固体热载体热解、气体热载体热解和固体-气体复合载体热解；按热解反应器的特征可分为固定床、流化床、气流床和滚动床等。影响煤炭热解产品的分布及产物组成结构的因素主要有煤化程度、煤样粒度、煤岩组成和矿物质等煤质因素，以及热解温度、气氛、升温速率、压力、催化剂等外部因素。

6.1.1　煤炭热解过程

煤炭热解过程是一个十分复杂的物理化学过程，主要包括以下过程：① 煤中水分、小分子有机物由孔隙内部向外部的扩散过程(物理过程)；② 煤大分子有机质的热分解过程(化学过程)；③ 煤炭热解初次产物由内部孔隙向外部的扩散过程(物理过程)；④ 初次挥发产物受热进一步发生二次分解的反应过程(化学过程)；⑤ 气相产物在半焦表面缩聚及半焦内部大分子的缩聚过程(化学过程)；⑥ 气相产物向外部的扩散过程(化学过程)。

按照煤炭热解过程中物质形态的变化特征，煤炭热解过程可分为如下三个阶段：

第一阶段为干燥脱气阶段。温度在 300 ℃以下，原料煤外形没有变化，但可观察到水蒸发、吸附气体(CO_2、CH_4、H_2S 等)脱附、脱羰基反应等现象。

第二阶段为热分解阶段。温度为 300～600 ℃，原料煤中有机质开始剧烈分解(炼焦煤开始变软)，放出大量挥发性产物，生成 CO、CO_2 及 H_2、CH_4 等不凝性烃类化合物等气体产物，热解水和焦油以及半焦。绝大部分焦油在此阶段产生。该阶段主要发生解聚和分解反应。

第三阶段为热缩聚阶段。温度为 600～1 000 ℃，在这个阶段对炼焦煤而言主要是焦炭的形成阶段。从半焦到焦炭，析出大量的煤气，700 ℃ 以下煤气的主要成分是 CO，CO_2，H_2 和甲烷等，当温度大于 700 ℃ 时，煤气的主要成分是 H_2。固体产物的挥发分降低，密度增加，体积收缩，形成碎块。这个阶段以缩聚反应为主。

6.1.2 煤大分子热解机理及其动力学

6.1.2.1 煤大分子热解机理

煤大分子热解机理可用图 6-1 描述。由图 6-1 可知，煤热解自由基的生成决定了热解产物产率的理论最大值和最小值，即热解过程必须达到相应键的解离能。反应的途径和程度则决定了最终气、液、固三相产品的产率。这涉及热解反应的热力学和动力学问题，这些热解反应之间的耦合或解耦合反应共同决定了产物的结构和特性。

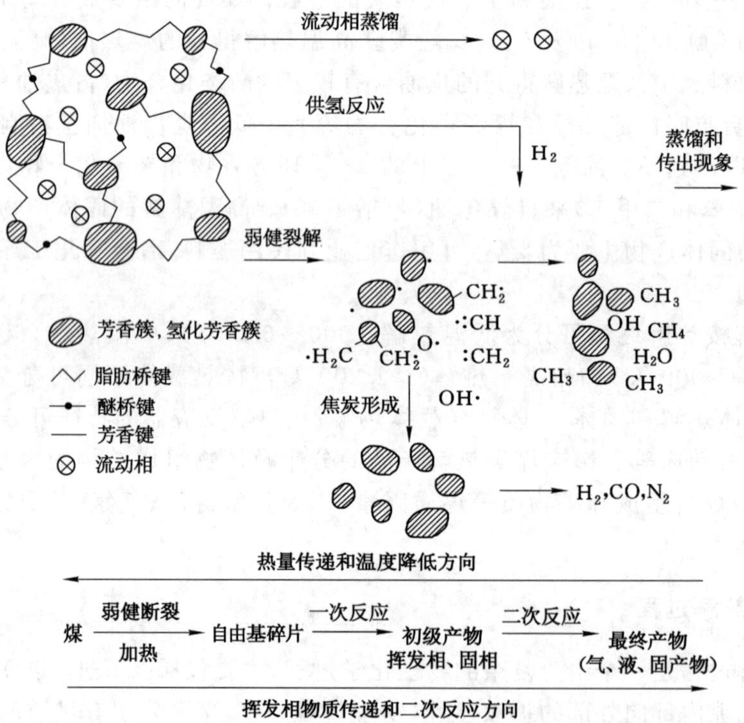

图 6-1　煤大分子热解机理

煤炭热解过程中水蒸气、低分子碳氢化合物、二氧化碳等小分子产物主要在一次热解反应中产生；甲烷、一氧化碳和氢气等小分子产物主要在二次反应中产生。这些小分子产物的形成通常与特殊官能团的热分解有关，一般被看成是煤中官能团的平行热分解反应。

煤热解焦油形成的具体途径包括：① 煤大分子中桥键断裂，导致煤大分子发生解聚作用，进而形成胶质体；② 胶质体分子再次聚合（交联）；③ 小分子化合物通过蒸发对流和气体扩散脱离煤表面；④ 分子从煤粒内部通过对流和在非熔融的煤孔道中扩散或在熔融煤中靠液相或泡沫传递转移到煤粒表面。

由上述过程可知，煤热解挥发分产物的产率分布受传质过程、化学反应等过程控制。煤的变质程度、煤岩组成、矿物质、煤的粒径、催化剂、气氛（如 H_2，CH_4、CO_2 等）等因素对煤热解产物分布和焦油产率也有重要影响。

煤热解中的主要化学反应包括一次热解反应、二次热解反应、缩聚反应等。一次热解反应主要有桥键断裂生成自由基的反应、脂肪侧链裂解生成气态烃（CH_4、C_2H_6、C_2H_4 等）的反应和含氧官能团裂解反应等。二次热解反应主要有裂解、脱氢反应，加氢反应，缩合反应，桥键断裂分解反应等。缩聚反应主要有胶质体固化过程的缩聚反应以及半焦分解后残留物之间的缩聚反应等。

6.1.2.2　煤大分子热解动力学

一般认为，煤大分子热解动力学主要包括胶质体反应动力学和脱挥发分动力学。由于煤炭热解反应的复杂性，煤炭热解反应动力学模型一般采用简化的反应模型和宏观动力学方法，如零级经验模型、单一反应模型和分布活化能（DAEM）模型等。

(1) 胶质体反应动力学

煤炭热解过程中不同变质程度煤的形态变化特征不同，对于炼焦煤可用胶质体理论描述。该理论假设焦炭的形成可以用三个依次相连的反应表示。

$$\underset{\text{结焦性煤}}{\mathrm{P}} \xrightarrow[E_1]{k_1} \underset{\text{胶质体}}{\mathrm{M}} \tag{6-1}$$

$$\mathrm{M} \xrightarrow[E_2]{k_2} \underset{\text{半焦}}{\mathrm{R}} + \underset{\text{一次气体}}{\mathrm{G_1}} \tag{6-2}$$

$$\mathrm{R} \xrightarrow[E_3]{k_3} \underset{\text{焦炭}}{\mathrm{S}} + \underset{\text{二次气体}}{\mathrm{G_2}} \tag{6-3}$$

式中　k_1、k_2、k_3——反应速度常数，s^{-1}；

E_1、E_2、E_3——活化能，kJ /mol。

反应(6-1)生成不稳定的中间产物，即胶质体，胶质体是煤具有可塑性的主要原因。反应(6-2)为热裂化过程，在该过程中焦油蒸发，非芳香基团脱落，一次气体挥发导致煤的膨胀。此过程伴随着再固化过程，最后形成半焦。反应(6-3)是二次脱气反应，此反应过程中半焦在高温下释放甲烷或氢，使得其半焦密度进一步增加，体积收缩产生裂纹，最后形成焦炭。

为简便起见，假定反应(6-1)、反应(6-2)和反应(6-3)是一级反应，基于以上简化，描述成焦过程的三个反应可以用以下三个方程式表示：

$$-\frac{\mathrm{d}[\mathrm{P}]}{\mathrm{d}t}=k_1[\mathrm{P}] \tag{6-4}$$

$$\frac{\mathrm{d}[\mathrm{M}]}{\mathrm{d}t}=k_1[\mathrm{P}]-k_2[\mathrm{M}] \tag{6-5}$$

$$\frac{d[G]}{dt}=\frac{d[G_1]}{dt}+\frac{d[G_2]}{dt}=k_2[M]+k_3[R] \tag{6-6}$$

许多实测的数据表明，在炼焦过程中 k_1 和 k_2 几乎相等，故可以认为 $k_1=k_2=k$。如果温度保持恒定，则式(6-4)的解为：

$$[P]=[P]_0 e^{-kt} \tag{6-7}$$

由式(6-5)和式(6-6)结合可以得到：

$$\frac{d[M]}{dt}+k[M]=[P]_0 k e^{-kt} \tag{6-8}$$

在引入 $t=0$ 时的边界条件和一些经验性的近似条件后，上述微分方程可以得到如下解：

$$[P]=[P]_0 e^{-kt}$$
$$[M]=[P]_0 k' t e^{-kt}$$
$$[G]\approx[P]_0[1-(k't+1)e^{-kt}]$$

式中　k'——经过修正后的速率常数。

上述动力学理论与炼焦煤在加热时用实验方法观察到的一些现象一致。反应活化能 E 可用阿伦尼乌斯公式求得：

$$\ln k=-\frac{E}{RT}+b \tag{6-9}$$

由上式所求得的煤热解活化能 E 为 209～251 kJ/mol，与聚丙烯和聚苯乙烯等聚合物裂解的活化能相近，大致相当于—CH_2—CH_2—的键能。一般来说，煤开始热解阶段 E 值小，k 值大；随着温度的升高，热解加深，则 E 值增大、k 值减小。上述三个反应的实际反应速率常数大小顺序为 $k_1>k_2\gg k_3$。煤的热解平均表观活化能随煤变质程度增加而增加，一般气煤活化能为 148 kJ/mol，而焦煤的活化能为 224 kJ/mol。

(2) 脱挥发分动力学

一般采用热失重法来研究脱挥发分动力学。煤受热分解，挥发物质逸出并离开反应系统，用热天平记录煤热解过程的质量变化，然后利用反应失重量进行脱挥发分动力学研究。研究方法有等温法和非等温法之分。

等温法是尽量快地将煤样加热至预定温度 T，保持恒温，测量失重量。从失重曲线在各点的切线可以求出 $-dW/dt$，直至恒重，即温度 T 下失重速率 $-dW/dt=0$。另一个参数是最终失重量($-\Delta W_e$)，一般要在失重趋于平稳后数小时才能测得。在反应开始时累积失重量与时间呈直线关系。经过一段时间转折，逐渐达到平衡。平衡值 ΔW_e 大小与煤种和加热温度有关，达到平衡的时间一般在 20～25 h 以上。首先必须假定分解速率等同于挥发分析出的速率，根据 ΔW_e-t 曲线的形状认为，这些反应综合起来可以按照表观一级反应来处理，其反应速率常数可以通过下式计算：

$$k=\frac{1}{t}\ln\frac{1}{1-x} \tag{6-10}$$

式中，x 是对应于反应时间 t 时的失重量与最终失重量的比值 W_t/W_e。

在等温热解过程中，可以有很多反应同时发生。煤的热解中包括一次热解脱气和二次缩聚脱气。因此，根据析出气体来建立动力学方程非常困难。等温脱挥发分过程究竟是扩散控制还是由挥发物的生成控制尚无定论。但有大量证据表明，由于操作条件不同，两种过程都有可能是主要的控制因素。此外，在等温法试验过程中，同一种样品多次试验间的差异难免会影响试验结果的准确性，而且试验值反映的是所选温区的平均值，较难反映整个反应过程的情况。

非等温法，也称为程序升温法。原则上，程序升温法可以从一条失重速率曲线获得所有动力学参数，在可靠性上和等温法的结果是完全一样的。可见采用程序升温法可以避免等温法带来的许多不便，在试验中一般采取线性升温，假定分解速率等于挥发物析出速率。对于某一反应或反应序列，气体析出速率与浓度的关系为：

$$\frac{\mathrm{d}x}{\mathrm{d}t}=A\mathrm{e}^{-\frac{E}{RT}}(1-x)^n \tag{6-11}$$

$$x=\frac{M_0-M}{M_0-M_f}=\frac{\Delta M}{\Delta M_f} \tag{6-12}$$

式中　x——煤热解转化率，%；

n——反应级数；

E——活化能，kJ/mol；

R——气体常数，kJ/(mol・K)；

A——指前因子，s^{-1}；

M_0——试样起始质量，g；

M，ΔM——试样在热解过程中某一时刻的质量和失去的质量，g；

M_f，ΔM_f——试样在热解终点的残余质量和失去的质量，g。

关于反应级数 n 有许多不尽相同的讨论。煤的热失重或脱挥发分速率因煤种、升温速率、压力和气氛等条件而异，还没有统一的动力学方程。对于程序升温过程，Coast-Red-Fern 采用了一种比较简单的方法，设定温度 T 与时间 t 有线性关系：

$$T=T_0+\lambda t \tag{6-13}$$

式中　λ——升温速率常数，K/s。

联立式(6-10)和式(6-12)，可以得到如下近似解：

$$\ln\left[-\frac{\ln(1-x)}{T^2}\right]=\ln\left[\frac{AR}{\lambda E}\times\left(1-\frac{2RT}{E}\right)\right]-\frac{E}{RT}\text{（当 }n=1\text{ 时）} \tag{6-14}$$

$$\ln\left[\frac{1-(1-x)^{1-x}}{T^2(1-n)}\right]=\ln\left[\frac{AR}{\lambda E}\times\left(1-\frac{2RT}{E}\right)\right]-\frac{E}{RT}\text{（当 }n\neq1\text{ 时）} \tag{6-15}$$

由于 E 值很大，故 $2RT/E$ 项可近似取零。如果反应级数取得正确，上式左端项对温度倒数 $1/T$ 作图，应当为直线，由此直线斜率和截距可必分别求得反应活化能 E 和指前因子 A。

6.1.3　煤炭热解过程的影响因素

6.1.3.1　煤质的影响

煤的变质程度不同，其热解产物的组成和产率不同。煤炭热解转化率是煤化程度的函数，随煤中碳含量的增加，煤炭热解的总碳转化率逐渐下降。挥发分的产率与 H/C 有关，随 H/C 的提高而增加。煤炭热解产物收率与煤中氧含量有关，如甲烷收率随氧含量的增加而降低，CO、CO_2 和 H_2O 的收率则随氧含量的增加而提高，焦油收率在氧含量为 12%左右存在最大值。煤的变质程度对煤高温热解成焦过程的黏结性、结焦性等有明显影响。

煤岩组成是影响煤炭热解性质的关键因素之一。不同煤岩组分具有不同的黏结性，镜质组热解的焦油产率较高，并且镜质组形成的胶质体黏结性要比壳质组好；惰质组不能形成胶质体，它是一个惰性成分，当煤加热变成胶质体时，惰质组会吸收一定量的液体产物，从而使煤的黏结性变弱；半镜质组的黏结性介于镜质组与半惰质组之间。不同显微组分中自由基浓度受温度影响是不同的，惰质组的自由基浓度受温度影响较小，在煤炭热解过程中自由基浓度基本不变。壳质组的自由基浓度随温度升高略有下降，而镜质组的自由基浓度随温度升高而增大。这表明镜质组具有较强的反应活性。这主要归因于惰质组固有的自由基很稳定，受温度的影响不大；壳质组大多含高挥发分物质，氢含量较高，在热解过程中产生的自由基可以被内部的氢稳定化。

煤中矿物质主要有高岭石、伊利石、碳酸盐、石英和硫铁矿等。矿物质对煤炭热解的影响因矿物质类型不同而产生不同的影响。内在矿物质对煤炭热解的活性和动力学没有明显影响，外加的 CaO、K_2CO_3 和 Al_2O_3 对煤炭热解活性均有催化作用，这种催化作用因煤种而异，且有明显的温度依赖性。煤中不同显微组分的分子结构不同，易与特定的矿物质结合，因此，矿物质对挥发分产率的影响与显微组分有关。

6.1.3.2　外部条件变化的影响

(1) 煤样粒度的影响

主要表现为对煤炭热解过程中热质传递过程和二次反应的影响。小粒度的煤受热后，颗粒内外温度较为均匀，挥发分扩散的阻力较小，逸出速度较快，颗粒内焦油二次反应减弱，有利于焦油产率的提高；煤粒度增大，颗粒内部的热质传递受到一定的阻碍，挥发分扩散阻力增加，颗粒内部温度梯度递增，加剧了颗粒内焦油的二次反应，因而气体和半焦产率增加。

(2) 热解温度的影响

主要表现为对煤热解聚、解聚后挥发分二次分解和半焦热缩聚等反应的影响；同时，也对反应物传质速率产生影响。随着加热温度的提高，煤中化学键逐步分解，大分子开始裂解，并发生系列分解、缩聚反应。从热解反应机理角度分析，热解温度是影响自由基形成的最重要因素。煤中自由基浓度随温度的变化显示出较强的阶段性。低温条件下，水分子和二氧化碳分子的脱除等伴随着部分弱键断裂，导致自由基浓度升高。随着温度进一步升高，自由基发生聚合反应，其浓度降低。从分子层面来看，自由基浓度一方面受共价键和氢键等断裂程度的影响，另一方面受自由基被供氢溶剂稳定化或聚合速率大小的影响。

(3) 升温速率的影响

主要表现为对煤热解产物收率的影响。快速加热时，焦油产生量多，且高相对分子质量产物少，原因是单位时间内生成的挥发分多，挥发分在颗粒和加热区内的停留时间短，减少了二次反应。在达到相同的温度时，升温速率越慢，热解时间越长，分解越充分，挥发分析出量越多，转化率越高。升温速率对于高温焦化过程中胶质体的黏度有一定的影响，提高升温速率，可提高煤的软化点和固化点。软化和固化温度增高的幅度也不同，通常都是塑性范围加宽。

(4) 压力的影响

主要表现为对煤热解聚产物之间的加氢、聚合反应和产物分布的影响。挥发物析出量随压力的升高而减少。这主要归因于煤受热分解时，挥发分向孔外扩散，扩散速度受到外部压力的影响，压力增加时，挥发物二次反应程度增加，同时，也与反应气氛的活性有关。还原性气氛或有可稳定自由基的溶剂时，压力增加对煤热解产物分布有重要影响。压力增加，更有利于促进氢和自由基间的反应、氢与活性半焦的反应，从而可提高轻质液态的生成率。

(5) 气氛的影响

主要表现为对煤热解自由基反应历程以及焦油、煤气和半焦的产率、品质和分布的影响。在富氢气氛(氢气、焦炉气、热解煤气等)作用下，轻质自由基进行加氢反应，从而使其稳定化，减少进一步分解的概率，也可避免其发生部分结合形成重质组分的机会。同时，氢与活性半焦也可发生加氢反应。因此，在富氢气氛中，热解可明显地提高煤的碳转化率和一次焦油的产率以及甲烷、乙烷等气态碳烃化合物和苯、酚等轻质液态化合物的产率。在二氧化碳、甲烷等气氛下，由于其与热解反应过程中反应产物发生耦合反应，增加了活性自由的浓度，从而有利于煤热解自由基碎片的稳定化，提高焦油的收率，改变其产物分布。

(6) 催化剂的影响

常用催化剂有Co、Mo、Ni等过渡金属氧化物，稀土金属氧化物以及$SnCl_2$、$ZnCl_2$、MoS等。其主要作用表现为：一是降低煤热解的反应条件；二是调控热解产物的分布及组成。在煤催化热解过程中，不同催化剂的作用不同。Co、Mo、Ni系催化剂一般可以提高焦油的产率，使半焦和煤气的产率降低。半焦对挥发性产物的分布调控及品质提高有一定的催化作用，可以提高焦油中轻质组分的含量。活化半焦或半焦基负载催化剂的催化效果更加明显。添加了0.5%(质量分数)MoS_2的煤加氢热解，可使得轻质油和PCX的收率增加，而且油中的S、N含量下降，油的品质可得到明显改善。

(7) 停留时间的影响

主要反映热解温度、升温速度等因素的综合作用。由煤热解机理研究可知，初级热解产物的二次反应是导致焦油损失的重要原因，特别是当环境温度在450 ℃以上时，焦油将快速发生歧化反应生成相对分子质量比其小的气体或相对分子质量比其大的固体(焦)。煤快速热解可缩短二次反应时间进而抑制二次反应的程度。煤热解速度存在一个合理的速率范围，需要调控好反应时间和反应温度，从而降低对挥发物二次反应的影响。

挥发物的温升是影响二次反应的主要因素，挥发物温升达到200 K以上时，焦油收率减半，逆向的传热传质是导致焦油产率降低和重质组分含量高的重要原因。因此，新型热解技术及反应器的研究应着重于控制挥发物的温升来调控二次反应程度。例如，在反应器研发中，通过控制反应器内温度场，设计挥发物的逸出快速路径，使得挥发物由高温区转移至低温区，即可较好地抑制挥发物的二次反应。

6.1.4 煤炭中低温热解工艺

煤炭中低温热解工艺技术主要包括：鲁奇-鲁尔工艺(图6-2)、COED(Coal Oil Energy Development)工艺(图6-3)、澳大利亚的CSIRO(Commonwealth Scientific and Research Organization)(图6-4)、气流床热解工艺(图6-5)、Coscoal回转炉固体载体热解工艺(图6-6)、日本流化床快速热解工艺(图6-7)、Coalcon流化床加氢热解工艺(图6-8)、循环流化床煤分级转化多联产热解工艺(图6-9)和SJ四方炉热解工艺(图6-10)等。

高温焦炉煤气可以用作工业用燃气和城市居民燃气，还可以采用变压吸附装置从焦炉

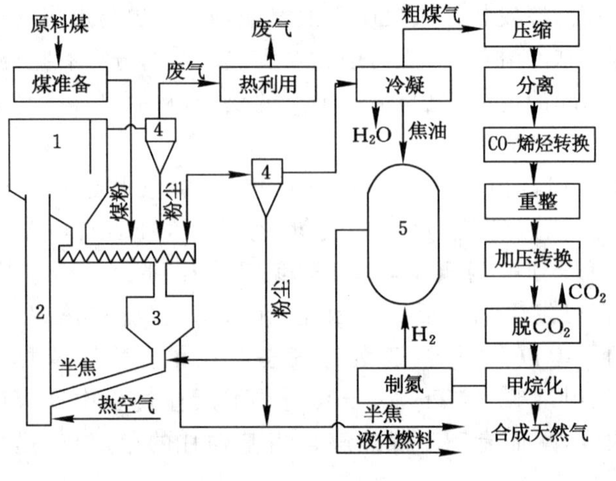

1—半焦分离器；2—半焦加热器；3—反应器；4—旋风分离器；5—焦油加氢反应器。

图 6-2 鲁奇-鲁尔法工艺流程

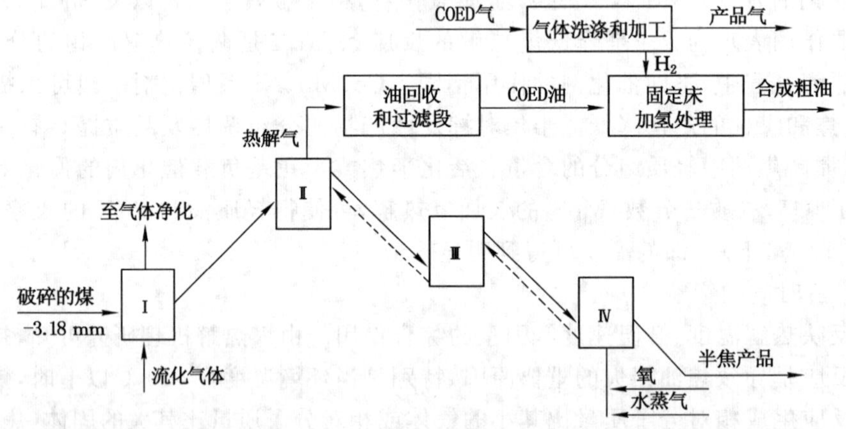

Ⅰ—第一段流化床；Ⅱ—第二段流化床；Ⅲ—第三段流化床；Ⅳ—第四段流化床。

图 6-3 COED 流化床热解工艺

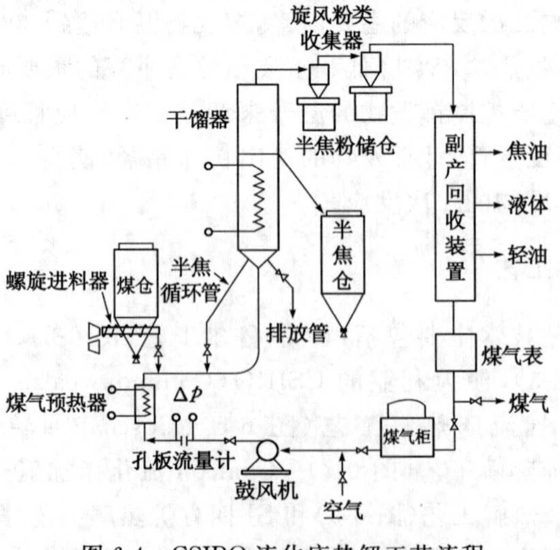

图 6-4 CSIRO 流化床热解工艺流程

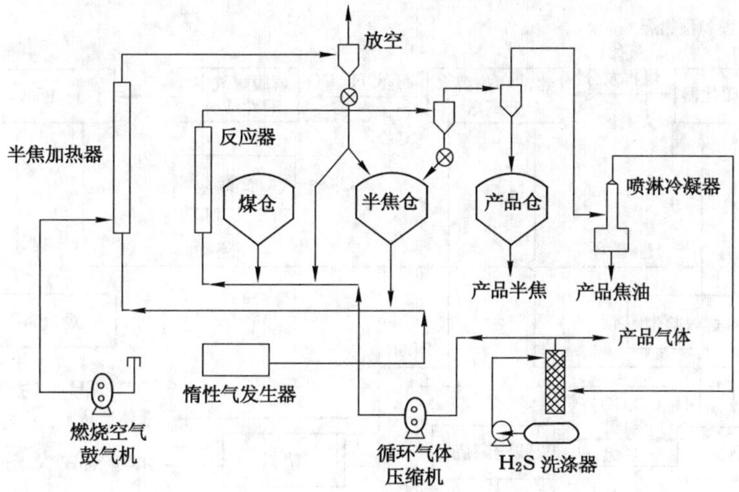

图 6-5　气流床热解工艺流程图

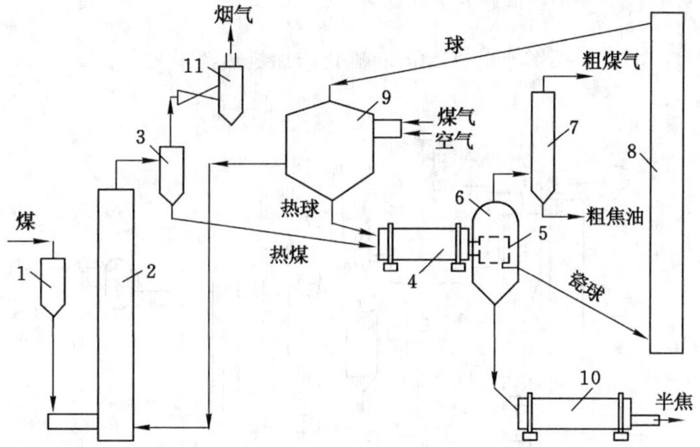

1—煤槽；2—预热提升管；3—旋风器；4—干馏转炉；5—气固分离器；6—回转筛；7—分离塔；8—瓷球提升管；9—瓷球加热器；10—半焦冷却器；11—洗尘器。

图 6-6　Toscoal 回转炉固体载体热解工艺

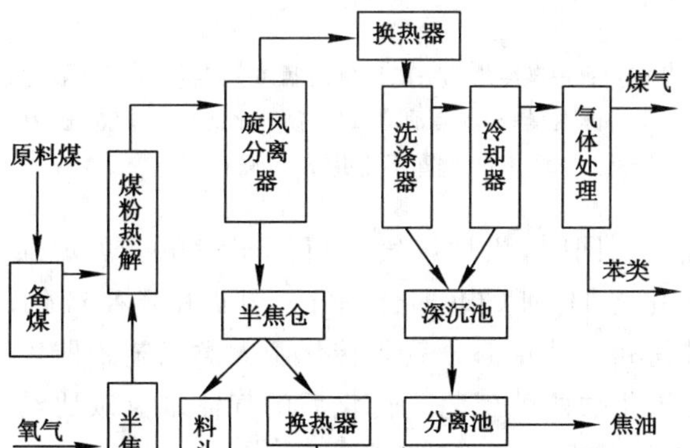

图 6-7　日本流化床快速热解工艺流程

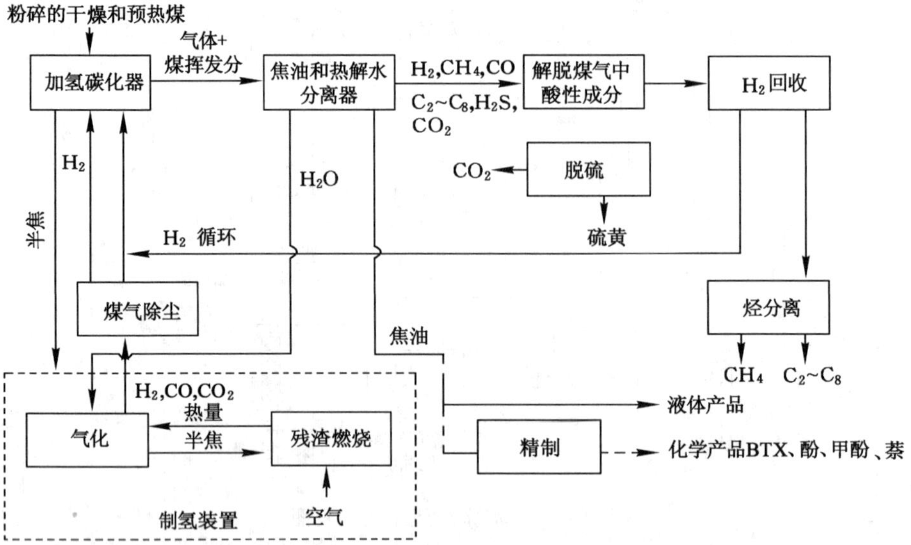

图 6-8 Coalcon 流化床加氢热解工艺

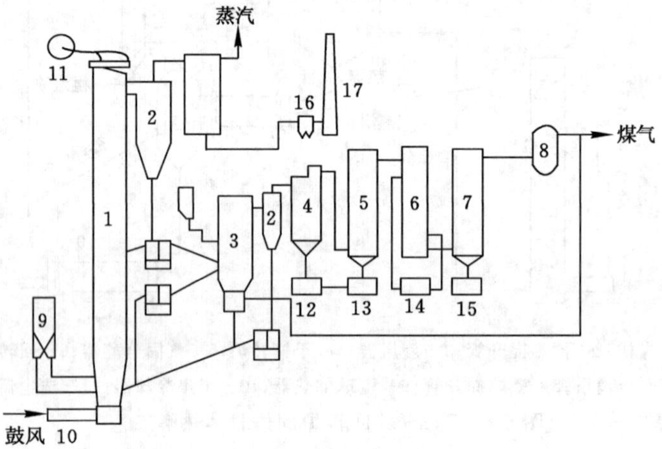

1—锅炉；2—分离器；3—热解炉；4—激冷塔；5—电捕焦油器；6—间冷器；7—二次电捕；8—缓冲罐；9—煤斗；10—点火器；11—汽包；12—水封槽；13—焦油池；14—循环水池；15—轻油池；16—除尘器；17—烟囱。

图 6-9 循环流化床多联产工艺

煤气中提取高纯度的氢气。同时，焦炉煤气还可用于发电。焦炉煤气中富含氢气和甲烷。通过重整反应将 CH_4转化为 H_2和 CO(即合成气)，进而用于生产化工产品。焦炉煤气中甲烷的转化主要有催化转化和非催化部分氧化转化两大类工艺。催化转化技术中又有催化蒸汽转化工艺和催化部分氧化法两种工艺。转化后的气体中氢碳比约 1.9～2.1，是非常理想的甲醇合成原料，同时也是理想的合成油原料。

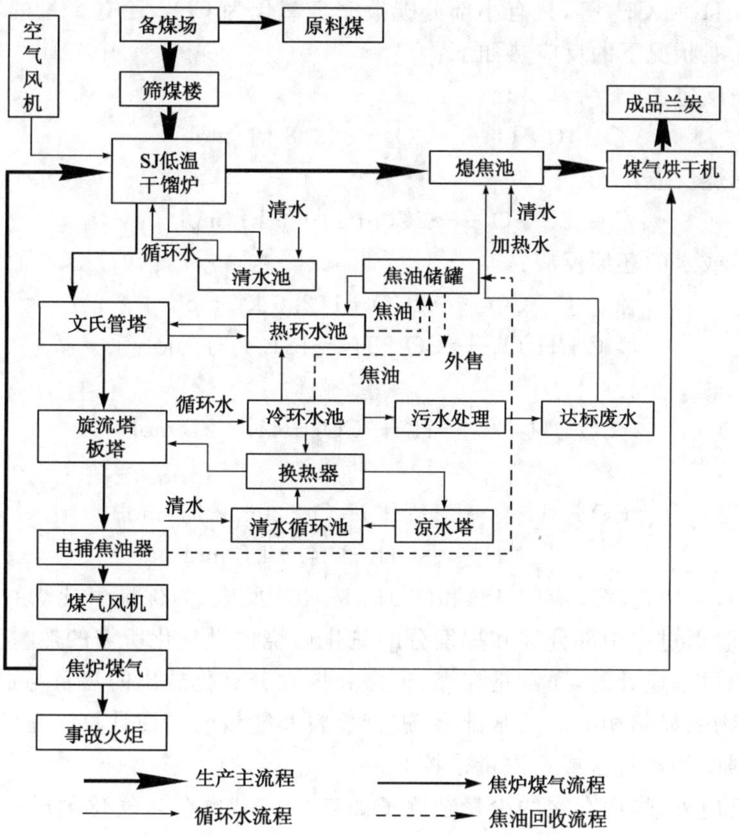

图 6-10　SJ 四方炉热解工艺

6.2　煤炭气化

煤炭气化是在高温及一定的压力条件下使煤中的有机质与气化剂(一般常用水蒸气、二氧化碳、氢气、甲烷等与空气或氧气的混合气体作为气化剂)发生一系列化学反应,在特定的设备内(气化炉,包括巷道式或钻井式地下气化炉)将煤转化为灰渣和含 CO、H_2、CO_2、CH_4 等粗煤气的过程。粗煤气经除尘和后续的脱硫净化,可作为工业燃料气;经甲烷化处理可合成天然气;经变换反应调整 H_2 与 CO 比例,可作为化工原料气(合成气),以生产下游系列化工原料和液体燃料。

迄今为止,已开发及处于研究发展中的煤炭气化方法不下百种,通常按入炉煤及气化剂在炉内的运动方式进行分类,可分为移动床(固定床)气化、流化床气化、气流床气化和熔融床气化等地面气化,以及地下气化等。

6.2.1　煤炭气化的原理

煤炭气化过程是一个复杂的热物理化学过程,包括煤炭干燥脱水、热解脱挥发分、挥发分气化反应和半焦气化反应等 4 个阶段。气化反应是指热解生成的挥发分、残余焦炭颗粒与气化剂发生的复杂反应。气化反应是在缺氧状态下进行的,煤炭气化反应的主要产物是可燃性气体CO、H_2和CH_4等，只有小部分碳被完全氧化为CO_2，还有少量的H_2O。主要气化反应及其在标准状况下的反应热如下：

碳完全燃烧反应：

$$C+O_2 \longrightarrow CO_2+393.8\ kJ/mol \quad (6\text{-}16)$$

碳不完全燃烧反应：

$$2C+O_2 \longrightarrow 2CO+110.6\ kJ/mol \quad (6\text{-}17)$$

半焦与CO_2或水的还原反应：

$$C+CO_2 \longrightarrow 2CO-172.6\ kJ/mol \quad (6\text{-}18)$$

$$C+H_2O \longrightarrow CO+H_2-131.4\ kJ/mol \quad (6\text{-}19)$$

变换反应：

$$CO+H_2O \longrightarrow H_2+CO_2+41.2\ kJ/mol \quad (6\text{-}20)$$

甲烷化反应：

$$CO+3H_2 \longrightarrow CH_4+H_2O+206.3\ kJ/mol \quad (6\text{-}21)$$

$$C+2H_2 \longrightarrow CH_4+74.9\ kJ/mol \quad (6\text{-}22)$$

上述反应中，主要造气反应(6-18)和(6-19)是吸热反应，为保证气化炉在较高温度下连续稳定运行，一般通过煤中部分碳和挥发分的氧化燃烧提供气化所需的热量。

在煤炭气化过程设计时，通常是在煤、半焦和挥发分氧化放出的热量与造气反应所需热量，再加上反应物的显热相抵消的基础上，进行物料及能量的平衡计算。总的热量平衡采用调整输入反应器中的氧气量或蒸汽量来控制。

除了以上反应外，煤中存在的少量杂原子如硫、氮等，也会与气化剂或气化产物发生反应，在还原性气氛下生成H_2S、COS、N_2、NH_3以及HCN等物质，具体反应如下：

$$S+O_2 \longrightarrow SO_2 \quad (6\text{-}23)$$

$$SO_2+3H_2 \longrightarrow H_2S+2H_2O \quad (6\text{-}24)$$

$$SO_2+2CO \longrightarrow S+2CO_2 \quad (6\text{-}25)$$

$$2H_2S+SO_2 \longrightarrow 3S+2H_2O \quad (6\text{-}26)$$

$$S+2C \longrightarrow CS_2 \quad (6\text{-}27)$$

$$S+CO \longrightarrow COS \quad (6\text{-}28)$$

$$N_2+3H_2 \longrightarrow 2NH_3 \quad (6\text{-}29)$$

$$N_2+H_2O+2CO \longrightarrow 2HCN+1.5O_2 \quad (6\text{-}30)$$

气化炉中总体反应过程是在还原环境下进行的，因此，合成气中含硫化合物主要以H_2S为主，另含有少量的COS和CS_2。一般情况下SO_2几乎不出现，但若煤气中水蒸气过剩量越大，SO_2/H_2S就会越大。含氮化合物主要以NH_3为主，HCN为次要产物。这些气体产物在煤气净化工序中予以脱除，回收有用的硫、氨等副产物，消除了潜在的污染。

在气化炉中所进行的煤气化反应，除部分为气相均相反应外，大多数属于气固非均相反应过程。气化反应过程不仅与化学反应速度有关，而且还与扩散传质速度有关，其反应机理符合非均相无催化反应的一般历程。煤或煤焦的气化反应一般经历七个相继发生的步骤：

① 反应气体从气相扩散到固体碳表面(外扩散过程)；

② 反应气体再通过颗粒的孔道进入小孔的内表面(内扩散过程)；

③ 反应气体分子吸附在固体表面上，形成中间络合物(表面反应过程)；

④ 吸附的中间络合物之间，或中间络合物和气相分子之间发生反应（表面反应过程）；

⑤ 吸附态的产物从固体表面脱附（表面反应过程）；

⑥ 产物分子通过固体的内部孔道扩散出来（内扩散过程）；

⑦ 产物分子从颗粒表面扩散到气相中（外扩散过程）。

煤或半焦在气化温度下，扩散、吸附-脱附和化学反应过程交替进行，总反应速度由外扩散、内扩散和表面反应三部分共同控制。由于各步骤的阻力不同，总反应速率将取决于阻力最大的步骤，即速度最慢的步骤是整个气化过程的速率控制步骤。低温时表面反应过程是气化反应的控制步骤，高温条件下，扩散或传质过程逐步变为控制步骤。

6.2.2 煤质特性对煤炭气化的影响

6.2.2.1 煤炭气化的评价指标

煤炭气化过程涉及温度、压力、反应速度、化学反应平衡及移动、原料及气化剂的传质和传热、流体力学等因素。这些因素都会影响到煤炭气化的效果。通常用以下评价指标衡量煤炭气化的效果。

(1) 气化强度(q)

气化强度是指气化炉内单位横截面积上的气化速率，即单位时间、单位气化炉截面积上处理的原料煤质量或产生的煤气量。该指标反映了煤气化炉的生产能力，气化强度越大，气化炉的生产能力越大。气化强度与原料煤的性质、气化剂供给量、气化炉炉型及气化操作条件有关。

以消耗的原料煤量表示：

$$q_1 = \frac{\text{消耗原料量}}{\text{单位时间、单位炉截面积}} \quad \text{kg/(m}^2\cdot\text{h)} \tag{6-31}$$

以生产的煤气量表示：

$$q_2 = \frac{\text{产生煤气量}}{\text{单位时间、单位炉截面积}} \quad \text{m}^3\text{/(m}^2\cdot\text{h)} \tag{6-32}$$

(2) 单炉生产能力(V)

气化炉的单炉生产能力是指单位时间内，一台炉子能生产的煤气量。该指标主要与炉子的直径大小、气化强度和原料煤的产气率有关，可以作为选择气化炉类型的依据。计算公式如下：

$$V = \frac{3.14}{4} q_1 d^2 V_g$$

式中，V 为单炉生产能力，m^3/h；d 为气化炉内径，m；V_g 为煤气产率，m^3/kg(煤)；q_1 为气化强度，$kg/(m^2 \cdot h)$。

煤气产率是指每千克燃料（煤）在气化后转化为煤气的体积数（在标准状态下）。它是煤气化的重要技术经济指标之一。煤气产率不仅取决于原料煤中的水分、灰分、挥发分和固定碳的含量，也与气化方法有关。

(3) 气化效率($\eta_{气}$)和气化热效率(η')

煤炭气化过程伴随着能量的转化和转移，在气化过程中，灰渣带走热量，气化炉向周围环境散热，这些都不可避免地存在热量的损失。因此，煤所能够提供的总能量并不能完全转移到煤气中，其能量转化率可用气化效率指标来表示。

气化效率是指所制得的煤气热值和所使用的燃料热值之比，用公式表示为：

当不包括焦油时：

$$\eta_{气} = \frac{Q_g}{Q_{coal}} V_g \times 100\% \tag{6-33}$$

式中 $\eta_{气}$——气化效率，%；

Q_g——生成煤气的热值，kJ/mol；

V_g——煤气产率，m^3/kg；

Q_{coal}——原料煤发热量，kJ/kg。

当包括焦油时：

$$\eta_{气} = \frac{Q_g V_g + Q_{tar}}{Q_{coal}} \times 100\% \tag{6-34}$$

式中 Q_{tar}——单位原料气化生成焦油的热量，kJ/kg。

气化效率侧重于评价能量的转移程度，即煤中的能量有多少转移到煤气中；气化热效率则侧重于反映能量的利用程度。

气化热效率是指可以利用的全部热量（即出热，包括气化所产生的焦油、煤气的热）与气化原料、气化剂所具有的全部热量占原料所供给总热量的百分率。该指标表示所有直接加入到气化过程中热量的利用程度。当不回收废热时，气化热效率低于气化效率。在实际生产中，由于存在各种热损失，实际气化效率只有70%～80%。气化热效率计算公式如下：

$$\eta' = \frac{\sum Q_{入} - \sum Q_{热损失}}{\sum Q_{入}} \tag{6-35}$$

$$\sum Q_{入} = Q_{煤气} + \sum Q_{热损失}$$

式中 η'——气化热效率，%；

$Q_{煤气}$——煤气的热量，MJ；

$\sum Q_{入}$——进入气化炉的总热量，MJ；

$\sum Q_{热损失}$——气化过程的各项热损失之和，MJ。

目前，工业上更多的是用煤气热值计算热效率指标，即

$$\eta = \frac{V_g \times H}{Q} \tag{6-36}$$

式中 V_g——干煤气产率，m^3/kg；

H——干煤气的高热值，kJ/m^3；

Q——气化原料的化学热，kJ/kg。

煤气化热效率是指煤气热值与入炉原料提供的热量之比，即

$$\eta' = \frac{\sum Q_{出} \cdot K}{\sum Q_{入}} \tag{6-37}$$

式中，K为热能有效回收系数；$Q_{出}$为气化炉出口煤气的热量。进入气化炉的热量有燃料带入热、水蒸气和空气等的显热；气化过程的热损失主要有通过炉壁散失到大气中的热量、高温煤气的热损失、灰渣热损失、煤气泄漏热损失等。

当煤气需要长距离输送给下游用户时，需要净化、冷却以保证煤气质量和运输安全，这

时只利用了冷煤气的潜热，称冷煤气效率；在一些工厂，煤气化后直接进入工业窑炉（如玻璃陶瓷行业），同时利用热煤气显热，称热煤气效率。这两个值与煤气的余热回收和后续应用相关。

$$冷煤气效率(\%)=粗煤气热值(标准温度下)/原料煤热值 \tag{6-38}$$

$$热煤气效率(\%)=(粗煤气热值+粗煤气显热)/原料煤热值 \tag{6-39}$$

（4）碳转化率

碳转化率是指在气化过程中消耗的总碳量占原料煤中碳量的百分数。它反映了原料煤中碳的转化程度，一般转化率越高，灰渣中未转化碳的量越少。

（5）煤气组成与热值

当作为燃料气应用时，煤气质量的好坏是用煤气的组成和热值来表征的。不同气体燃烧时放出的热量不同，故煤气热值的高低取决于煤气中可燃组分的比例和组成。

6.2.2.2 煤质特性对煤炭气化的影响

原料煤的物理化学性质对气化炉的设计、运行以及煤气处理等都有直接影响。煤或煤焦的气化性质主要包括反应活性、黏结性、结渣性、热稳定性、机械强度、挥发分等。

（1）反应活性

在一定条件下，煤与不同气体介质（如 CO_2、O_2、H_2O、H_2等）的反应活性，通常以被还原为 CO 的 CO_2量占通入 CO_2总量的体积百分数，即 CO_2的还原率表征。一般而言，煤化程度越低，挥发分越高，煤质越年轻，反应活性越好，随着煤变质程度的增加，其反应活性急剧下降。

（2）黏结性

黏结性是指煤被加热到一定温度时，煤受热分解并产生胶质体，最后黏结成块状焦炭的能力。

（3）结渣性

结渣性是指煤中矿物质在高温和活性气体介质的作用下，转变为牢固的黏结物或熔融炉渣的能力。煤的结渣性不仅与煤的灰熔点和灰分含量有关，也与气化的温度、压力、停留时间以及外部介质性质等操作条件有关。通常，以灰熔点作为判断结渣性的主要指标。灰熔点越低，煤越容易结渣。不同的气化设备对灰熔点的选择不同，液态排渣气化炉要求煤灰熔点越低越好，固态排渣气化炉则要求通过控制温度以免出现结渣。灰成分中的酸性氧化物（SiO_2和 $A1_2O$）含量越高，灰熔点越高，灰渣黏度越大，当碱性氧化物（CaO、MgO 和 Na_2O）含量高时，灰熔点低，灰渣黏度小。

（4）热稳定性

热稳定性是指煤在高温下燃烧或气化过程中，对温度剧烈变化的稳定程度。热稳定性好的煤，在燃烧或气化过程中，能以原来的粒度烧掉或气化，而不碎成小块，而热稳定性差的煤，则迅速碎裂成小块或粉煤。煤的热稳定性与煤的变质程度、成煤条件、煤中的矿物组成以及加热条件有关。一般烟煤的热稳定性较好，褐煤、无烟煤和贫煤的热稳定性较差。因为褐煤中水分含量高，受热后水分迅速蒸发使煤块碎裂；无烟煤则因其结构致密，受热后内外温差大，膨胀不均产生应力，使块煤碎裂；贫煤急剧受热也容易爆裂，即热稳定性也较差。

（5）机械强度

机械强度是指块煤的抗碎强度、耐磨强度和抗压强度等综合性物理和机械性能。机械强度高的煤在移动床气化炉的输送过程中容易保持其粒度，从而有利于气化过程均匀进行，减少带出物量。一般来说，无烟煤的机械强度较大。① 在固定床气化炉中，要求使用5～50 mm块煤，粒度均匀，细粉煤的比例不应太高。粒度不均匀将导致炉内燃料层结构不均匀，大块燃料滚向炉膛壁，小颗粒和粉末落在燃料层中心，从而造成炉壁附近阻力较小，大部分空气从这里穿过，使这里的燃烧层上移，严重时可使燃料层烧穿；② 流化床气化炉要求8 mm以下的细粒煤，一般要求在3～5 mm之间，并且要十分接近，若粒度太小，由于颗粒间的强烈摩擦形成细粉，增加了煤气中带出物小颗粒的含量，使碳转化率降低，但粒度太大，挥发分逸出会受到阻碍，使煤粒发生膨胀，导致密度下降，在较低的气速下就可流化，从而减少生产能力；③ 气流床气化炉要求煤粒<0.1 mm，即至少有85%小于200网目的粉煤，干法进料时，对原料煤的粒径及均一性要求最低，水煤浆进料时，则要求有一定的粒级匹配，以提高水煤浆的浓度；④ 熔融床气化炉要求<6 mm的细粒煤。

(6) 挥发分

挥发分是指煤在与空气隔绝的容器中加热一定时间以后，从煤中分解出来的液体(蒸汽状态)和气体产物——焦油、酚及甲烷等。挥发分析出的现象只有在固定床气化时才会出现。在流化床和气流床气化中，因气化反应温度高，煤中挥发分经高温裂解生成气态产物直接转入煤气中，没有干馏物产生。

(7) 煤的其他性质

煤的其他性质如水分、灰分、固定碳都会对气化过程产生一定影响。水分过高，会增加气化过程中的热能消耗，降低气化反应的温度，超过一定限度时，须在入炉前进行干燥(水煤浆气化法例外)。灰分过高，会增加热量损失和碳的不完全反应等。固定碳含量高，则煤气产率、气化效率和气化热效率都较高，相应的，单位质量煤的空气消耗、蒸汽消耗亦高。在工业生产或设计中针对不同变质程度的煤种，应采用不同的氧气和水蒸气的理论消耗值。

6.2.3 煤炭气化的方法

6.2.3.1 固定床气化法

固定床气化法是以块煤为原料，原料煤从气化炉顶加入，气化剂由炉底送入，原料煤和气化剂逆流接触，含有残炭的灰渣自炉底排出，气流在上升过程中不会导致固体颗粒相对位置发生变化，处于相对固定的状态，床层高度基本上维持不变的气化方法。由于气化过程中，煤粒在气化炉内是缓慢向下移动的，因而又称移动床气化法。固定床气化法可据气化操作压力分为常压固定床气化法和加压固定床气化法。

固定床气化炉内自上至下可分为炉顶气相空间、预热干燥层、干馏层、气化层(还原层)、燃烧层(氧化层)以及灰渣层。

加压气化的基本原理除了一般常压气化过程发生的煤燃烧、二氧化碳还原、水煤气反应和水煤气平衡反应外，还发生了一系列甲烷生成的反应，而这些反应在常压下是需要催化剂参与才能发生的。加压固定床气化法的缺点主要表现为粗煤气中含有较多的酚类、焦油和轻油蒸气，煤气净化处理工艺较复杂，易造成二次污染。这是由于在干馏层压力较低且气流中含有大量氢气，干馏气体产物很少裂解。此外，还存在投资、设备的维护和运行费用较高等缺点。

加压鲁奇(Lurgi)炉(图6-11)是加压固定床气化炉应用最广、最为成熟的炉型，一般分为两类：干式排灰的鲁奇炉和液态排渣的 BGL/Lurgi 炉，后者是我国目前在煤制天然气的气化过程普遍采用的气化炉。

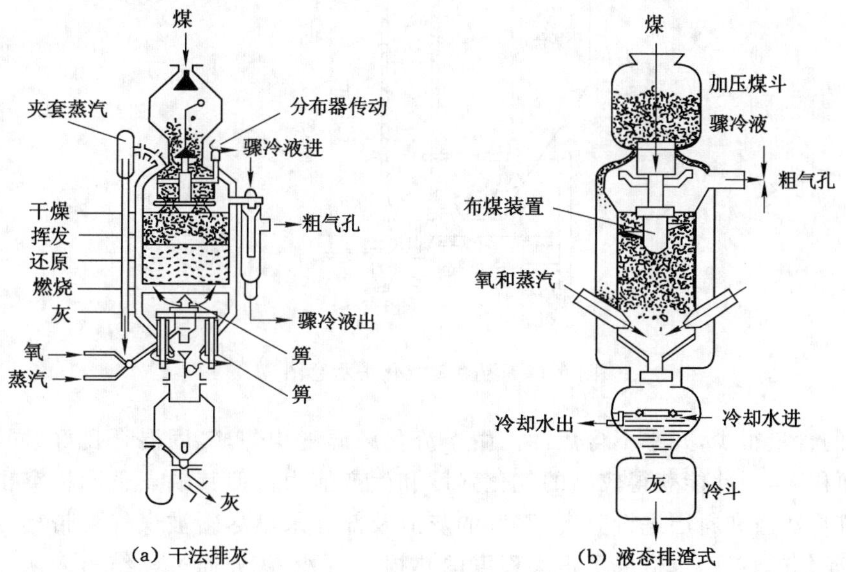

图 6-11　加压鲁奇炉

6.2.3.2　流化床气化法

流化床气化法又称为沸腾床气化法，是以粒度较小的煤（<6 mm）为原料，细粒煤在自下而上的气化剂作用下，保持着连续不断和无秩序的沸腾和悬浮状态运动，强化了床层内的传质、传热，使整个床层温度和组成相对均匀的煤气化方法。由于煤与气化剂的接触面积大，反应速度快，原料煤在炉内停留的时间比固定床短，单炉的生产能力比固定床气化炉高。流化床操作温度适中，投资低，对煤种、煤质的适应性强，产品煤气中基本不含焦油和酚类物质，可利用如褐煤等高灰劣质煤作原料，同时直接使用小颗粒碎煤为原料。

图 6-12 为典型的温克勒气化炉示意图，煤料经过破碎处理后，通过螺旋给料机或是气流输送系统进入气化炉，具有一定压力的气化剂从床层下部经过布风板吹入，将床上的碎煤托起，当气流速度上升到某一定值时，煤粒互相分开上下翻滚，同时床层膨胀且具有了流体的许多特征。影响流态化过程的主要因素是气流速度，即通过床层界面的平均流速，如果气流速度为一定值则煤粒将不能流化，床层有结渣的危险，通常根据试验来选择确定最佳气流速度，并作为气化炉的操作气速。另外，流化效果还受煤粒粒径的影响，如果煤粒太小将随煤气夹带出炉外，如果太大则很难流化。

在流化床中，通常将气化温度控制在 950 ℃，以免在流化不均引起局部过热时，产生局部结渣从而使流化状态被坏。因此与固定床相比，其氧化反应进行得比较缓慢，而且只能用于气化反应性较好的煤种，如褐煤等。但在流化床内部由于燃料颗粒与气化剂混合良好，其温度沿床层高度的变化比固定床平稳。与固定床类似，在流化床气化区仍分为氧化层和还原层，但其还原层温度较高且一直可以延伸到整个床层。

在流化床内由于具有良好的传质传热性能，进入气化炉的燃料可以迅速地分布在炽热颗粒之间而迅速加热，其干燥和热解过程在反应区同时进行，使得挥发分的分解完全，煤气

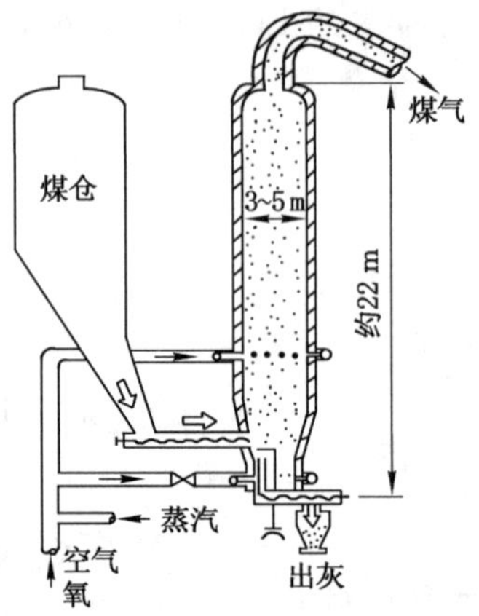

图 6-12　温克勒气化炉示意图

中热解产物的含量很少，几乎不含焦油。由于流化床温度均匀，气固混合良好，同时煤的粒度小，比表面积大，因此能获得较高的气化强度和生产能力。但其缺点也同样突出，在流化状态下，很难将灰渣和料层进行分离，70%的灰渣及部分未燃尽碳被煤气夹带出气化炉，既增加了煤气净化的难度，也造成了很大程度的热损。另外，灰分通过黏结落入灰斗，灰渣和飞灰的含碳量均较高，这是流化床气化最大的问题。

流化床气化炉主要有美国的 U-gas、KRW、HY-Gas、CO-Gas 、Exxon 催化气化等；德国的高温温克勒(HTW)及 Lurgi 公司的 CFB；中国的 ICC 灰熔聚气化等。

6.2.3.3　*气流床气化法*

气流床气化法是以粒径<0.1 mm 的细粉煤为原料，氧与蒸汽作为气化剂，将煤粉夹带入气化炉，进料煤与气化剂顺流接触的一种并流式气化方法。气化炉内温度高达 1 500～1 900 ℃，气体与固体在炉内的停留时间几乎相同，一般在 1～10 s，反应十分迅速，煤粉与气化剂经特殊喷嘴进入反应室，着火、热解、燃烧以及与气化剂发生燃烧反应和气化反应几乎是同时发生的，一步转化成 CO 、H_2、CO_2 等气体。随气流的运动，未反应的气化剂、热解挥发物及燃烧产物裹挟着煤焦粒子高速运动，在运动过程中，煤焦颗粒进一步发生气化反应。

气流床气化法属于高温气化技术，气化强度、碳转化率和单炉生产能力都很高。气流床气化法一般采用加压气化的方式，具有煤种适应性强、气化效率高、煤气中 CO 含量高、粗煤气中不含焦油、煤气温度高等特点。

气流床气化法依据给料方式可分为干法气流床气化法和湿法气流床气化法。干法气流床气化法将煤粉直接用气力输送至喷嘴，如 Shell、Prenflo 等；湿法气流床气化法通过水煤浆供料，是先将煤粉和水混合成水煤浆，再用泵送至喷嘴，如 Texaco、E-Gas、四喷嘴气化炉等。

6.2.3.4　*熔融床气化法*

熔融床气化法是在温度较高 (1 600～1 700 ℃)，且高度稳定的熔融金属或金属盐熔池内完成气化反应全部过程，生成 CO 和 H_2 为主的煤气化方法。该法煤的转化率高达 99%，熔融物作为煤和气化剂的分散剂、蓄热体提供气化反应热。依据熔融介质的种类不同，该法可分为熔渣气化法、熔盐气化法和熔铁气化法三类。

熔渣气化法利用熔渣作气化热源。熔渣是一种混合物，其基本熔质为铁矿渣，同时还包括熔融的煤粒、半焦粒子及完全气化后留下的灰渣等。磨细到 2～4 mm 的粉煤和气化剂高速度(6～7 m/s)通过喷嘴喷出后，沿切线方向喷入熔渣池，使熔渣做螺旋状旋转运动，粉煤受高温辐射作用迅速热解成半焦，半焦与加压下送入的氧气以 5 m/s 的线速度使熔渣旋转，半焦的温度迅速升至 1 000 ℃以上，并在气泡内快速进行气化反应，煤气温度高达 1 000 ℃，因此粗煤气中烃类和水蒸气含量极少。熔渣在其中起传递氧的作用，同时对气化也具有催化作用。主要反应如下：

$$FeCO_3 + C \longrightarrow FeO + 2CO$$

$$2FeO + \frac{1}{2}O_2 \longrightarrow Fe_2O_3$$

熔盐气化法利用熔盐作气化热源，并通过熔盐对煤粉与水蒸气之间气化反应的催化作用以降低反应温度。所选熔盐一般为碳酸钠。原料煤和碳酸钠用空气输送到熔盐床内，在熔盐中原料煤发生气化，生成低热值煤气。煤中的硫和灰转移到熔盐中，省去了脱硫和除尘的环节。在熔盐气化法中，碳酸钠的主要作用有：① 作为煤和气化剂的分散剂；② 作为热载体；③ 与煤中的硫作用进行脱硫。目前，熔盐气化法尚缺少大规模的试验，而且碳酸钠的再生、回收和循环系统十分复杂，还需要进一步改进。

熔铁气化法是利用铁作熔融热介质，粉煤在熔融的高温铁水中发生气化反应而制得煤气的工艺方法。煤粒在熔铁浴中有良好的溶解性，煤中的硫与铁水之间有强烈的亲和性，因此本法对于高硫煤气化特别有效。铁浴温度在 1 370 ℃左右，并以碳酸钙为助熔剂，它同时具有脱硫作用。其原理是将炉料(粉煤与石灰石、蒸汽和氧)在 0.34 MPa 的压力下喷入温度为 1 370～1 425 ℃的熔铁床中，使煤中挥发物溢出，残存的碳熔解在铁中气化。熔铁床气化法有顶吹和底吹两种方式。顶吹法是将原料从顶部高速导入，粉煤、灰渣和液体铁在熔铁表面互相紧密接触发生反应；底吹法则是将原料从喷嘴喷入炉内，引起炉内熔铁的剧烈运动，这样生成的煤气含有极低的含氧量和含硫量。该方法的主要优点是煤气中 CO 和 H_2 的含量很高，可达 90%，而且气化炉结构简单，采用了炼钢厂的氧气顶吹工艺。因此，开发商业规模的装置难度较小。

熔融床气化法是一种气、液、固三相反应的气化方法，其间不仅煤与气化剂发生了反应，而且熔融介质也直接或间接地参与了反应过程。其最大的特点是能够改善气固接触状况，并具有一定的催化作用，使得煤种适应性较广。但其突出缺点是熔融物腐蚀炉膛以及熔融物难以再生，这严重阻碍了这类气化炉的发展。

6.2.3.5 煤炭地下气化法

煤炭地下气化法(Underground Coal Gasification，UCG)就是将处于地下的煤炭进行有控制的燃烧，通过对煤的热化学作用产生可燃性气体的方法。它集建井、采煤、气化三大工艺为一体，抛弃了庞大笨重的采煤设备和地面气化设备，变传统的物理采煤为化学采煤，是多学科开发清洁能源和化工原料的高新技术，被誉为第二代采煤方法。常见的地下气化工艺如图 6-13 所示，从地表向地下煤层垂直开掘两条平行巷道 1 和 2，其底部有一条水平巷道 3 连通。这三条巷道所包围的整体煤层就是准备气化的区域。气化开始时，在水平巷道一侧用可燃物质引燃煤层，形成燃烧区，气化剂由同侧竖巷道鼓入，在通道内与煤发生气化反应，生成的煤气从另一侧竖巷道排出。

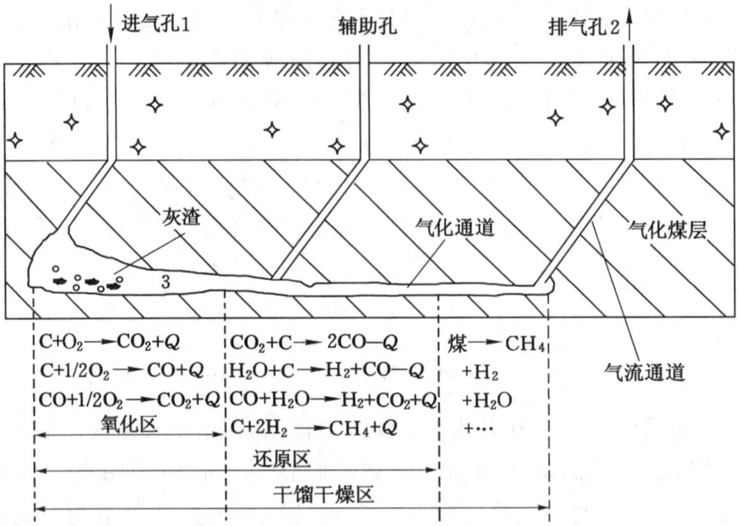

图 6-13　煤炭地下气化原理示意图

沿气化通道的长度，按化学反应的相对强弱程度，可大致分为 3 个区，即氧化区、还原区和干馏干燥区。反应区的划分，以温度为标志，从化学反应和实际操作的角度来讲，它们并没有严格的界限，气化通道的任何位置，都有可能进行热解、还原和氧化反应。

地下气化炉是地下煤炭进行气化反应的场所，构成地下气化炉的三要素是进气孔、排气孔和气化通道。气化通道是在煤层中连接进、排气孔的通道，是生产煤气的空间。在地下对煤层进行气化时，为了使煤层破碎疏松，增大裂缝和气孔，使其具有地上发生炉中气化煤层相同的条件，那就必须在气化前对地下煤层加工。按加工准备工作的方法不同，煤炭地下气化法分为有井式地下气化法、无井式地下气化法和混合式地下气化法。

(1) 有井式地下气化法

图 6-14 为有井式地下气化炉结构示意图。该方法是在正开采或废弃的煤矿井中，由人工掘进的方式在煤层中建立起气化巷道，并把它们的末端用煤层巷道连接起来进行气化准备煤层的方法。一个煤区即一个地下气化炉，由气化通道、进气孔、辅助孔和出气孔组成，气化通道于同一煤层内连通各孔。有井式地下气化法虽然劳动强度和范围比矿井生产的地下劳动减轻很多，但仍避免不了大量的井下劳动。在安全方面受到人工竖井深度及煤层地应力和温度制约。

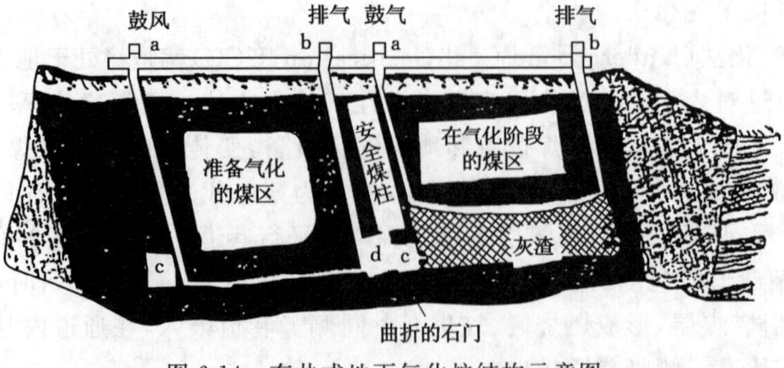

图 6-14　有井式地下气化炉结构示意图

在图6-14中，ac、bd是两个竖井筒，在竖井底部开掘两条平巷cd，ac、bd作为向煤层鼓风和析出煤气流经的道路，即气化通道。被这些竖井和平巷所包围的煤层，就是要气化的煤层，即气化盘区；从c点把煤点燃，鼓风流经由竖井ac和平巷cd向煤层供风，燃烧生成的煤气经平巷cd和db，由竖井b排出到地面。煤层发生燃烧气化的地点，叫作燃烧（气化）工作面（或称火焰工作面）。

(2) 无井式地下气化法

利用钻孔揭露煤层，并利用特殊技术在未开采煤层中建立气化通道而构成的地下煤气发生炉叫无井式地下气化炉。按照进、排气点和气化通道相对位置，可把无井式地下气化炉分为V形炉、盲孔炉、U形炉等几种基本炉型，如图6-15所示。

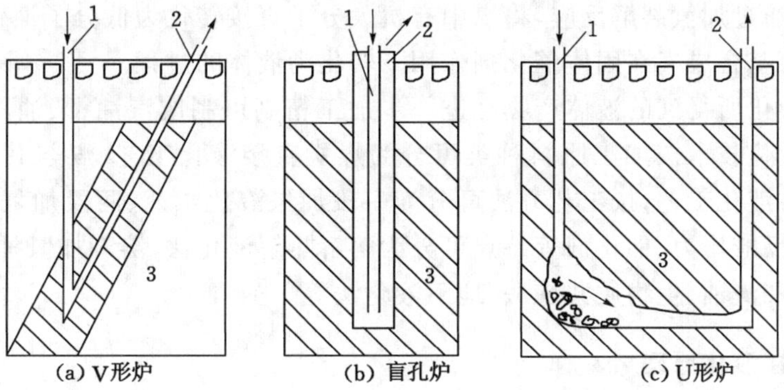

1—进气孔；2—排气孔；3—煤层。

图6-15　无井式地下气化炉布置

V形炉沿煤层倾斜方向定向打排气孔和进气孔，一般在煤层顶板打垂直孔（进气孔），在底板打定向斜孔（排气孔），在煤层中进气孔与排气孔相交，气化通道则沿煤层倾斜方向位于排气孔中（排气孔在煤层中的区段无套管）。这种炉型进气点位置固定，而排气点位置随着气化过程的进行而逐步上移，适用于厚度较小的急倾斜煤层。

U形炉的进、排气孔都是沿煤层钻进的，当气化通道逐渐上移时，进、排气点也随之上移，始终位于气化通道的首末端。这种炉型适用性强，气化率高，因而常被采用。

盲孔炉在煤层中打盲孔，在盲孔中放置一直径小于裸孔孔径的套管作为供风管，排气孔则是供风管（进风孔）和裸孔之间的环形空间。在孔底点火，气化工作面为裸孔壁面的一段区域，盲孔炉的气化区域随供风压力的增加而增加。由于其气化空间近似为半圆形，直径可控，因而可作为“三下”煤层气化的最佳途径，同时也适用于中厚煤层气化，或断层较多的煤层（鸡窝煤）气化。

(3) 混合式地下气化法

由地面打钻孔揭露煤层或利用井筒铺设管道揭露煤层，人工掘进的煤巷作为气化通道，利用气流通道（人工掘进的煤巷）连接气化通道和钻孔或管道，所构成的气化炉为混合式气化炉。该气化炉主要适用于“报废”矿井的煤炭资源地下气化。

混合式地下气化炉充分利用了无井式地下气化炉和有井式地下气化炉的优点，建炉投资低，技术简单，可充分利用老矿井的物质条件，如井筒、巷道、提升系统等。一般煤矿都可以利用自身的物质和技术条件，建设地下气化炉。

煤炭地下气化将煤的开采和转化相结合，避免了大规模地下作业、环境污染和不安全因素，不需要贵重的气化反应器及其附属设备，气化后的灰渣和废液留于地下，减轻了对环境的污染。但与常规地面气化相比，煤炭地下气化的工艺难度要大得多，而且受煤层和地质的影响较大，较难控制。因此，煤炭地下气化的大规模推广还有待于解决许多技术难题。

6.3 煤炭直接液化

煤炭液化是指把固体的煤炭通过化学加工的方法转化为液体燃料和化工原料等产品的化工过程。煤炭液化通常可分为直接液化和间接液化两大类。煤炭直接液化是在一定温度和压力条件下，通过加氢裂解反应，将煤中有机大分子直接转化为低分子液体的过程。煤炭间接液化是将煤基合成气在固体催化剂作用下转化为液体的过程。

煤炭直接液化所得到的液体产物经进一步加工精制可制成汽油、柴油等燃料油和化学品。煤炭直接液化技术按加工原料种类可分为煤炭直接液化工艺、煤与其他有机物（如渣油、生物质等）共液化工艺；按工艺方法可分为一段加氢液化工艺、两段加氢液化工艺；按液化用溶剂种类、反应压力、催化剂等特点可分为溶解热解液化法，溶剂加氢抽提液化法，高压催化加氢法，煤和渣油、生物质共炼法，地下液化法等。

6.3.1 煤炭直接液化原理

(1) 煤炭直接液化原理

煤和石油的差异主要是氢碳原子比不同，煤的氢碳原子比为 0.2～1，石油的氢碳原子比为 1.6～2，煤中氢元素比石油少得多。因此，要将煤直接转化为液体就需要通过加氢过程提高煤的氢碳原子比。

煤炭加氢液化反应主要有：

$$RCH_2CH_2R' \xrightarrow{\triangle} RCH_2\cdot + R'CH_2\cdot$$

$$RCH_2\cdot + R'CH_2\cdot + 2H \longrightarrow RCH_3 + R'CH_3$$

$$RCH_2\cdot + R'CH_2\cdot \longrightarrow RCH_2CH_2R'$$

$$2RCH_2\cdot \longrightarrow RCH_2CH_2R$$

$$2R'CH_2\cdot \longrightarrow R'CH_2CH_2R'$$

(2) 煤炭加氢液化过程

煤在一定温度、压力下的加氢液化过程可分为如下三个阶段：

① 当温度升至 300 ℃左右时，煤受热分解，即煤的大分子结构中较弱的桥键开始断裂，煤大分子结构发生裂解，产生大量以结构单元为基本单元的自由基碎片，自由基碎片的相对分子质量在数百范围内。

② 煤裂解自由基碎片被氢自由基稳定，成为沥青烯及液化油。氢自由基的来源主要有：a. 煤分子中碳氢键断裂产生的氢自由基；b. 供氢溶剂碳氢键断裂产生的氢自由基；c. 氢气中的氢分子被催化剂活化；d. 化学反应放出的氢。当外界提供的活性氢不足时，自由基碎片可发生缩聚反应和高温下的脱氢反应，相对分子质量增大，最终生成固体半焦或焦炭。

③ 沥青烯被继续加氢裂化生成更小的分子。

(3) 影响煤炭直接液化转化率的因素

影响煤炭直接液化转化率的因素主要包括煤种、溶剂、催化剂、温度和压力等因素。

① 煤种的影响

煤的液化性能与煤的变质程度有关，煤的变质程度越低，煤的氢碳原子比越高，煤炭液化转化率越高，液化油产率也越高。煤液化性能优劣顺序为：泥炭＞褐煤＞高挥发性烟煤＞中等挥发性烟煤＞烟煤。泥炭由于杂质较多不适于液化，而无烟煤基本上难以液化。

② 溶剂的影响

煤炭直接液化常用溶剂主要有四氢萘、萘、蒽、菲、煤焦油、石油渣油、煤液化油等。煤炭直接液化过程中，溶剂的作用主要有两个方面：一是分散、溶胀和溶解的作用；二是提供和传递活性氢的作用。煤溶胀后其孔隙率增大，在微观上不仅增大了小分子相在煤大分子网络结构中的流动性，而且增强了供氢溶剂对煤活性点的扩散，进而有效提高了煤的液化性能。在煤炭液化过程中，提供活性氢和传递活性氢的溶剂称为供氢溶剂。

③ 催化剂的影响

在煤炭直接液化中，催化剂的主要作用表现为：一是促进煤大分子的裂解；二是促进自由基的加氢，从而提高反应速度，提高油产率，改善油品质量。

④ 反应温度和压力的影响

煤炭直接液化温度一般在 400 ℃左右，温度过低和过高都不利于反应的进行。温度过低，煤将不能得到有效溶解，液化反应难以进行；温度过高则容易结焦且气体产生量大。煤炭直接液化过程是一个加氢过程，提高氢气压力，有利于液化反应的进行，但是压力过高，设备成本较高。一般把氢气压控制在 20 MPa 以下，既不影响反应的进行，又可以节约设备和操作费用。

6.3.2 煤炭直接液化催化剂

煤炭直接液化的催化剂主要包括三大类：① 铁系催化剂。最常用的铁系催化剂主要包括含有硫化铁或氧化铁的矿物或冶金废渣，如天然黄铁矿（主要成分 FeS_2）、高炉飞灰（主要成分 Fe_2O_3）、炼铝工业中排出的赤泥（主要成分 Fe_2O_3）。这类铁系催化剂价格低廉，但存在添加量大、活性较低等问题。为了解决此问题，可通过人工合成铁系催化剂来提高催化剂的比表面积及其在煤浆中的分散性，从而提高催化活性。合成的铁系催化剂主要有铁的氧化物和羟基氧化物，这类催化剂在液化时可以与硫快速反应生成 $Fe_{1-x}S$ 相活性物种，因此，具有很高的煤炭液化活性。② 镍、钼系催化剂，包括各种镍钼的氧化物、硫化物、盐及有机络合物。金属钼及其钼酸盐不但催化活性优于铁系催化剂，而且对煤大分子结构中 C_{ar}—C_{al}、C_{ar}—O 的化学键断裂具有一定的选择性。镍、钼系催化剂一般是以多孔氧化铝或分子筛为载体，以钼和镍为活性组分的颗粒状催化剂，它的活性很高，在反应器内具有较长停留时间。③ 锌、锡类催化剂。

铁系催化剂由于价格低廉，来源广泛，且催化效果较好，因此研究和应用最为广泛。镍、钼系催化剂是传统的油品加氢催化剂，在煤炭液化反应中具有加氢效率和产品质量高等优点，但存在价格较贵等缺点。锌、锡类催化剂具有酸催化功能，可起到断裂 C—C 键的作用，且有加氢作用，因此其液化效率高，可以直接生产高辛烷值汽油产品，但是氯化物对设备的腐蚀性限制了其大规模应用。

6.3.3 煤炭直接液化工艺

煤炭直接加氢液化工艺包括煤油浆制备、加氢液化反应、油品加工(分离、提质加工)三个主要工艺单元。① 煤油浆制备单元:将煤破碎至<0.22 mm,与溶剂、催化剂一起制成煤浆;② 加氢液化反应单元:在高温高压下进行加氢反应,生成液体物;③ 油品加工单元:将反应生成的残渣、液化油、反应气分离,重油作为配煤浆用循环溶剂。典型煤炭直接液化工艺有德国IGOR+(Integrated Gross Oil Refining)、日本新能源产业技术综合开发机构(NEDO)开发的NEDOL煤炭液化工艺、美国Exxon公司开发的EDS(Exxon Donor Solvent)煤炭直接液化工艺、Consolidation Coal Company开发的熔融氯化锌催化液化工艺、美国碳氢技术公司(HTI)开发的HTI煤炭直接液化工艺、俄罗斯低压液化工艺和中国神华煤直接液化工艺(图6-16)等。

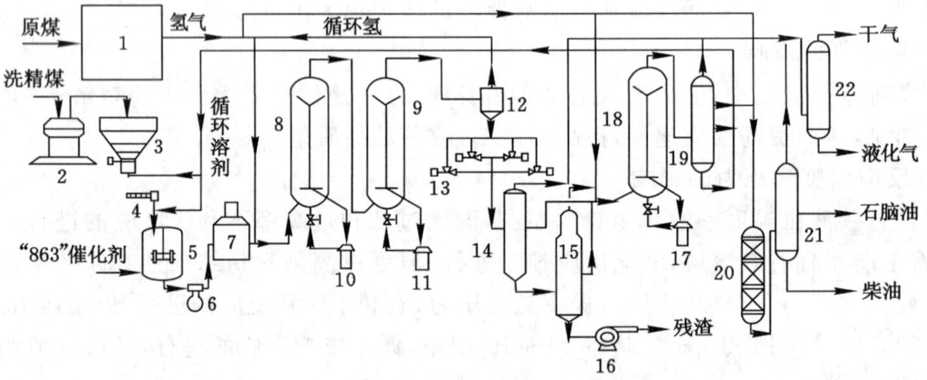

1—煤制氢装置;2—磨煤机;3—煤粉仓;4—混捏机;5—煤浆罐;6—进料泵;7—加热炉;
8,9—悬浮床反应器;10,11,17—循环泵;12—分离器(共6台);13—五通式减压阀;
14—常压塔;15—减压塔;16—减渣泵;18—沸腾床反应器;19,21,22—分馏塔;20—固定床反应器。

图6-16 神华煤直接液化工艺流程

神华煤直接液化工艺以洗精煤为原料,经粉碎制粉后,与"863"催化剂和循环溶剂配制成油煤浆。油煤浆经过升压、加热进入两台串联的悬浮床反应器,在温度445~460 ℃、压力18.5~19.5 MPa条件下,与来自煤制氢装置的氢气发生加氢裂化反应使煤粉转化成液态油。含未转化煤粉、催化剂和灰分的反应产物依次通过不同温度和压力等级的6台分离器,实现循环氢、油相和水相分离。反应产物的油相再经过常压塔和减压塔后,分离出固相残渣。常、减压塔侧线产品混合后,全部送至加氢稳定装置(沸腾床反应器),在此反应器内进行全馏分加氢精制,在实现提高油品供氢性的同时,脱除S、N、O和金属等杂质,反应产物经分馏切割后的重组分可作为循环溶剂油,较轻的组分送至下游的加氢改质装置(固定床反应器),生产柴油产品和石脑油。

神华煤直接液化工艺的特点主要包括:采用国内开发的"廉价可弃型"的"863"催化剂;采用循环供氢溶剂和煤先预混捏一级循环搅拌工艺;采用二级串联全返混悬浮床的反应器技术;固液分离采用减压蒸馏;循环供氢溶剂和液化油产品加氢采用强制循环沸腾床反应

器；催化剂可每日在线置换更新，加氢后的供氢溶剂供氢性能好，产品性质稳定。

煤液化粗油中硫的质量分数为0.05%～2.5%，大多在0.3%～0.7%，低于石油的平均硫含量。硫的存在形态大部分是苯并噻吩或二苯噻吩及其衍生物，且比较均匀地分布于整个液化油馏分中，但在高沸点馏分中含量有增高的倾向。煤液化粗油中氮的质量分数为0.2%～2.0%，典型值在0.9%～1.1%，远高于石油的平均氮含量。杂原子氮存在形式有吡啶、咔唑、喹啉、苯并喹啉、吖啶、苯并吖啶等。煤液化粗油中的含氮化合物几乎全部呈碱性，这就增加了煤液化粗油加氢精制的难度。煤液化粗油中氧的质量分数为1.5%～7%，其值取决于液化煤种和工艺方法，大多在4%～5%，远高于石油馏分的平均氧含量。氧会增加煤液化粗油加氢处理操作中的氢消耗量，导致成本增加。

煤液化粗油中的灰含量取决于固液分离方法，采用旋流分离、离心分离、溶剂萃取沉降分离的液化粗油中含有灰，对后续提质加工有严重影响。采用减压蒸馏进行固液分离的液化粗油中不含灰。灰分中一般含有铁、钛、硅和铝等元素。

煤液化粗油的提质加工工艺与石油产品的加氢精制工艺十分相似，主要由催化加氢、蒸馏和改质等设备组成，此外还包括排水、排气处理设备和各种贮罐等设施。由于液化粗油中芳香组分含量高，杂原子多，所以操作条件要比普通的石油精制工艺苛刻。

6.4 煤基新型碳材料

6.4.1 活性炭

活性炭是具有高度发达孔隙结构和较高比表面积的碳素制品。活性炭在制糖工业、医药工业、味精工业、化学工业、冶金工业等工业领域有着十分广泛的应用前景。

活性炭按材质可分为煤质活性炭(煤质炭)、木质活性炭(木质炭)、椰壳活性炭(椰壳炭)等；按用途可分为净水活性炭、气体/空气净化炭、气体分离用炭、黄金提取活性炭、试剂活性炭、触媒载体活性炭、活性炭催化剂、糖用脱色活性炭、酒类专用活性炭、味精脱色活性炭、针剂活性炭、工业粉状活性炭、药用活性炭、血液净化活性炭、香烟过滤嘴活性炭、汽车专用炭；按形状可分为不定形颗粒活性炭、圆柱形活性炭、球形活性炭。

活性炭的制备方法有气体活化法和化学试剂活化法。

(1) 气体活化法

气体活化法是将原料先炭化，再利用气体进行炭的氧化反应，形成众多微孔结构的方法。常用气体活化剂有水蒸气和CO_2，由于CO_2分子的尺寸比H_2O大，导致CO_2在颗粒中的扩散速度比水蒸气慢，所以工业上多采用水蒸气活化法。活化反应实质是活化气体与含碳材料内部“活性点”上碳原子反应，通过开孔、扩孔和创造新孔而形成丰富的微孔。

(2) 化学试剂活化法

化学试剂活化法是将原料与化学试剂(活化剂)按一定比例混合、浸渍一段时间后，在惰性气体保护下将炭化和活化同时进行的一种制备方法。其实质是化学试剂镶嵌入炭颗粒内部结构中，通过活化反应，产生丰富的微孔。常用的化学试剂有碱金属、碱土金属的氢氧化物，以及磷酸等酸性物质。目前应用较多、较成熟的化学试剂有KOH、$ZnCl_2$、H_3PO_4等。

化学试剂可以抑制原料热解时焦油的生成，从而防止或减少焦油堵塞细孔，同时也抑制了含碳挥发物的形成，提高了活性炭收率；此外氢氧化钾等试剂对碳有刻蚀作用，这些作用使活性炭孔隙更加发达、丰富，表现出较优良的性能。

$ZnCl_2$ 和 H_3PO_4 的活化作用主要体现在两个方面：一是促进热解反应过程，形成基于乱层石墨结构的初始孔隙；二是填充孔隙，避免焦油形成。清洗除去活化剂后，留下了发达的孔结构。控制活化剂用量及升温制度，可控制活性炭的孔结构。但 $ZnCl_2$ 活化法会造成严重污染，H_3PO_4 活化法则需高温不易生产，且产品孔径偏小。

KOH 活化法制备的活性炭比表面积较高，微孔分布均匀，吸附性能优异，是目前全世界制备高性能活性炭或超级活性炭的主要方法。KOH 活化机理非常复杂，国内外尚无定论，但普遍认为 KOH 至少有两个作用：一是碱与原料中的硅铝化合物（如高岭石、石英等）发生碱熔反应生成可溶性的 K_2SiO_3 或 $KAlO_2$，它们在后处理中被洗去，留下低灰分的碳骨架；二是在焙烧过程中活化并刻蚀煤中的碳，形成活性炭特有的多孔结构，主要反应为：

$$4KOH + C \longrightarrow K_2CO_3 + K_2O + 2H_2\uparrow$$

同时考虑到 KOH、K_2CO_3 的高温分解及碳的还原性，推测伴有如下反应：

$$2KOH \longrightarrow K_2O + H_2O\uparrow$$

$$K_2CO_3 \longrightarrow K_2O + CO_2\uparrow$$

由上述反应可知，活化过程中，一方面通过 KOH 与碳反应生成 K_2CO_3 而发展孔隙；另一方面 K_2CO_3 分解产生的 K_2O 和 CO_2 也能够帮助发展微孔，促进孔结构的发展。

以煤焦为原料，采用 KOH 活化法制得了比表面积为 2 918 m^2/g 的活性炭；以石油焦为原料，用 KOH 活化得到比表面积为 3 300 m^2/g 左右的活性炭；以中间相炭微珠为原料通过 KOH 活化可制得比表面积高达 4 000 m^2/g 的超级活性炭。显然，原料不同，所制备的超级活性炭的孔结构有较大差异。

化学试剂活化法的特点主要有：操作大大简化，活化温度降低，时间缩短，可通过选择不同活化剂制得具有特殊孔径结构的活性炭；主要缺点是活化剂成本高、腐蚀严重、污染大、产品残留活化剂等。

6.4.2 碳分子筛

碳分子筛（Carbon Molecular Sieve，CMS）广义上是指拥有纳米级超细微孔的一种非极性炭质吸附材质，狭义上是指微孔分布较均匀的活性炭。因 CMS 由无定形炭与结晶炭组成，所以其孔隙结构很发达，并且具有独特的表面特性。因为 CMS 的楔形微孔与被吸附分子直径大小接近，大部分是有效微孔。根据被分离分子大小改变制备条件或方法可调整 CMS 孔径大小，使其具有筛选分子的特性。CMS 在化学工业、食品卫生、医疗制药及环境保护、军事国防、防毒面具等领域得到广泛的应用。

（1）制备碳分子筛的原料

影响碳分子筛性能的因素有很多，其中原料是决定其性能的首要因素。碳分子筛的制备材料种类很多，如煤、天然植物和合成高分子材料等。① 煤主要包括泥煤、褐煤、长烟煤、烟煤、无烟煤以及配煤均可作为原料。此外，还有煤的衍生物，如煤的液化产物、半焦等。② 天然植物主要包括植物的核或坚果壳（如核桃壳、木料、椰子壳等）以及植物纤维素。③ 有机高分子聚合物，如酚醛树脂、萨兰树脂、芳香族聚酸胺纤维等。

（2）碳分子筛的制备方法

① 炭化法

在原料挥发分较高、原料孔隙率很低的情况下，比较适合使用炭化工艺来去除挥发分，达到形成其孔隙结构和增大比表面积的目的。炭化法制备碳分子筛，方法简单，成本低，但对原材料要求很高，一般用椰子壳、山楂核等挥发分高的材质。

② 气体活化法

气体活化法是成型原料炭化后在活化介质条件下缓慢加热处理的方法，目的是发展碳分子筛的孔隙结构，进一步增加其表面积，得到孔隙结构发达的碳分子筛。该法一般适用于气孔率低并且挥发分较低的原料。常用的活化剂有空气、氧气、水蒸气和二氧化碳等。其原理是在活化剂和适当温度（500～1 000 ℃）下，使炭化半成品表面不稳定的碳与活化剂发生化学反应，形成新孔或使原来的无效孔形成有效孔，进而增大了比表面积，使孔容增大。

③ 碳沉积法

有机高分子化合物或烃类气体分子在加热条件下裂解析出游离碳，沉积在碳分子筛过大的孔入口处，使孔径缩小并趋向均一化，从而达到调整微孔孔径的目的。根据沉积物和沉积方法的不同，碳沉积法可以分为气相沉积法（CVD）和液相沉积法（LVD）。CVD是多孔材质在400～900 ℃高温下，吹入含烃类的气体（包括饱和烃如甲烷、丙烷、丁烷等，不饱和烯烃如乙烯、异丁烯和苯、甲苯、苯乙烯的气化产物），停留几分钟至几十分钟，随着烃发生分解反应，分解产物在多孔材料细孔的壁上附着，进而降低了碳分子筛孔径大小的方法。LVD是把多孔材质浸渍在液态烃类或高分子化合物溶液（如苯、酚醛树脂溶液、煤焦油）中，在高温条件下再进行碳沉积从而调节孔径大小的方法。

④ 其他方法

卤化法是指原材质经卤素卤化，然后脱去卤素来调节孔直径的方法。将椰子焦、木炭等原材料经粉碎、捏合成型、粒化、干燥、炭化得到炭化材料，再经卤化、脱卤制得多孔炭基质，然后经孔调节最终制得碳分子筛。卤化法存在操作较复杂、卤素毒性大、对人体和环境影响大等缺点。涂层法是炭质原料经炭化后与焦油、树脂等混合浸渍，然后热解，涂层热解形成的炭使碳分子筛的孔径缩小的方法。热收缩法是原材质炭化后，在高温下进行热处理，经过热收缩来缩小孔径大小的方法。

6.4.3　碳纤维

碳纤维是一种含碳量在95%以上的高强度、高模量新型纤维材料，是有机纤维经炭化及石墨化处理而得到的石墨微晶结构沿纤维轴择优取向的纤维状材料。碳纤维“外柔内刚”，质量比金属铝轻，但强度却高于钢铁，并且具有耐腐蚀、高模量等特性，不仅具有碳材料的固有本征特性，而且兼备纺织纤维的柔软可加工性，是新一代增强纤维。

碳纤维按照状态可分为长丝、短纤维、短切纤维；按照原丝类型可分为聚丙烯腈基碳纤维、沥青基碳纤维、黏胶基碳纤维、酚醛基碳纤维；按照力学性能可分为通用型（强度1 000 MPa，模量100 GPa）和高性能型（如高强型，强度2 000，模量250 GPa；超高强型，强度＞4 000 MPa；超高模量型，模量＞450 GPa）；按照用途可分为宇航级小丝束碳纤维和工业级大丝束碳纤维。

碳纤维的优点主要包括：密度小（1.5～2 g/cm^3），质量轻，比强度高；弹性模量高；具有各向异性；热膨胀系数小，导热率随温度的升高而下降，耐骤冷、急热，即使从几千度的高温突然降到常温也不会炸裂；导电性好（25 ℃时高模量纤维的电阻率为 775 μΩ·cm，高强度纤维的电阻率为 1 500 μΩ·cm）；耐高温和耐低温性好（可在 2 000 ℃下使用，在 3 000 ℃非氧化气氛下不融化、不软化，在－180 ℃低温下，依旧很柔软，也不脆化）；耐酸性能好，对酸呈惰性，能耐浓盐酸、磷酸、硫酸、苯、丙酮等介质侵蚀；耐油，抗辐射，抗放射，可吸收有毒气体和使中子减速。碳纤维的缺点主要是耐冲击性较差，容易损伤；在强酸作用下易发生氧化，与金属复合时会发生金属碳化、渗碳及电化学腐蚀现象。因此，碳纤维在使用前须进行表面处理。

工业上制造碳纤维是以有机纤维作原料，在没有氧气的情况下经过高温处理转化而形成的。通常用以下几种方法制备：

(1) 用纤维素制造碳纤维，一般以人造丝作原料。

(2) 用聚丙烯氰纤维制造碳纤维。聚丙烯氰纤维是以纯粹的丙烯氰聚合而成，再经过特殊工艺制得的。

6.4.4 富勒烯

根据国际纯粹与应用化学联合会（IUPAC）的定义，富勒烯是指由偶数个碳原子构成的封闭中空笼状物，形状呈球形、椭球形或柱形。已经有 40 多种全碳富勒烯结构被分离和表征，最常见的有 C_{60}，C_{70}，C_{76}，C_{84}，C_{90}，C_{94} 等，其中，C_{60} 作为富勒烯族的典型代表，由 60 个碳原子通过 20 个六元环和 12 个五元环连接而成，是具有 30 个碳碳双键的球状空心对称分子。因此富勒烯又被称为“足球烯”。相较于其他 C_{2n}，C_{60} 具有相当高的稳定性，每个碳原子都以两个单键和一个双键与相邻的 3 个碳原子连接，呈现高度的对称性。

富勒烯具有一定的芳香性，其高度对称的大 π 键电子高度离域，具有离域能，使得体系能量较低，结构较为稳定。富勒烯还具有抗辐射和化学腐蚀强、抗压性强、导电性好以及具有光限效应等特点。

富勒烯的合成方法主要包括石墨蒸发法（电弧法、激光蒸发法、太阳能聚焦加热法、电阻加热法）、燃烧法、化学气相沉积法、有机合成法。电弧法是在氦气或是氩气的保护下，当两根高纯石墨电极靠近进行电弧放电时，炭棒气化形成等离子体，在惰性气氛下小碳分子经多次碰撞、合并、闭合而形成稳定的富勒烯分子。激光蒸发法是采用大功率激光束轰击石墨使其气化，被激光束气化的碳原子在氦气带动下进入聚集区，经气相碰撞形成含富勒烯的混合物。燃烧法是将高纯石墨棒在用氦气稀释过的苯、氧混合物中燃烧，得到 C_{60} 和 C_{70} 的混合物。化学气相沉积法是将有机气体与 N_2 压入石英管中，碳源在催化剂表面生成富勒烯或碳纳米管，催化剂一般为 Fe、Co、Ni、Cu 颗粒。

邱介山等研究发现：超纯煤制备富勒烯有较高的产率，原煤中灰分对富勒烯形成具有很强抑制作用，以含碳量较高的瘦煤为原料制备的富勒烯产率与以石墨为原料制备的富勒烯产率相当。中国科学院山西煤炭化学研究所研究发现原煤组成成分及化学结构对富勒烯产率也有影响。

富勒烯是继石墨、金刚石之后人们发现的第三种由纯碳组成的新型炭材料。它具有完美的对称结构、在纳米尺度范围内特殊的稳定性以及奇异的电子结构，是许多高新技术领域应用潜力巨大、不可替代的材料，被业界称为“纳米王子”，在电子学、生物医药、超导等领域有着良好的应用前景。

6.4.5　碳纳米管

碳纳米管，又名巴基管，是一种具有特殊结构(径向尺寸为纳米量级，轴向尺寸为微米量级，管子两端基本上都封口)的一维量子材料。它是由单层或多层石墨六角形网面以某一方面为轴，卷曲 360 度而形成的单层或多层同轴管。相邻的同轴管之间间距约为 0.34 nm，与石墨的层间距相当，管径通常为 2～20 nm，长度为 10～100 μm。

按照碳管层数，碳纳米管可分为单壁碳纳米管、多壁碳纳米管；按照结构特征，碳纳米管可分为扶手椅形纳米管、锯齿形纳米管、手形纳米管；按照导电性质，碳纳米管可分为金属型碳纳米管($|n-m|=3k$，k 为整数)、半导体型纳米管($|n-m|=3k\pm1$)；按照管壁缺陷特征，碳纳米管可分为完善碳纳米管、含缺陷碳纳米管；按照碳纳米管外形特征，碳纳米管可分为型管、碳纳米管束、Y 型、蛇型等。

(1) 碳纳米管的性能

碳纳米管具有非常高的长径比，是理想的一维纳米材料。其特殊的分子结构使得碳纳米管在力学、电学、热学以及光学等方面展现出优异而新奇的性能。

① 力学性能

碳纳米管具有高模量和高强度特性。其抗拉强度为 50～200 GPa，是钢的 100 倍，密度是钢的 1/6。单根碳纳米管的杨氏模量接近特帕量级，硬度与金刚石相当，是碳纤维的几十倍。碳纳米管具有较低的径向模量，当其受到外力(如被扭转、弯曲)时，不会发生断裂，拥有良好的柔韧性，轴向可以拉伸。此外，碳纳米管的熔点高达 3 652～3 697 ℃。

② 电学性能

单壁碳纳米管中的每个碳原子都有一个未成对的离域 π 电子，在轴向上具有连续的电子波函数，表现出优异的电学性质；在径向上，由于其直径为纳米级，周期性边界条件的存在使碳纳米管展现了分立能级。根据手性指数(n，m)的不同，金属管和半导体管可以按如下方式划分：金属型：$|n-m|=3k$；半导体型：$|n-m|=3k\pm1$。式中的 k 为不为 0 的整数，因此，单壁碳纳米管中大约有 1/3 为金属型碳纳米管，2/3 为半导体型碳纳米管。其中，金属型单壁碳纳米管具有极高的载流能力，最高可承受约 10^9 A/cm^2 的电流密度，远远高于一般金属(10^5 A/cm^2)；半导体型碳纳米管具有极高的电子迁移率，室温下大于 10 000 cm^2/(V・s)，而且不同结构的半导体型碳纳米管具有不同的能隙，可以通过栅压来调控碳纳米管的导电性。

此外，碳纳米管的导电性也取决于其管径和管壁的螺旋角。通常，管径大于 6 mm 时，碳纳米管导电性能下降；管径小于 6 mm 时，碳纳米管具有良好导电性能。

③ 热学性能

碳纳米管具有较高的热导率。管轴方向上，具有与金刚石相同的热导率；管径方向上，导热性能差，热导率远小于轴向。即热量在碳纳米管上主要沿轴向传递。

④ 光学性能

碳纳米管可以吸收光波，具有方向选择性。当光的偏振方向平行于碳纳米管轴线时，其对光的吸收能力最强；当光的偏振方向垂直于碳纳米管轴线时，其对光的吸收能力最弱。而且，碳纳米管具有良好的上转换发光特性，在红外光激发下，可以发射出强烈的可见光。此外，掺杂和有缺陷的碳纳米管的电子结构会发生改变，光学性质也会随之发生变化。

⑤ 储氢性能

碳纳米管是一种具有潜力的储氢材料。碳纳米管的管径为纳米尺度，氢分子的动力学直径为 0.289 nm。理论上，单壁碳纳米管的空心腔、多壁碳纳米管的管层间隙和空心腔都可以容纳氢分子，它的储氢能力取决于层数、内外径、成束情况以及端口的封闭状态。

碳纳米管具有优良的电学和力学等性能，在纳米复合材料领域有着巨大的应用潜力。同时，在新能源、传感器、超级电容器、场发射管、航空航天、生物医药等领域具有极高的潜在应用价值，被誉为 21 世纪最受青睐的纳米材料之一。

(2) 碳纳米管的制备

碳纳米管的制备方法很多，主要有石墨电弧放电法、化学气相沉积法、催化裂解法、激光蒸发(烧蚀)法等。石墨电弧放电法是在电弧室充满惰性保护气，将两石墨棒电极靠近，拉起电弧后再拉开，以保持电弧稳定。电弧放电达到 4 000 ℃的高温，放电过程中阳极温度相对阴极较高，阳极石墨棒不断被消耗，同时阴极石墨棒表面沉积出含有碳纳米管的产物。一般用氦气为载气，气压 60～50 Pa，电流 60～100 A，电压 19～25 V，电极间距 1～4 mm，产率 50%。该方法具有产量较高、可以大规模制备等优点，但存在产物杂质较多，需后处理；电弧区温度非常高，碳纳米管缺陷较多等缺点。化学气相沉积法是将气态烃(小分子烷烃、炔烃或烯烃等)作为碳源，过渡金属作为催化剂，在 800～1 200 ℃的条件下，气态碳源分解成碳原子附着于催化剂表面，降温后生成碳纳米管。该方法优点是碳纳米管纯度较高，但缺点是结晶度较差、缺陷较多、耗能相对较低。催化裂解法是在 600～1 000 ℃的温度及催化剂作用下，使含碳化合物裂解为碳原子，然后在过渡金属催化剂作用下，附着在催化剂微粒表面上形成碳纳米管。激光蒸发(烧蚀)法是在石英管中间放置一根金属催化剂与石墨混合的石墨靶材，置于加热炉内，采用高能量激光照射石墨靶材，靶材上的碳原子被激发脱落生成气态碳，当到达低温区域时在催化剂的作用下形成碳纳米管。该方法的特点是碳纳米管纯度较低，激光器能耗大，不适于大规模制备。

通常采用物理法(研磨与搅拌、高能球磨、超声波处理等)和化学法(添加表面活性剂、强酸强碱洗等)，或通过多种方法综合运用，以克服团聚体强吸附力，破坏长纤维纠缠黏结状态，从而稳定碳纳米管的分散状态。

我国煤储量丰富，以煤为原料制备碳纳米管具有重要意义。例如：邱介山等采用太西无烟煤为碳源，以廉价的铁粉、镍粉或 La-Ni 混合物为催化剂，得到了纯度较高的单壁碳纳米管。Moothi K. 等较为系统地综述了采用煤为碳源，利用等离子体喷射法、电弧放电法、化学气相沉积法制备碳纳米管的研究进展，并指出以煤炭为碳源可以获得高质量、低成本的碳纳米管。

6.4.6 石墨烯

石墨烯是一种由蜂窝状密排的单层碳原子组成的二维材料。石墨烯的厚度仅有 0.35 nm，是目前世界上最薄、最坚硬的纳米材料。理想的石墨烯相当于单层石墨分子结构。2004 年，英国曼彻斯特大学物理学家 Geim 和 Novoselov 两人采用微机械剥离法首次从石墨中分离出石墨烯，两位科学家也因此共同获得了 2010 年诺贝尔物理学奖。

单层石墨烯并不能以完全平整的状态存在，而是在平面方向有角度弯曲，出现褶皱和起伏，正是这些起伏降低了石墨烯的表面能，得以使石墨烯稳定存在。由于石墨烯片层之间的范德瓦耳斯力作用，石墨烯片层很容易发生团聚现象，很难以单片层的形式存在。

石墨烯是构建其他 sp^2 杂化碳质纳米材料的基本结构单元。例如，零维的富勒烯可以看作由石墨烯翘曲而成，一维碳纳米管可以看作由石墨烯卷曲而成，三维石墨可以看作由石墨烯堆砌而成。单层石墨烯几乎完全透明，只吸收2.3%的光；它具有超高的比表面积（2 630 m^2/g），是一种极具应用前景的储能材料和吸附材料。它的导热系数高达5 300 W/(m·K)，高于碳纳米管和金刚石。常温下电子迁移率超过15 000 $cm^2/(V \cdot s)$，比纳米碳管或硅晶体高，电阻率仅约 10^{-8} Ω·m，比铜或银更低，在超导体、电极材料、导电添加剂等领域应用广泛。此外，石墨烯具有良好的力学性能和导热性，是解决电子器件散热问题的最佳选择。同时，石墨烯表现出双极性电场效应和良好的透光性和独特的光学性质。

石墨烯的制备方法主要包括：机械剥离法、液相剥离法、氧化还原法、外延生长法和化学气相沉积法，其中，最有可能率先突破产业化瓶颈的是化学气相沉积法。石墨烯层数越少，性能越独特，相应的制备难度越大，成本越高。

（1）机械剥离法

机械剥离法是借助机械力，克服石墨各层间的范德瓦耳斯力，使石墨层剥离成单层的石墨烯的一种方法。采用机械剥离法制备的石墨烯产量低且形貌不可控，因此该法只适用于实验室基础研究，并不适用于石墨烯材料的大规模生产。早期报道的用透明胶带从石墨上剥离下单层的石墨烯，其尺寸可达到厘米级，且晶体质量好。

（2）液相剥离法

液相剥离法是将石墨分散在特殊的溶剂和表面活性剂中，利用超声波的能量破坏石墨层间的范德瓦耳斯力，将石墨烯从石墨表面剥离下来，并实现其分散的一种方法。

（3）氧化还原法

氧化还原法是先利用浓硫酸、硝酸等强氧化剂氧化石墨，通过含氧基团插入石墨层间，以破坏石墨层间的范德瓦耳斯力，从而形成单层的氧化石墨烯，再通过还原剂等作用将氧化石墨烯还原，获得单层石墨烯的方法。液相剥离法和氧化还原法工艺简单、成本低，可应用于石墨烯的宏量制备。

（4）外延生长法

外延生长法是在高温和超高真空条件下将SiC表面的硅原子升华，并使留下的碳原子在表面发生石墨化，获得石墨烯的方法。这种方法虽与目前的半导体工艺具有较高的兼容性，但其能耗高，成本高，难以大面积制备。同时，由于碳原子在SiC表面的扩散、重构不完全，所制备的石墨烯薄膜的均匀性较差，而且不易于从衬底上剥离。

（5）化学气相沉积法

化学气相沉积法是利用甲烷、乙炔等气体作为碳源，在高温条件下裂解为碳原子和氢原子，通过快速降温，将碳原子沉积于金属衬底（Mo、Ni、Cu、Pt等）表面，利用金属的催化能力形成石墨烯的方法。典型的代表是铜基和镍基生长的石墨烯，两者具有不同的石墨烯生长机理。对于镍基生成的石墨烯，碳原子在镍中的溶解度较高，碳源气体被催化分解后首先在镍中溶解和扩散，碳原子的表面析出过程通过迅速冷却来实现，其生长原理被称“溶解-析出过程”。这样获得的石墨烯薄膜往往是随机取向的单晶，且不同位置的石墨烯层数也呈随机分布。对于铜基生长的石墨烯，碳原子在铜中溶解度很低，碳源气体被催化分解后会立即在铜箔表面析出。同时，铜的催化能力较弱，当其被一层碳原子覆盖后即无法再进行催化，这种自限制性生长的机制使得人们可以在铜箔上获得大面积的单层石墨烯。但由于碳原子在铜箔上难以扩散,铜基生长的石墨烯往往是多晶的。

在化学气相沉积法中,通过控制反应气体比例、反应温度、压强等条件可以改变石墨烯薄膜的晶粒尺寸、薄膜厚度等。化学气相沉积法生长的石墨烯质量高,层数可控,可大面积生产,其衬底为柔性,便于利用卷对卷工艺快速生产,具有极大的应用潜力。

煤基石墨烯的制备方法主要分为两类:热解-化学气相沉积法和石墨化-化学氧化还原法。西安科技大学以太西无烟煤为原料,在中频感应石墨化炉内,通过高温热处理制备超纯微细石墨粉,然后以超纯微细石墨粉为原料制备得到了较好品质的石墨烯。

由于石墨烯的性能优良、功能众多而被广泛应用到锂电子电池、超级电容、导电油墨、触摸屏、软性电子、散热、涂料、传感器以及高频电子、环保、光电、聚合物、海水淡化、太阳能电池、燃料电池、催化剂、建筑材料等领域。

6.4.7 碳量子点

碳量子点,又称碳点,是指尺寸在1～10 nm之间的零维碳纳米材料。其主要有三种形式,即石墨烯量子点、碳纳米点和聚合物量子点。碳量子点的化学结构通常以 sp^2 和 sp^3 杂化碳构成骨架,形成单层或多层的石墨微晶结构。碳量子点因其具有与传统半导体量子点可比拟的荧光性质,同时兼有低毒、良好的生物相容性、低成本及化学稳定性高等优势,是替代传统半导体量子点的理想材料。

碳量子点的制备方法主要分为两类:自上而下法和自下而上法。自上而下法,是指通过物理或者化学等手段将大尺寸富碳结构切割剪裁成纳米尺度的碳量子点。自下而上法,是指以小分子含碳有机物为碳源,通过小分子的有序或无序组装融合制备尺寸相对较大的碳量子点。

自上而下法主要包括:化学氧化法、电化学法、电弧放电法、激光切割法、水热法、微波法、超声法等。① 化学氧化法是以石墨、富勒烯、碳纤维、石焦油、氧化石墨、芘和煤等为碳源,通过氧化剂进行剥离制备碳量子点的方法。常见的氧化剂有 HNO_3、H_2SO_4、$KMnO_4$ 和芬顿试剂等。② 电化学法是用导电性的碳材料作为工作电极,在一定的电位下,借助于电解液阳极氧化从而使碳点从工作电极上剥离下来的方法。通常采用石墨棒、碳纳米管、碳糊、碳纤维、Pt片等材料作为电极材料,离子液体、NaH_2PO_4 水溶液、NaOH/EtOH 等作为电解液。采用该方法制备的碳量子点往往具有纯度高、尺寸可控、容易重复等优点。③ 电弧放电法是先用弧光放电的方式处理煤烟灰,然后用硝酸进行氧化处理,经 NaOH 溶液萃取后,再将所得到的黑色悬浮液进行凝胶电泳分离,从而得到碳量子点的方法。④ 激光切割法主要是把惰性气体作为载体,在水蒸气的环境中用激光剥离碳源。通过简单调节激光器脉冲宽度,可以调控碳量子点的大小和荧光量子效率。经官能化和表面修饰,可得到荧光碳量子点的方法。⑤ 水热法是将原材料溶于水,然后放入反应釜中在高温下进行反应制得碳量子点的方法。例如,以氧化石墨烯制备碳量子点为例,在氧化的石墨烯片上有少量环氧基团和较多的羧基形成的混合环氧链,高温条件下,这些线性缺陷使得氧化石墨片很容易破碎和被攻击,随着氧原子脱去,最终形成碳量子点。水热法的缺点是耗时长、成本高、步骤较多,其优点是产率比较高。⑥ 微波法与水热法有相似的合成反应机理,微波能提供较强的能量去打断化学键,并且碳源内部和外部一起加热,大大减少了反应时间,进而可高效形成尺寸均一的碳量子点。

自下而上法主要包括:化学氧化法、水热法和微波合成法。用强氧化性的酸处理有机小分子使其脱水碳化从而制备碳量子点的方法属于化学氧化法。水热法是用不同的反应前驱体制备新型碳基材料的方法,具有成本低、无污染和操作简单等优点。相比水热法,微波合成法能够实现碳量子点快速合成。

碳量子点可作为催化材料。由于碳量子点具有较强的稳定性和电导率,化学掺杂型的碳量子点具有更多的活性位点,经特殊表面改性后,有优异可调的光学性质、优异的上转换发光特性以及能使电子和空穴有效分离等性质。因此,它不仅可以作为电催化材料,而且可以作为光催化材料,还可提高半导体光催化剂的性能。

碳量子点可作为传感材料。由于碳量子点固有的荧光特性,以及具有毒性低、水溶性好、光化学性质稳定等优点,可以通过荧光强度的改变来检测金属阳离子、阴离子以及小分子等,作为敏感的化学传感器。

碳量子点可作为生物成像与标记。碳量子点可替代半导体量子点用于生物体内外的成像与标记。如果碳量子点的浓度控制在合适的范围内,其在生物体内的成像是安全的。如果激发波长足够长,碳量子点能在近红外区域内发射荧光光谱,尽管近红外区域的荧光发射是相对弱的,但却是非常关键的,因为生物体组织在红外区域内几乎是透明的,因此,碳量子点是荧光成像理论材料。

碳量子点在光电器件中的应用。由于碳量子点具有高的化学稳定性、可调的能带隙、量子限域效应和边缘效应,碳量子点适用于太阳能电池,如晶体硅/CQDs 异质结的太阳能电池、半导体/CQDs 的太阳能电池、导电 CQDs-聚吡咯的染料敏化太阳能电池等;由于碳量子点具有特殊的带隙结构,碳量子点能够有效地分离电子-空穴对;碳量子点还是电子阻挡层,能进一步阻止太阳能电池阳极处的载流子的复合。碳量子点的大小影响器件的性能,随着其尺寸的减小,开路电压(U_{oc})增加,但短路电流(I_{sc})减小,这意味着短路电流随着其尺寸的减小而增加,空穴传输的能垒减小。

新疆大学以新疆五彩湾煤炭为原料,采用过氧化氢氧化法制备了煤基碳量子点,研究了经亚硫酰氯氯化及乙二胺钝化制备了 N、S 共掺杂的氨基化煤基碳量子点(NH_2-CDs),通过氯化铜原位还原得到了 Cu_2O/NH_2-CDs 复合材料,发现 NH_2-CDs 可使复合催化剂 CO_2 吸附性能增强,并提高了复合催化材料的电子-空穴分离和电子转移能力,表现出优异的光催化还原 CO_2 制备 HCOOH 的性能。

思考与讨论

1. 简述煤热解挥发分的催化转化与产物调控方法。
2. 简要讨论煤热解催化剂的开发及催化机理。
3. 简要讨论煤气化催化剂的开发及催化机理。
4. 简要讨论煤直接液化催化剂的开发与催化机理。
5. 简要讨论煤基新型碳材料的制备与应用。

第 7 章　煤炭生物转化

煤炭生物转化始于 20 世纪 80 年代，F. V. Fakoussa 和 M. S. Cohen 教授等发现某些真菌能将褐煤液化。此后，许多科研工作者陆续用多种微生物对煤进行生物转化研究，主要涉及生物溶煤机理、溶煤细菌选育、煤样的光催化氧化预处理以及降解产物分离与应用等方面。

煤炭生物转化是煤在微生物参与下发生大分子结构的解聚过程。通过生物降解或生物溶解作用，煤炭逐步转化成易溶于有机溶剂或水的液态物质或者转化为烃类气体。转化产物可直接作为产品使用，或从中提取有特殊价值的化学品，制备清洁燃料、工业添加剂及植物生长促进剂等。因此，煤炭生物转化是煤炭加工利用的新途径，具有广泛应用价值和发展前景。

7.1　概述

7.1.1　微生物的分类及特征

(1) 微生物分类

个体难以用肉眼观察的一切微小生物统称为微生物，它是直径小于 0.1 mm 的单细胞、没有细胞结构的微小生物及在构造上较简单的多细胞的总称。

微生物包括细菌、真菌、放线菌、病毒及少数藻类等。

(2) 微生物的主要特征

① 体积小，表面积大。微生物体积很小，而表面积却很大。微生物体积小是因为大部分微生物的直径都在 10^{-3} mm 以下，表面积大是因为 1 cm^3 的固体球菌表面积加在一起可达到 6 m^2。因此，如果将微生物吸附在某种矿物表面上，将会使矿物的表面积扩大很多倍，这些物质表面就会具有微生物的性质。利用微生物的这个特点可对矿物表面进行改性。

② 繁殖速度快、生长旺盛、吸收多、转化速度快。微生物生长的这一特征是其产生大量的代谢产物和快速生长的物质基础。在适当的环境中，微生物繁殖一代快的仅需几分钟的时间，慢的也仅需几个小时，这为微生物在工业上的应用提供了有利条件。

③ 分布广、种类繁多。有生命的地方就有微生物的存在，在沙漠、海底、酸性地带等环境恶劣的地方都有微生物的踪影。这为寻找能更好转化煤炭的微生物提供了广泛的来源。

④ 适应能力强，易变异。人为地采用物理、化学法使微生物发生变异，有可能得到转化煤更强的微生物菌株。

(3) 微生物生长过程

微生物生长过程主要包括四个时期：迟缓期、对数期、稳定期、衰亡期。图 7-1 所示为红城红球菌的生长曲线。

① 迟缓期：生长速率常数为零，菌体粗大，RNA 含量增加，代谢活力强，对不良环境的抵抗能力下降。这是因为微生物刚接种到培养基上时，其代谢系统需适应新的环境，同时要

合成酶、辅酶及其他代谢中间产物等，所以处于迟缓期的细胞数目没有增加。

② 对数期：生长速率最快，代谢旺盛，酶系活跃，活细菌数和总细菌数大致接近，细胞的化学组成及形态基本一致。经过迟缓期的准备，为处于对数期的微生物生长提供了足够的物质基础，同时外界环境也是最佳状态。

③ 稳定期：活细菌数保持相对稳定，总细菌数达到最高水平，细胞代谢产物积累达到最高峰，是生产的收获期。

④ 衰亡期：细菌死亡速度大于新生成的速度，整个群体出现负增长，细胞开始畸形，细胞死亡出现自溶现象。这主要是因为外界环境对继续生长越来越不利，细胞的分解代谢大于合成代谢，继而导致大量细菌死亡。

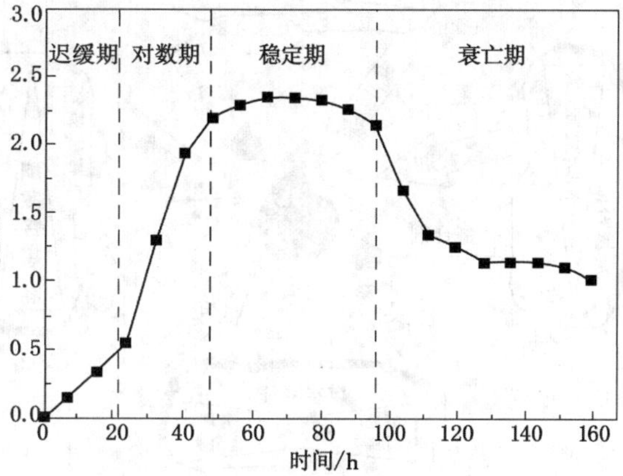

图 7-1　红城红球菌的生长曲线

微生物的生长曲线对探究煤炭的微生物转化具有重要的指导意义。根据微生物的生长曲线可确定微生物的对数期，该阶段的微生物繁殖速度快，菌体活性高，采用处于对数期的微生物更有助于转化煤炭。

7.1.2　煤炭生物加工方法

煤炭生物加工研究主要集中在两个领域：煤炭生物净化和煤炭生物转化。

（1）煤炭生物净化。即煤的微生物脱硫、脱氮。煤的微生物脱硫、脱氮工艺条件温和（可在常温、常压下进行）、不会降低煤的热值。微生物脱硫技术聚焦于解决好高效功能菌的选育、硫代谢产物的控制与处理等问题，着重开展多因素、多菌群、多相反应的复合技术研究。

（2）煤炭生物转化。即煤的生物溶解或生物降解。利用细菌、真菌和放线菌等微生物的溶煤作用来实现煤炭的转化，使之转化成易溶于水的物质或烃类气体，从中提取有特殊价值的化学品，制取清洁燃料、工业添加剂与植物生长促进剂等，最终实现煤的溶解、液化和气化。煤炭生物转化主要集中在菌种的选育、降解机理、降解产物结构与利用等方面。

7.1.3　影响煤炭微生物转化的因素

（1）煤种

能够被微生物转化的煤主要有硬煤（烟煤、无烟煤）、低阶煤（风化和未风化的各种褐煤、次烟煤)以及泥炭等。低阶煤(如褐煤),由于其煤化程度低,煤分子中的侧链及桥键较多,活性官能团含量较高,有较高的生物转化活性。

天然风化褐煤很容易被一些真菌所溶(降)解,溶解率可达70%~90%。对于作用强的真菌种类,煤被溶解的程度与煤种的关系较大,而与微生物种类关系次之。风化褐煤中植物残骸明显可见,含氧率达28%~29%,容易被生物溶解;含氧率为40%的褐煤也极易被真菌降解,而大多数未经预处理的褐煤及年轻烟煤却不容易被所试验的真菌溶解。微生物对不同煤种溶解的作用如图7-2所示。

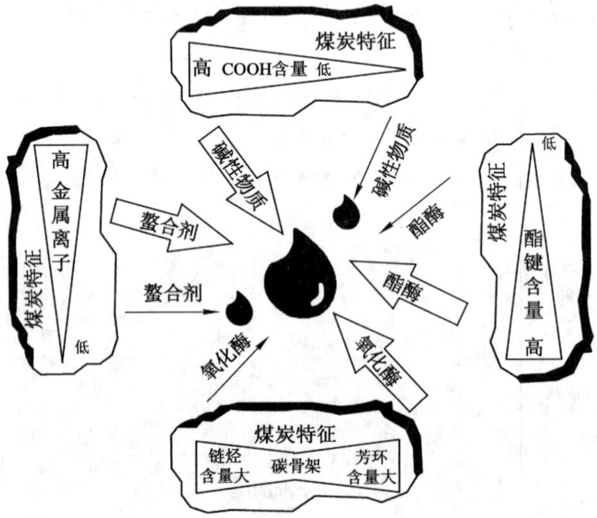

图7-2 微生物对不同煤种溶解的作用示意图

(2) 反应条件

培养基组成、接种量、煤样粒度、煤浆浓度、溶煤时间和溶煤温度等因素对煤炭微生物转化作用有明显影响。培养基组成不仅影响微生物的生长状态,而且对微生物的溶煤能力也有影响,在相同条件下假丝酵母用麦芽糖要比用蔗糖作碳源培养的溶煤效果更好,限碳培养不利于假丝酵母溶煤;接种量直接影响菌球的大小,一般接种量适中,菌球较小,其比表面积较大,单位体积菌球产生的溶煤活性物较多,溶煤效果好,反之则差。溶煤温度和溶煤时间也是影响微生物溶煤作用的重要因素,合适的温度有利于微生物生长,溶煤时间延长意味着煤与微生物的作用时间增加,都有利于提高溶煤效果。增加通氧量可加速微生物氧化降解过程,有助于提高煤的溶解速率和溶解程度。

(3) 预处理方法

为了提高煤的降解效果,缩短实验周期,可采用氧化方法进行煤的预处理。煤的氧化预处理程度对煤的微生物转化程度有显著影响,氧化预处理程度越高,微生物降解作用就越强。光氧化法、硝酸氧化法、双氧水氧化法、溶剂溶胀法以及超声波法等是煤预处理常用方法。通过预处理可以达到松弛煤大分子间作用力的效果,从而提高煤炭的微生物降解率。

① 光氧化法

煤炭中含有光敏化催化活性的结构,比如多环芳烃以及铁等金属元素。在光氧化中,当温度低于200 ℃时,芳香环不参与氧化反应。相比之下,煤的甲基和亚甲基则更易发生氧化分解反应。与生物转化相类似，煤的光催化氧化也具有条件温和、无污染等优点。图 7-3 为旋转床光化学反应器结构图，该装置利用紫外光对煤粒均匀照射，进行煤的光氧化预处理。光氧化反应处理后，溶煤产率显著提高。

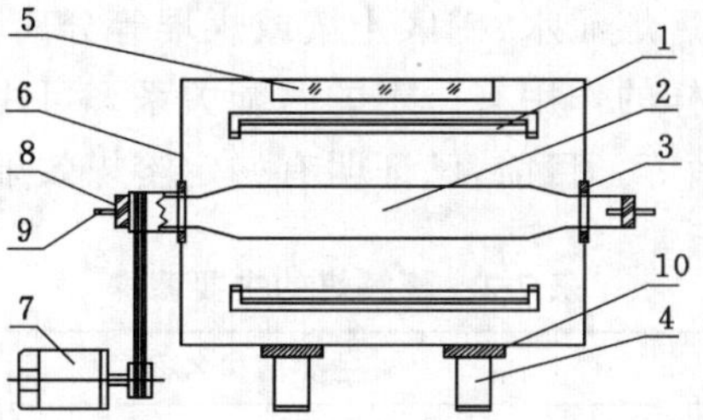

1—紫光灯；2—石英管；3—轴承；4—支架；5—视窗；6—反应箱；
7—电机；8—橡胶塞；9—导气管；10—增强垫圈。

图 7-3　旋转床光化学反应器结构图

② 化学法

a. 化学试剂氧化法：主要用过氧化氢或硝酸等进行氧化预处理。不经任何预处理的褐煤煤样直接进行生物转化，一般效果较差。煤样的转化率还与其被氧化的程度有关，如表 7-1 所示，利用产碱假单胞菌、施氏假单胞菌、铜绿假单胞菌和粗毛栓菌 4 种微生物转化硝酸处理的煤样，发现随硝酸浓度的增大，氧化煤样的微生物转化率增大。

表 7-1　株菌对不同浓度硝酸氧化煤的溶煤率

	硝酸浓度/(mol/L)		
	6	8	10
产碱假单胞菌	14.05	20.63	34.40
施氏假单胞菌	17.45	26.80	32.40
铜绿假单胞菌	41.97	40.53	52.65
粗毛栓菌	2.89	5.29	6.81

b. 热氧化法：煤样经过 120 ℃、7 h 热氧化处理后，更有利于菌种产生的酶类物质以及螯合剂断开煤炭中的化学键，提高了煤的生物转化效率。

③ 超声波等其他预处理法

煤样经超声波处理后，可使微生物溶煤产物中的水溶性物质和游离腐植酸的含量增加。煤样经无机铵盐处理后，结构中的氢离子被铵离子取代，使得腐植酸结构中的大量氢键被破坏，所以经无机铵盐处理的煤样比使用超声波预处理的煤样的溶解率高。

7.2　煤炭生物转化菌种的选择与改良

7.2.1　菌种的选择

煤炭生物转化用菌种的选择依据如下：

① 煤与木质素结构类似，可选用能降解木质素的微生物，如黄孢原毛平革菌。

② 煤中有芳环结构，因此，可选用能降解芳环的微生物，如选择假单胞菌属进行溶煤。

③ 从土壤、选煤厂或煤矿中暴露在自然界的煤中分离相关的微生物。如从朽木、植物残体、森林火灾区土壤、选煤厂煤泥水、矿区土壤或煤堆等分离和选育微生物。

不同的微生物与不同煤样的作用有一定的匹配关系。可用于溶(降)解煤试验的微生物有很多，有细菌、真菌、放线菌等。目前，已证明有一定溶煤效果的主要菌株如表 7-2 所示。

表 7-2　降解煤的主要菌株

类别	主要菌株名称
真菌	黄色镰孢菌(*Fusarium culmorum*)、曲霉菌属(*Aspergillus sp.*)、木耳菌属(*Auricularia sp.*)、平菇(*Lentinula edodes*)、青霉菌属(*Penicillium sp.*)、变色栓菌(*Trametes versicola*)、木霉菌属(*Trichoderma sp.*)，黄孢原毛平革菌(*Phanerochaete chrysosporium*)和斜卧青霉(*Penicillium decumbens P6*)等
细菌	红城红球菌(*Rhodococcus erythropolis*)、铜绿假单胞菌(*Pseudomonas aeruginosa*)、施氏假单胞菌(*Pseudomonas stutzeri*)、多黏类芽孢杆菌(*Paenibacillus polymyxa*)、土壤水微菌(*Aquamicrobium terrae*)、金黄色葡萄球菌(*Staphylococcus aureus*)、大肠杆菌(*Escherichia coli*)、节杆菌属(*Arthrobacter sp.*)、蜡样芽孢杆菌(*Bacillus cereus*)、短小芽孢杆菌(*Bacillus pumilus*)、枯草芽孢杆菌(*Bacillus subtilis*)、恶臭假单胞菌(*Pseudomonas putida*)、葡萄球菌属(*Staphylococcus JH-2*)、格尔木马赛菌(*Massilia golmudensis*)、冷湖游动微菌(*Planomicrobium lenghuensis*)和多噬香鞘氨醇单胞菌(*Sphingomonas polyaromaticivorans*)等
放线菌	栗褐链霉菌(*Streptomyces badius*)、茫崖诺卡氏菌(*Nocardia mangyaensis*)、西唐氏链霉菌(*Streptomyces setonii*)、诺卡氏菌属(*Nocardia sp.*)、绿孢链霉菌(*Streptomyces viridosporous*)、白色链霉菌(*Streptomyces albus*)、食石油类诺卡氏菌(*Nocardioides oleivorans*)等

7.2.2　培养基的类型及菌体特性

(1) 培养基的类型

由于各种微生物所需的营养不同，故培养基的种类很多。培养基可根据所含成分、物理状态及不同的使用目的等分为以下类型。

① 按照培养基的成分，培养基可分为合成培养基、天然培养基和半合成培养基三类。

a. 合成培养基：合成培养基是指各种成分完全是已知的培养基。这类培养基的化学成分清楚，组成成分精确，重复性强，但价格较贵，而且微生物在这类培养基中生长较慢。如高氏 1 号合成培养基、察氏培养基等。

b. 天然培养基：天然培养基是指由天然物质(如蒸熟的马铃薯和普通牛肉汤)制成的培养基。这类培养基的化学成分很不稳定，也难以确定，但配制方便，营养丰富，所以常被采用。

c. 半合成培养基：半合成培养基是指在天然有机物的基础上适当加入已知成分的无机盐类，或在合成培养基的基础上添加某些天然成分(如培养霉菌用的马铃薯葡萄糖琼脂培养基)制成的培养基。这类培养基能更有效地满足微生物对营养物质的需要。

② 按照培养基的物理状态，培养基可分为固体培养基、液体培养基和半固体培养基三类。

a. 固体培养基：固体培养基是指在培养基中加入凝固剂(如琼脂、明胶、硅胶等)制成的培养基。固体培养基常用于微生物分离、鉴定、计数和菌种保存等方面。

b. 液体培养基:液体培养基是指在培养基中不加任何凝固剂制成的培养基。这种培养基的成分均匀,微生物能充分接触和利用培养基中的养料,适用于生理等研究,由于发酵率高,操作方便,也常用于发酵工业。

c. 半固体培养基:半固体培养基是指在液体培养基中加入少量凝固剂而呈半固体状态的培养基。这种培养基可用于观察细菌的运动、鉴定菌种和测定噬菌体的效价等。

③ 按照微生物的种类,培养基可分为细菌培养基、放线菌培养基、酵母菌培养基和霉菌培养基四类。

a. 细菌培养基:常用的有营养肉汤培养基和营养琼脂培养基。

b. 放线菌培养基:常用的有高氏1号培养基。

c. 酵母菌培养基:常用的有马铃薯蔗糖培养基和麦芽汁培养基。

d. 霉菌培养基:常用的有马铃薯蔗糖培养基、豆芽汁葡萄糖(或蔗糖)琼脂培养基和察氏培养基等。

④ 按照培养基用途,培养基可分为加富培养基、选择性培养基和鉴别培养基。

a. 加富培养基:加富培养基是指在培养基中加入血、血清、动植物组织提取液制成的培养基。这种培养基用于培养要求比较苛刻的某些微生物。

b. 选择性培养基:选择性培养基是指根据某一种或某一类微生物的特殊营养要求或针对一些物理、化学抗性而设计的培养基。利用这种培养基可以将所需要的微生物从混杂的微生物中分离出来。

c. 鉴别培养基:鉴别培养基是指在培养基中加入某种试剂或化学药品,使培养后发生某种变化,从而区别不同类型微生物的培养基。

任何一种培养基一经制成就应及时彻底灭菌,以备纯培养用。

(2) 菌体特性

① 细菌的生物学特性

细菌是一种具有细胞壁的单细胞微生物,在适宜条件下,能进行无性二分裂繁殖,其形态和结构相对稳定。掌握细菌形态结构特征,对细菌降解转化煤炭具有重要意义。

a. 细菌的大小。细菌体积微小,一般要用光学显微镜放大几百倍到一千倍左右才能观察到,通常以微米(μm)为其大小的测量单位。细菌种类不同,大小差异很大,同一种细菌在不同生长环境中,或在同一生长环境的不同生长繁殖阶段,其大小也有差别。

b. 细菌的形态。细菌的基本形态有球状、杆状及螺旋状,根据形态特征将细菌分为球菌、杆菌和螺形菌三大类。

② 真菌的生物学特征

真菌是一种真核生物。真菌通常又分为三类,即酵母菌、霉菌和蕈菌(大型真菌)。真菌营养生长阶段的结构称为营养体。绝大多数真菌的营养体都是可分枝的丝状体,单根丝状体称为菌丝,许多菌丝在一起统称菌丝体,菌丝体在基质上生长的形态称为菌落。菌丝在显微镜下观察时呈管状,具有细胞壁和细胞质,无色或有色菌丝可无限生长,但直径是有限的,一般为2～30 μm,最大的可达100 μm。

③ 放线菌的生物学特征

放线菌是一类介于细菌与丝状真菌之间,在形态上具有分枝状菌丝,菌落形态与霉菌相似，以孢子进行繁殖的单细胞原核微生物。单细胞，大多由分枝发达的菌丝组成；菌丝直径与杆菌类似，约 1 μm；细胞的结构与细菌基本相同，细胞质内无细胞器的分化。细胞按形态和功能可分为营养、气生和孢子丝三种。营养菌丝：匍匐生长于培养基内，吸收营养，也称基内菌丝。一般无隔膜，直径 0.2～0.8 μm，长度差别很大，有的可产生色素。气生菌丝：营养菌丝发育到一定阶段，伸向空间形成气生菌丝，叠生于营养菌丝上，可覆盖整个菌落表面。在光学显微镜下观察，颜色较深，直径较粗（1～1.4 μm）。孢子丝：气生菌丝发育到一定阶段，其上可分化出形成孢子的菌丝，即孢子丝，又称产孢丝或繁殖菌丝。其形状和排列方式因种而异，常被作为对放线菌进行分类的依据。

7.2.3 菌种改良

微生物菌种选育技术在现代生物技术中具有十分重要的地位，历经自然选育、诱变育种、杂交育种、代谢控制育种和基因工程育种五个阶段。育种技术的发展和应用促进了煤炭微生物转化的发展。

（1）自然选育

自然选育是指微生物细胞群体不经过人工处理而直接进行筛选，以基因自发突变为基础，选育优良性状菌株的方法。这是最早应用微生物遗传学原理，进行育种实践的一个实例。由于微生物体内存在光复活、切补修复、重组修复等修复机制及聚合酶的校正作用，自发突变率（为 10^{-6}～10^{-10}）极低，较低的突变率使自然选育耗时较长，工作量大，从而影响育种的工作效率，因此，出现了诱变育种技术。

（2）诱变育种

诱变育种是指用物理、化学等诱变剂诱导生物体的遗传特性发生变异，通过筛选突变体，寻找正向突变菌株的一种诱变方法。诱变剂包括物理诱变剂（如紫外线、X 射线、快中子等）、化学诱变剂[如烷化剂（如甲基磺酸乙酯、亚硝基胍、乙烯亚胺及氮芥等）、天然碱基类似物、脱氨剂（如亚硝酸）、金属盐类（如氯化锂及硫酸锰）等]、生物诱变剂（如噬菌体等）。其中物理诱变剂因其价格经济，操作方便，应用最为广泛，如用紫外线等方法诱变产碱性蛋白酶的地衣芽孢杆菌，使其从原来的以玉米粉为碳源转变为以大米为碳源进行发酵产酶；将离子束诱变用于右旋糖酐产生菌，得到产量能提高的突变株；用红外射线诱变果胶酶产生菌、双向磁场应用于产睛水合酶的诺卡氏菌种的诱变育种都得到了较好效果。

诱变育种是微生物育种的重要方法，发酵工业中优良高产菌株绝大部分是采用诱变育种方法得到的。但是，杂交育种扭转了长期使用诱变剂会导致“疲劳效应”的局面。

利用紫外辐射法诱变黄孢原毛平革菌的生长状况如图 7-4 所示。微波处理菌株结果如图 7-5 所示。

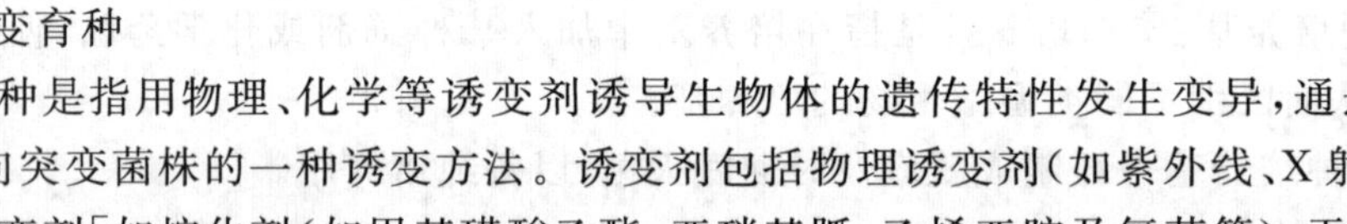

图 7-4　紫外辐射时间对菌株生长的影响

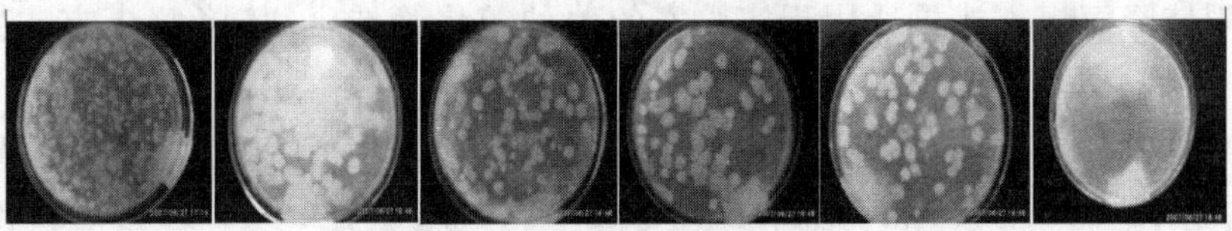

图 7-5　微波诱变处理时间对菌株生长的影响

(3) 杂交育种

杂交育种是将两个或多个菌株的优良性状集中在重组体中，再经过选择和培育，获得新品种的方法。杂交可以使双亲的基因重新组合，形成各种不同的类型，为选择提供丰富的材料，并克服长期使用诱变剂出现的"疲劳效应"。杂交育种选用已知性状的供体菌和受体菌为亲本，具有方向性和自觉性。

(4) 代谢控制育种

代谢控制育种是指以生物化学、遗传学和诱变育种为基础，研究代谢产物的生物合成途径和代谢调节机制，选择巧妙的技术路线，通过遗传育种技术获得解除或绕过了微生物正常代谢途径的突变株，从而人为地使用有用产物，实现有用产物的选择性地大量合成积累。代谢控制育种主要是通过控制酶的作用来实现的，因为任何代谢途径都是由一系列酶促反应构成的。代谢控制育种的崛起标志着育种发展到理性阶段，作为微生物育种最为活跃的领域而得到广泛的应用，它与杂交育种结合在一起，反映了当代微生物育种的主要趋势。

代谢控制育种提供了大量工业发酵生产菌种，导致了氨基酸、核营酸、抗生素等次级代谢产物产量成倍提高，大大促进了相关产业的发展。

(5) 基因工程育种

基因工程是在分子水平上对基因进行操作的复杂技术，是将外源基因通过体外重组后导入受体细胞内，使这个基因能在受体细胞内复制、转录、翻译表达的操作。目前的研究主要利用基因工程方法对生产菌株进行改造而获得高产工程菌，或者是通过微生物间的转基因而获得新菌种。基因工程育种是真正意义上的理性选育，可按照人们事先设计和控制的方法进行育种，它包括原生质体融合技术和现代基因工程技术。原生质体融合技术可在种内、种间、属间进行，不受亲缘关系的影响，遗传信息传递量大，无须了解双亲详细的遗传背景，便于操作。美国已用 4 种假单胞细菌的基因组融合到同一菌株中，创造了有超常降解能力的超级菌，其降解石油的速度非常快，几小时即可分解石油中三分之二的烃类。

近年来，灭活原生质体融合、离子束细胞融合、非对称细胞融合以及基因重排分子育种等新方法相继被提出并应用于微生物育种，这是原生质体融合技术的新发展。通过基因工程育种也可培育用于工业废水、废物处理的工程菌等。诸多类型的基因工程菌的构建使工业微生物育种突破了传统、经典的育种模式，具有非常好的工业应用前景。

7.3　煤炭生物转化方法

7.3.1　常规微生物降解方法

煤的微生物降解方法主要有固体降解和液体降解。固体降解是在固体培养基表面降解煤的方法。固体降解煤方式更适用于实验室的菌种纯化筛选，液体降解煤方式更有工业化应用前景。

（1）固体降解

固体降解是把营养物和琼脂组成的培养基经灭菌后倒在平板或者倒斜面上，然后在其表面划线接种，在适宜温度、湿度等环境条件下培养，待固体培养基表面的菌丝长到一定程度，把预先灭过菌的煤粉均匀撒在菌丝上，菌落就会以煤为碳源生长的方法。固体降解方法的缺点是不利于实现放大，降解产物分散于培养基中，不好收集。固体降解多用于试验初期的菌-煤筛选实验研究，如用腐烂木材中分离的真菌对褐煤颗粒地行降解，降解结果如图 7-6 所示。可以明显看出煤被溶解成黑色液滴，并浸润到固体培养基中，使培养基呈现出黑褐色。

图 7-6　硝酸预处理中国褐煤的生物溶解

（培养基表面出现黑色液体。白色部分为真菌）

（2）液体降解

① 胞外液降解煤

该方法是在液体培养基中培养菌株，待菌丝生长一定时间后，通过真空抽滤等过滤方法得到无菌胞外液，然后在其中加入灭过菌的煤，进行静置或摇瓶降解煤。该方法由于产物中没有菌丝体，煤降解产物容易收集，更利于探索降解煤的条件和工艺。如，利用金雀儿根瘤苍白杆菌分泌的细胞液、无细胞液（细胞外液）和 121 ℃高温加热处理的细胞外液降解硝酸预处理的内蒙赤峰褐煤，发现三者都具有较好的降解效果。细胞外液经高温处理后降解活性几乎没有降低，说明金雀儿根瘤苍白杆菌的分泌物具有一定的热稳定性，分泌物中可能含有耐高温的酶或碱性化合物。图 7-7 为细胞液、细胞外液、加热的细胞外液对内蒙古褐煤的降解效果图。

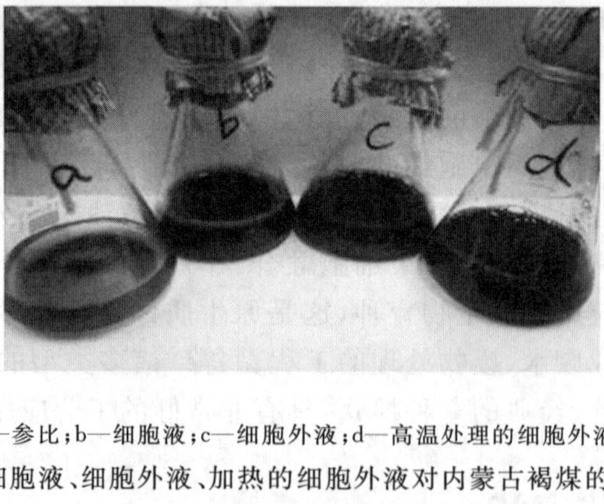

a—参比；b—细胞液；c—细胞外液；d—高温处理的细胞外液。

图 7-7　细胞液、细胞外液、加热的细胞外液对内蒙古褐煤的降解效果

② 细胞液降解煤

这种降解煤的方法是直接把菌株、灭过菌的煤样和液体培养基一起加入容器中，在一定的条件下培养，煤样可以在接种菌株时加入，也可以在菌株生长一段时间以后（一般是菌株进入对数生长期时）加入。反应后的产物经过滤，除去菌丝和未反应的残煤，滤液再进一步

离心，分离去除固体物。该方法操作简单，易于扩大，更适用于实际工业应用。

上述两种不同液体降解煤的过程可进一步根据菌种培养方法的不同分为液体静置培养和液体动态培养两种方法。液体静置培养是在已灭菌的器皿中倒入少量液体培养基，将降解煤微生物接种到培养基中，在生化培养箱中静置培养。液体动态培养则是在恒温动态的环境中进行培养，实验室常放置于恒温振荡培养箱中。这种培养方法的优点是可使微生物与煤样充分接触，有利于煤微生物降解的进行，而静置培养通常不能达到这种效果。

7.3.2　分级降解方法

煤的微生物分级降解方法易于工业化。煤风化降解过程中不同时期微生物类群存在明显的演替现象，即放线菌为褐煤风化降解初期的主要作用菌，随之是细菌，真菌则在褐煤风化降解的后期起主要作用。受此规律启迪，西安科技大学依据微生物类群的演替特点，提出低阶煤的分级降解模型，即放线菌、细菌和真菌逐级降解煤。煤的分级降解理论认为，煤结构十分复杂，针对煤中不同的结构单元，具有不同的降解机理，而不同的降解机理源自不同菌种产生的不同降解活性物质，这正是低阶煤分级降解技术的基础所在。低阶煤的分级降解技术，实现了多种微生物降解煤机理的联用，达到对煤高效降解的目的。分级降解反应器结构如图 7-8 所示。

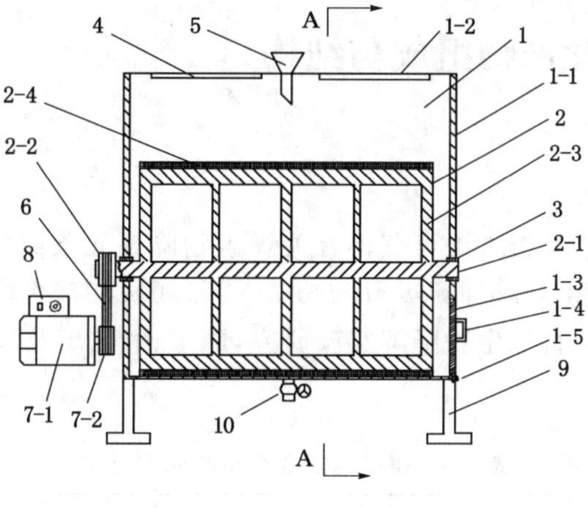

1—反应箱；1-1—反应箱箱体；1-2—反应箱箱盖；1-3—出料门；1-4—出料门把手；1-5—出料门铰链；2—旋转搅拌体；2-1—旋转轴；2-2—旋转轴带轮；2-3—十字搅拌桨；2-4—塑料搅拌刷；3—全密封轴承；4—紫光灯；5—加料斗；6—三角带；7-1—电机；7-2—电机带轮；8—调速器；9—支架；10—球阀。

图 7-8　低阶煤的分级降解反应器结构示意图

7.3.3　协同降解方法

煤的微生物降解是一个复杂的系统工程，单一作用往往对煤的降解效果有限。煤的微生物降解 ABCDE 机理（图 7-9）认为微生物降解煤的过程是酶、碱、螯合剂及表面活性剂等多种物质共同作用的结果，因而多种降解煤的活性物质联合作用，可能会产生更好的降解效果，基于此提出了协同降解方法。真菌混合液体培养对煤炭降解效果优于单一菌种的降解效果。在酸性糖蜜发酵条件下，褐煤生物降解研究表明，细菌发酵糖蜜和细菌降解褐煤之间存在相互刺激和协同关系。微生物聚生体的形成和细菌之间的协同作用提高了煤中木质纤维素的降解，增强了复杂底物组分之间的相互协同作用。降解木质素的微生物和高等植物根系分泌物协同作用对于降解低阶煤具有良好效果。

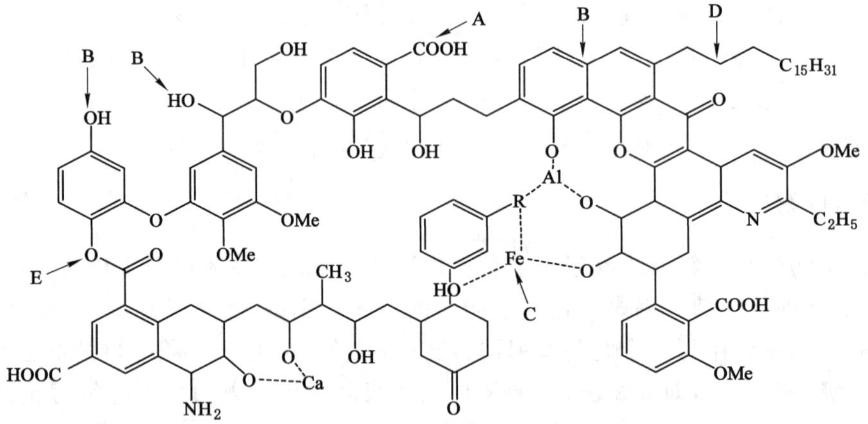

A—碱；B—生物氧化酶；C—螯合剂；D—表面活性剂；E—酯酶。

图 7-9 褐煤降解的 ABCDE 机理

7.4 煤炭生物转化产物组成与结构

7.4.1 元素组成

通过工业分析与元素分析方法可获得有关煤生物降解元素组成和降解程度的变化，例如，利用少动鞘脂单胞菌（*S. polyaromaticivorans*）和红城红球菌（*R. erythropolis*）对氧化的内蒙古褐煤（氧化煤）进行了生物降解实验研究，原煤、氧化煤及降解产物的工业分析和元素分析结果见表 7-3。

表 7-3 煤样的工业分析与元素分析

煤样	工业分析/%				元素分析/%				
	M_{ad}	A_d	V_{daf}	FC_{daf}	C_{ad}	H_{ad}	O_{ad}	N_{ad}	$S_{t,ad}$
褐煤	11.56	5.26	50.90	49.10	65.77	4.28	26.35	2.57	0.49
氧化煤	9.78	2.08	57.24	42.76	58.33	3.85	31.53	6.29	0
残煤（*S. polyaromaticivorans*）	6.28	5.47	40.52	59.48	57.64	3.61	33.44	5.22	0.09
残煤（*R. erythropolis*）	5.92	5.12	42.56	57.44	57.57	3.69	32.69	5.98	0.07

从表 7-3 中可以看出，氧化煤的含氧量和含氮量均有所增加，说明硝酸氧化过程中引入了含氧和硝基的官能团。微生物降解的固相产物（残煤）与氧化煤相比含碳量、含氢量和含氮量均有所下降，含氧量增加，说明降解过程中氧化煤被降解成小分子进入液相产物，并伴随着氧化作用。残煤的挥发分明显降低，固定碳含量增加，说明氧化煤发生明显降解，煤大分子降解后形成的大量小分子物质进入液相，使固相残渣挥发分降低，另外，从灰分的变化也可以看到，残渣中灰分相对富集。

7.4.2 官能团结构与结构参数的测定

利用 FTIR 不仅可以定性获得煤生物降解前后官能团的变化信息，也可通过计算获得相关结构参数，如富氢程度、富氧程度和缩合程度等，还可定量分析煤生物降解前后结构及官能团的变化情况。煤的 FTIR 吸收峰和归属见表 7-4，煤相关参数定义见表 7-5。

表 7-4　煤的 FTIR 特征吸收峰归属

编号	吸收带/cm^{-1}	峰归属	代号
1	3 730～3 680	高岭石(—Si—O—H)振动	A
2	3 680～3 610	高岭石(—Si—O—H)振动	B
3	3 600～3 100	氢键缔合—OH，—NH，—NH_2伸缩振动	C
4	3 100～3 000	芳烃 CH 伸缩振动	D
5	2 970～2 900	次甲基—CH_2对称伸缩振动	E
6	2 880～2 800	次甲基—CH_2不对称伸缩振动	F
7	1 790～1 680	—COOH，—CO 振动	G
8	1 670～1 530	羧酸根，芳烃 C═C 双键，氢键缔合羰基 —C═O—	H
9	1 530～1 480	芳核、芳烃 —C═C— 双键振动	I
10	1 480～1 400	甲基—CH_3面内弯曲振动	J
11	1 390～1 350	烷基结构上的甲基—CH_3，—CH_2的面内弯曲振动	K
12	1 330～1 100	酰胺—N—O—，酚、醇、醚、酯、Ar—CO—键	L
13	1 220～1 070	羟基—C—O—H，缩酮，缩醛—C—O—C—O—	M
14	1 050～1 000	高岭石等黏土矿物(—Si—O—)振动	N
15	1 020～970	高岭石等黏土矿物(—Si—O—)振动	O
16	920～900	石英矿物(—Si—O—)振动	P
17	890～820	芳核上 1 个氢原子面外变形振动(Ⅰ类氢原子)	Q
18	811～791	芳核上 2 个相邻氢原子面外变形振动(Ⅱ类氢原子)	R
19	753～747	芳核上 4 个相邻氢原子面外变形振动(Ⅳ类氢原子)	S
20	711～694	苯环折褶振动	T

表 7-5　煤相关结构参数定义

类别	参数	意义	说明
富氢程度	X1＝(E＋F)/H	次甲基度	X4＝E＋F＋J＋K X5＝H＋Q＋R＋S Z＝Q＋R＋S Z3 表示缩合度
	X2＝(J＋K)/H	脂芳比	
	X3＝X4/X5	总脂芳度	
富氧程度	Y1＝C/X5	富氧度	
缩合程度	Z1＝Q/Z	Ⅰ类氢原子丰度	
	Z2＝R/Z	Ⅱ类氢原子丰度	
	Z3＝S/Z	Ⅳ类氢原子丰度	

褐煤及其经 *B. mycoides NS*1020 和 *G. alkanivorans S*7 两种微生物降解后的固相和液相降解产物的红外谱图分析结果表明，两种微生物降解固相产物结构相似，在 3 600～2 500 cm^{-1} 的波数范围内，透射率降低表明醇羟基、酚羟基和羧酸中所含羟基的数量减少。*G. alkanivorans S*7 处理的固体产物煤样在 1 100 cm^{-1} 处出现吸收峰，归属为醚键。微生物降解的液相产物的红外特征峰显示其为典型的腐植质。此外，3 600～3 200 cm^{-1} 波数内的特征峰归属为醇羟基、酚羟基和 N—H 键，说明细菌降解导致褐煤中某些共价键的断裂以及新键的生成。

有机化合物对紫外可见光吸收带的产生原因归于电子跃迁伴随振动能级和转动能级的跃迁，主要跃迁类型有：$\sigma-\sigma^*$、$n-\sigma^*$、$\pi-\pi^*$、$n-\pi^*$ 四种。$\sigma-\sigma^*$ 跃迁需要能量较高，谱带位置＜200 nm，对应物质为饱和烃；$n-\sigma^*$ 跃迁所需能量较高，发生在含有未共用电子对（非键电子）原子的饱和有机化合物中，谱带位置在 150～250 nm 的远紫外光和近紫外光区；$\pi-\pi^*$ 为强吸收带，多为具有共轭效应的化合物，吸收带位于 200～300 nm 的近紫外光区或可见光区；$n-\pi^*$ 跃迁发生在孤对电子向反键轨道跃迁，简单的生色团中的孤对电子向反键轨道跃迁，谱带位置在 200～400 nm 近紫外光区，主要为含有杂原子的不饱和基团。

紫外光谱可用于研究原煤、预处理煤样、微生物作用的固相产物和液相产物的不饱和基团以及特定物质的吸收特征，以进一步分析煤生物转化过程中结构的变化规律。用产碱假单胞菌、施氏假单胞菌、铜绿假单胞菌和粗毛栓菌等 4 种株菌溶煤的液相产物的紫外光谱分析结果表明，4 种溶煤产物的紫外光谱特征类似，200 nm 处的吸收峰归属于共轭双键中 $\pi-\pi$ 共轭跃迁所引起的，推测液体溶煤产物中存在较多不饱和结构，如醛、酮、酸类物质。此外，该吸收峰也符合芳香化合物的特征吸收峰，说明煤生物转化产物中大相对分子质量芳香类物质被溶解为其他不饱和小相对分子质量物质。

采用核磁共振可进一步研究煤生物降解产物的煤官能团结构和结构参数。用^{1}HNMR 研究煤生物转化产物结构时，一般需要将煤进行有机溶剂抽提，然后用^{1}HNMR 探究煤中各类小分子的结构。^{13}C 核磁共振谱（^{13}C NMR）则可用于固相和液相产物的分析，解析煤的碳结构骨架。云芝培养液降解褐煤的液相产物的^{1}H－NMR 谱图如图 7-10 所示。处理得出各类质子相对含量为：芳香氢为 16.8 %，活泼氢为 54.6%，脂肪氢为 14.3%，其中芳香氢包括醌、苯酚、含氧或含氮杂环化合物甲酸盐及其他具有空间位阻的芳香氢。活泼氢包括—OH、—COOH、＞NH 和—NH_2基团及溶剂中微量水。

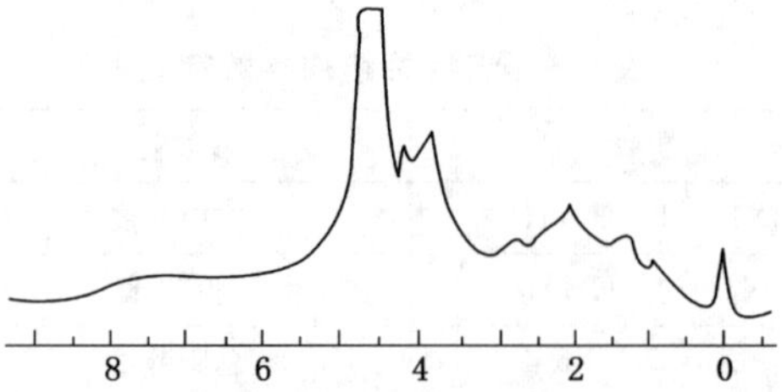

图 7-10　云芝培养液降解褐煤的液相产物的^{1}H－NMR 谱图

通过 X 射线衍射对原煤、氧化煤和微生物作用后的固相产物进行表征，可获得煤的微晶结构参数以及芳香族结构大小、原子分布和键长等。生物溶煤的液相产物、固相产物（残煤）、氧化煤和原煤的 XRD 分析结果如表 7-6 所示。

表 7-6　各煤样的 XRD 结构参数

煤样	$2\theta_{002}$/(°)	d_{002}/nm	L_c/nm	L_a/nm	N_{ave}/layer
原煤	24.024 3	0.370 41	0.902 75	1.846 92	3.437 16
氧化煤	22.995 9	0.386 74	0.719 54	1.317 66	2.860 55
固相产物(残煤)	21.700 5	0.409 52	0.618 56	1.180 85	2.510 46
液相产物	21.120 3	0.420 64	0.594 85	1.056 65	2.414 16

注：d_{002}代表芳香层片间距离；L_c代表芳香层片平均堆砌厚度；L_a代表芳香层片的平均直径；N_{ave}代表芳香层片堆砌层数。

硝酸预处理和微生物溶煤使得煤样的各芳香层片间距离 d_{002} 逐渐增大，芳香层片堆砌厚度 L_c 逐渐降低，芳香层片的平均直径 L_a 逐渐减小，芳香层片堆砌层数 N_{ave} 相应减少。说明煤的微晶结构不断地发生着规律性的变化，芳香层片的堆砌高度降低，芳香层片排列的有序程度降低，煤芳环缩聚程度降低，煤晶核不断减小，煤结构中芳构化程度降低，煤大分子结构发生了降解。

绿孢链霉菌降解光氧化内蒙胜利褐煤的降解产物为黑色油状液体，经 0.22 μm 微孔滤膜过滤后得到红棕色清亮液体。选取极性不同的溶剂：正己烷(极性 0.06)、甲苯(极性 2.40)和乙酸乙酯(极性 4.30)分别对滤液进行萃取，所得萃取液用气相色谱-质谱联用仪(GC-MS)进行分析，其中正己烷萃取物的总离子色谱图如图 7-11 所示。

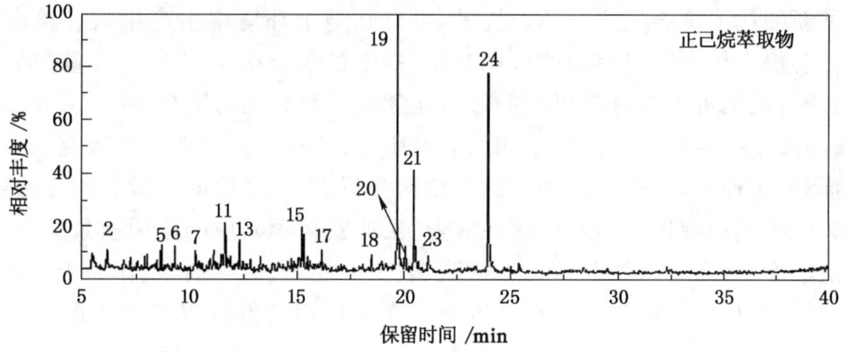

图 7-11　正己烷萃取物的总离子色谱图

由正己烷萃取降解液体产物的 GC-MS 分析表明，降解液中主要为酯、烷烃等化合物，其相对丰度较高的烷烃类化合物主要有：二十一烷、3，3-二甲基己烷等；酯类化合物有：二十二烷酸-1-甲基丁酯、邻苯二甲酸双(2-甲基丙基)酯、十六烷酸甲酯、邻苯二甲酸丁基辛基酯等；芳杂环化合物有：9-氧代-9，10-二氢吖啶-4-基乙酸、6，8-二氯-2-三氟甲基-4-喹啉等。

7.5　煤的微生物气化

煤的微生物气化也是煤生物转化的重要途径。煤的微生物气化的主要菌种有水解和发酵细菌、产酸细菌和产甲烷古菌。与传统的煤气化技术相比，该技术低能耗、绿色、环保，具有探索的价值。煤制备生物甲烷主要有三个阶段：用化学或物理方法对煤进行预处理，如用酸性催化剂对煤进行粉碎和氧化，生成小分子的煤，并以此作为 ABCDE 机理的底物；解聚煤分子的转化过程，如通过各种微生物将煤的长链烷烃、多环芳烃和复杂芳香族化合物转化为脂肪酸；产甲烷菌发酵脂肪酸，生产生物甲烷。

在生物转化的初始阶段，煤中复杂的有机化合物被水解细菌分解为简单的分子，如多环芳烃、单环芳香羧酸、酮、单环芳烃、长链烷烃和长链脂肪酸。然后，这些分子通过发酵性厌氧菌转化为短链挥发性脂肪酸、CO_2、H_2 和 HS^-。另外，产醋酸菌，如梭菌属的产醋酸菌，可以通过两种途径产醋酸：挥发性脂肪酸产氢和以氢为电子供体的二氧化碳还原。参与煤生物转化的微生物群落主要有厌氧菌，如螺旋杆菌、拟杆菌、硬杆菌、变形杆菌、β 变形杆菌和 γ 变形杆菌等。这些发酵菌具有强的降解聚合物的能力。产甲烷古菌或产甲烷菌发生作用形成最终产物甲烷。

煤炭生物气化效率较低，为提高微生物气化的转化率，研究多集中在菌群筛选、煤样预处理以及实验条件的优化。对于同一煤矿区的泥样和煤样，添加外源菌系的煤样比未添加的产甲烷量高，且外源菌系的选择对微生物产甲烷有较大影响。本源菌和外源菌具有相似的成气过程，且两种菌源产甲烷的效率相近，但外源菌与煤作用的产氢量明显优于本源菌，说明本源菌中的产氢微生物群落较少。研究发现山西沁水煤田赵庄矿区的本源产甲烷微生物菌群可以对煤进行有效降解，产生甲烷。主要影响因素有：pH 值、温度、煤粒度、微量元素、菌群与培养基比例等。最优条件为：pH 值为 7.0、温度为 30 ℃，煤层气井水与培养基比例为 4∶1，微量元素添加量为 10 mL/L，底物煤粒度为 120 网目。Noritaka Aramaki 等人则提出了一种新的地下培养气化(SCG)技术，可以在地下环境中生产甲烷。该方法使用过氧化氢快速分解褐煤作为产甲烷菌的可用基质，褐煤的氧化分解可产生大量的低相对分子质量有机酸，产甲烷菌可将含有有机酸的过氧化氢反应液转化为甲烷。

目前，煤的微生物转化技术尚处于初级研究阶段，还有许多难题需要攻克，如，降解菌种适配性、高效降解菌种培育、降解产物分离与结构分析、降解产物的高效利用方法或途径等。煤的微生物转化得到的液体物质或残煤在农业、工业及医学领域的应用前景广阔，如把溶煤产物转化为清洁燃料；溶解产物也可用作树脂、表面活性剂、抗氧剂等；作为土壤调节剂应用在农业生产中；作为免疫辅药应用于医学方面。真菌作用于低阶煤释放出的低分子芳烃是非常有价值的工业化学品。在利用煤的降解产物作为原材料合成精细化学品方面也具有巨大的开发价值。煤降解得到的腐植酸与富里酸可用于植物生长等。

思考与讨论

1. 请列举可被微生物降解的煤种；讨论一下煤炭预处理的必要性。
2. 请比较各类微生物的特点；谈谈降解煤炭时选取微生物的原则。
3. 分析煤炭生物转化方法的优缺点。
4. 试比较煤炭生物降解产物的分离和分析方法。
5. 预测煤生物转化产物的应用前景。

第8章 矿物材料

矿物材料主要是指可直接或间接利用其物理、化学性能的矿物岩石或以天然矿物岩石为主要原料加工、制备而成，组成、结构、性能和使用效能与矿物岩石原料存在直接继承关系的材料。矿物材料按材料状态可分为单晶材料、多晶材料、非晶材料、复合材料、分散材料；按材料加工或制备工艺特点可分为机械加工材料、化学处理材料、热处理材料、水热处理材料、熔融处理材料、胶结处理材料、烧结处理材料等，或分为熔浆型材料、烧结型材料和胶凝型材料；按材料功能特性可分为矿物结构材料和矿物功能材料，矿物功能材料又可以进一步分为环境矿物材料、医用/医学矿物材料、能源矿物材料等；按矿物原料的来源和加工特点可分为天然矿物材料、人工矿物材料、改性(含改型)矿物材料和复合矿物材料。

天然矿物材料是指将天然矿物或岩石原料经物理加工后，没有改变矿物岩石原料的成分和结构，而制成的具有一定性能和用途的矿物材料，如重钙粉、石英粉、滑石等。人工矿物材料是指通过人工方法制成的单质或化合物，既可与天然矿物材料相同或类似，如合成金刚石、层状化合物材料，也可在自然界中不存在，如碳化硅、量子点、石墨烯等完全人工合成的材料。改性(含改型)矿物材料是指将天然或人造矿物或岩石原料经物理或化学加工后，矿物岩石的性能产生了定向性的变化，但矿物岩石主体的成分和结构没有产生明显变化的矿物材料，如膨胀蛭石、膨胀石墨、石墨乳、涂敷石棉等。复合矿物材料是指将天然矿物材料、人工矿物材料、改性矿物材料与有机材料经物理加工后而制成的具有一定性能和用途的矿物材料。如蒙脱石/有机物纳米复合材料、石棉纳米电缆与半导体量子线等。

现代矿物材料加工的途径、方法更加精细，材料的性能与加工或制备的方法更加紧密，总结起来主要包括：① 提纯，如物理提纯、化学提纯、超临界提纯等；② 细化，如超细粉碎、纳米化分散等；③ 改性、改型，如表面改性、钠化改型、加热处理改性(型)等；④ 化合-分解，如酸活化处理、人工合成、加热分解、插层处理等；⑤ 复合，如原位聚合、有机-无机复合等；⑥ 组装，原子、分子工程加工技术，如插层、柱化、分子自组装等。

8.1 矿物材料的制备方法

8.1.1 化学气相法

化学气相法也称为化学气相沉积法，是指利用挥发性金属化合物或气态物质在气相或气-固界面上发生反应生成固态沉积物(或超微粒子)的过程。按加工方式可将化学气相法分为电炉法、化学火焰法、等离子体法、激光法等。按过程的压力可将化学气相法分为常压化学气相沉积、低压化学气相沉积、超高真空化学气相沉积等。化学气相法的特点主要表现为：沉积物种类多(可以是金属薄膜、非金属薄膜，也可以是多组分合金薄膜、陶瓷或化合物层等)，镀膜的绕射性好，均匀，纯度高，致密，残余应力小，结晶好等。例如，采用 $AuCl_3$/Bi 混合物或 $BiCl_3$ 粉末，在相对低的温度下(250 ℃)，反应生成的 BiOCl 纳米结构可以直接生长在各种基质上，通过控制基质温度、蒸发源和催化剂，BiOCl 纳米结构可以表现出不同的形貌，包括纳米线、纳米带、纳米花、纳米片和纳米板。

8.1.2 液相法

液相法是将一种或几种合适的可溶性金属盐配制成溶液，使金属盐中各元素呈离子态或分子态，通过合适的沉淀剂或用蒸发、升华、水解等操作均匀沉淀或结晶的过程。液相法可进一步分为物理法和化学法。

物理法是将溶解度高的盐进行溶解，然后雾化成小液滴，使盐溶液呈球状，通过加热使水分均匀蒸发或冷冻，再经低温低压升华脱水，最后得到超细金属盐化合物，进一步热分解可以到金属氧化物微纳米粒子的过程。

化学法是在金属盐溶液中通过水解等化学反应生成沉淀，然后分离出沉淀，再进一步经干燥、焙烧加工等过程制备相应的纳米或特殊形貌矿物材料的过程。化学法的原理是选择一种或多种可溶性盐类，按照所要制备材料的化学计量比配制成溶液，使各元素呈离子态或分子态，再选择一种合适沉淀剂(或蒸发、升华、水解等方法)，使金属离子均匀沉淀，最后将沉淀或结晶物脱水或加热得到相应的矿物材料。液相法进一步可细分为沉淀法，水热合成法、溶剂热合成法、溶剂蒸发法、微乳液法、模板合成法、溶胶-凝胶法和有机配合物前驱体法等。

8.1.2.1 沉淀法

沉淀法是通过化学反应使原料生成沉淀，然后再经过过滤、洗涤、干燥、加热分解成纳米矿物材料的过程。常用的沉淀法包括直接沉淀法、共沉淀法和均相沉淀法等。沉淀法涉及步骤多，影响因素复杂，水洗和过滤困难，要特别控制好成核过程、抑制粒子的团聚。

(1) 直接沉淀法

直接沉淀法是在金属盐溶液中加入沉淀剂，在一定条件下生成沉淀析出，沉淀经洗涤、热分解等处理工艺后得到超细产物的过程。不同的沉淀剂可以得到不同的沉淀产物，常见的沉淀剂有：$NH_3 \cdot H_2O$、$NaOH$、$(NH_4)_2CO_3$、Na_2CO_3、$(NH_4)_2C_2O_4$等。直接沉淀法的优点是操作简单，产品纯度很高，有良好的化学计量性等，其缺点是洗涤去除原溶液中的阴离子较难，产品的粒度分布较宽，分散性差。直接沉淀法是制备超细微粒广泛采用的一种方法。

(2) 共沉淀法

共沉淀法是指在含有两种或多种阳离子的溶液中，加入沉淀剂，经沉淀反应后，可得到各种成分均一沉淀的过程。共沉淀法的优点是工艺简单，煅烧温度低和时间短，产品化学成分均一、粒度小、分布均匀等。共沉淀法是制备含有两种或两种以上金属元素的复合氧化物超细粉体材料的重要方法。

(3) 均相沉淀法

均相沉淀法是在均相溶液中，借助于适当的化学反应原位形成沉淀剂，有控制地产生沉淀使金属离子在整个溶液中缓慢地析出密实而较重的无定形沉淀或大颗粒的晶态沉淀的过程。均相沉淀法的原理是通过溶液中的化学反应使沉淀剂慢慢生成，从而克服了由外界向溶液中加入沉淀剂时造成的沉淀剂局部过浓等问题。例如，氧化物纳米粉体材料制备中，常用尿素作为沉淀剂，这是因为尿素水溶液在一定温度下水解可均匀生成沉淀剂氨水。

(4) 水解沉淀法

水解沉淀法是将金属盐溶液在一定温度条件下进行水解生成氢氧化物或水合氧化物沉淀,经过滤、洗涤、干燥后,再经加热分解形成纳米粒子的过程。水解沉淀法主要有无机盐水解法、金属醇盐水解法、喷雾水解法、微波辅助水解法、光和辐射辅助还原法等。

8.1.2.2 水热合成法

水热合成法是指温度为100～1 000 ℃、压力为1 MPa～1 GPa条件下,在水溶液或蒸汽等流体中,基于物质发生的化学反应而进行材料合成的方法。根据加热温度,水热合成法可以分为亚临界水热合成法和超临界水热合成法。亚临界水热合成法的水热釜温度一般控制在100～240 ℃;超临界水热合成法的水热釜温度一般控制在1 000 ℃左右,压力可达0.3 GPa,主要用于人造宝石、彩色石英的制备。

在亚临界和超临界水热条件下,由于反应处于分子水平,反应活性提高,因而水热反应可以替代某些高温固相反应。由于水热反应的均相成核及非均相成核机理与固相反应的扩散机制不同,因而可以创造出其他方法无法制备的新化合物和新材料。水热合成法的优点是晶粒发育完整,粒度小,分布均匀,纯度高,易得到合适的化学计量物质和晶形等。

8.1.2.3 溶剂热合成法

溶剂热合成法是指在密闭的容器中(如高压反应釜),在改变反应温度和压力条件下,提高反应物的溶解性和反应活性,促进化学反应进行,使得常温常压下很难发生反应的物质进行反应的方法。例如,在经典溶剂热合成法中,用六亚甲基四胺(HMT)作为沉淀剂,聚乙烯吡咯烷酮(PVP)作为表面活性剂,在100 min内快速合成了CeO_2纳米粒子,通过这种方法大大缩短了材料合成的周期。

又如,将$Ce(NO_3)_3 \cdot 6H_2O$作为前体,以甲醇为溶剂,通过溶剂热合成法制备了血小板型CeO_2纳米粒子;将$Ce(NO_3)_3 \cdot 6H_2O$、NaOH及甲醛溶液混合搅拌后进行溶剂热反应,将得到的白色粉末在空气中煅烧后得到介孔CeO_2纳米带。该过程没有添加任何模板剂或表面活性剂,主要通过改变溶液中的阳离子和酸碱度来实现结构的调节。显然,前驱体在溶液中的溶解度对晶体生长起着决定性作用。

8.1.2.4 溶剂蒸发法

溶剂蒸发法是先把金属盐溶液制成微小液滴,再加热使溶剂蒸发,溶质析出而制得纳米矿物材料的方法,包括直接干燥法或直接蒸发法、喷雾干燥法和冷冻干燥法等。直接干燥法是将混合均匀的溶液置于加热器或干燥器中,经加热使溶剂不断蒸发而获得前驱体的方法,包括搅拌干燥法和真空干燥法等。

8.1.2.5 微乳液法

微乳液法,也称反相胶束法,是指两种互不相溶的溶剂在表面活性剂的作用下形成乳液,也就是双亲分子,将连续介质的溶剂分割成微小空间,形成微型反应器,在微泡中物质经反应成核、聚结、团聚、热处理后得到纳米矿物材料的方法。该方法的特点是粒子的单分散和界面性好,Ⅱ～Ⅵ族半导体纳米粒子多用此法制备。微乳液是热力学稳定、透明的水滴在油中(W/O)或油滴在水中(O/W)形成的单分散体系,其微结构的粒径为5～70 nm,分为O/W型和W/O(反相胶束)型两种,是表面活性剂分子在O/W界面形成的有序组合体。微乳液法的优点是纳米粒子粒径分布窄,单分散性和稳定性好等。

8.1.2.6 模板合成法

模板合成法就是将具有纳米结构、形状容易控制、价廉易得的物质作为模板，通过物理或化学的方法将相关材料沉积到模板的孔中或表面，然后移去模板，得到具有模板规范形貌与尺寸的纳米材料的过程。模板合成法通常用来制备特殊形貌的纳米材料，如纳米线、纳米带、纳米丝、纳米管与片状纳米材料等。

模板合成法可以根据合成材料的性能要求以及形貌来设计模板的材质和结构，以满足实际需要。模板合成法的主要特点是反应可有效限域控制，可用模板为载体精确调控纳米材料尺寸、形状、结构和性质，可实现纳米材料合成与组装一体化，提高纳米材料分散稳定性等。根据模板自身的特点和限域能力不同，模板可分为软模板和硬模板两种。二者的共性是都能提供一个有限大小的反应空间，区别在于前者提供的是处于动态平衡的空腔，物质可以透过腔壁扩散进出；而后者提供的是静态的孔道，物质只能从开口处进入孔道内部。

(1) 软模板合成法

软模板合成法一般是指以两亲分子形成的各种有序聚合物（如液晶、囊泡、胶团、微乳液、自组装膜以及生物分子和高分子的自组织结构等）为软模板，通过软模板的非共价键作用力或空间的限域作用，结合电化学、沉淀法等技术，使反应物在具有纳米尺度的微孔或层隙间反应，形成不同特征形貌和尺寸的纳米材料的方法。

例如，溶致液晶软模板合成法制备纳米 BiOCl。控制液晶相条件，可得到较均匀的 250 nm 长箭头状 BiOCl 粒子和粒径为 5 nm 的球形 BiOCl 粒子。在没有液晶的情况下，合成的 BiOCl 粒子主要为 50～250 nm 圆盘状形貌。溶致液晶是一种两亲性分子-水体系，该体系为使自由能最小化，会自组装形成由纳米尺度的疏水和亲水区域组成的周期性结构晶格。这些自组装纳米晶格可作为纳米材料合成的反应器，具有尺寸、形状、对称性和连接性的可设计性，重复性好，可用于可控规模化生产等特点。当这些纳米反应器用于材料合成时，正是“软”纳米反应器与正在生长的无机相的微妙相互作用，决定了最终得到的纳米材料的尺寸、形状和晶体取向。

又如，用蒸发诱导自组装软模板合成法，以钛酸异丙酯为钛源，合成介孔 TiO_2。采用聚醚 P123 作为模板，加入 $TiCl_4$ 调节 pH 值，使 pH 值保持在 1～2，40 ℃下蒸发溶剂一天，最后在 350 ℃下焙烧去除模板得到介孔 TiO_2。此方法合成的介孔 TiO_2 具有六边形结构和坚固的无机骨架和厚的通道壁，且介孔结构规整性有所改善，表面积达到 223 m^2/g，介孔大小为 4.1 nm。以 $TiCl_4$ 作为 pH 值调节剂和水解缩合控制剂，可以克服 $TiCl_4$ 在乙醇中溶解剧烈放热并产生大量 HCl 的缺点。

(2) 硬模板合成法

硬模板合成法一般是指以具有共价键维系特异形状的多孔物质（例如阳极氧化铝膜、多孔硅、金属模板、天然高分子材料、分子筛、胶态晶体、炭材料等）为硬模板，将某种无机金属前驱物引入硬模板孔道中，然后经焙烧在纳米孔道中生成氧化物晶体，去除硬模板后，以制备出相应的特殊形貌和尺寸的纳米材料的方法。与软模板合成法相比，硬模板合成法具有较高的稳定性和良好的窄间限域作用，能严格地控制纳米材料的大小和形貌。硬模板结构比较单一，因此用硬模板制备的纳米材料的形貌通常变化也较少。

例如，中空多壳层结构 TiO_2 及其复合材料的制备。首先，采用 Stöber 法合成 SiO_2 球形模板，再将异丙醇钛加入 SiO_2 分散液中低温搅拌 12 h 后即可得到 SiO_2/TiO_2 核壳结构；用聚乙烯吡咯烷酮(PVP)对 SiO_2/TiO_2 进行表面修饰,通过溶胶-凝胶法,在修饰后的 SiO_2/TiO_2 核壳结构表面再次生长 SiO_2 层;再次在其表面包覆 TiO_2 即可得到 $SiO_2/TiO_2/SiO_2/TiO_2$ 结构;重复包覆 SiO_2 和 TiO_2 过程即可得到 $SiO_2/TiO_2/SiO_2/TiO_2/SiO_2/TiO_2$ 结构;在900 ℃将其煅烧 6 h,用 NaOH 溶液刻蚀去除 SiO_2 模板即可得到中空多壳层结构 TiO_2 球($MS\text{-}TiO_2\text{-}HNPs$)。通过这种方法,可以合成壳层数可控的 1～3 壳层 $MS\text{-}TiO_2\text{-}HNPs$,如图 8-1 所示。此外,采用类似的逐层包覆式硬模板法,还可实现内外层晶型不同的中空多壳层结构材料的合成。

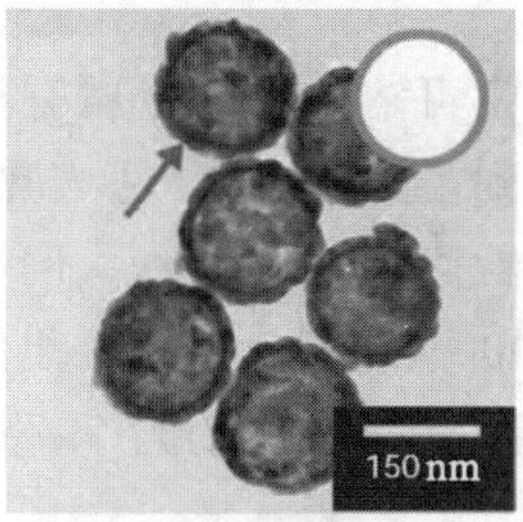

(a) 单壳层

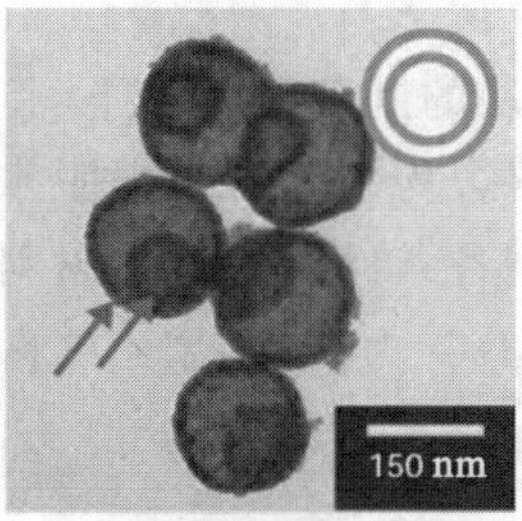

(b) 双壳层

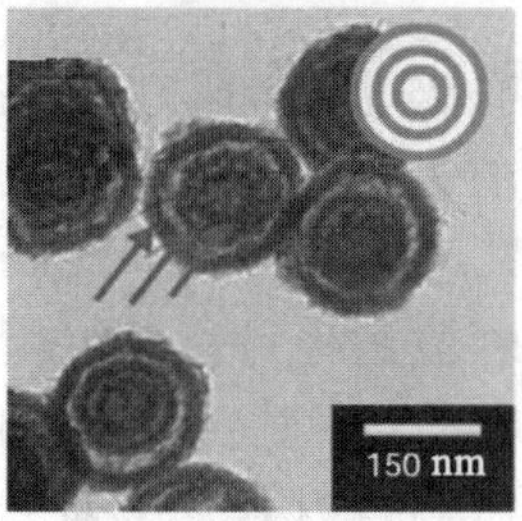

(c) 三壳层

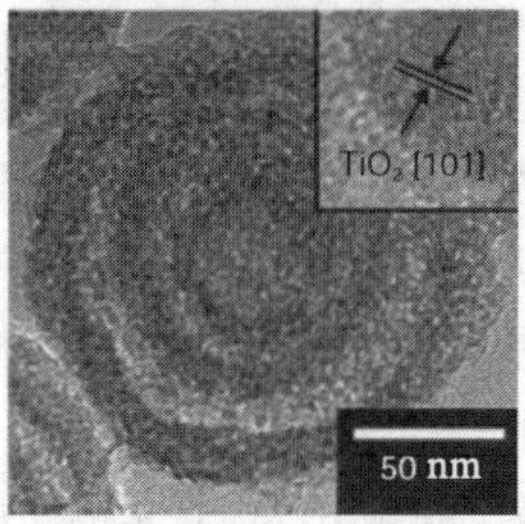

(d) 三壳层高分辩率TEM照片

图 8-1 $MS\text{-}TiO_2\text{-}HNPs$ 的透射电子显微镜(TEM)照片

8.1.2.7 *溶胶-凝胶法*

溶胶-凝胶法是将前驱体(含高化学活性组分的原料)在液相中混合均匀,经过水解、缩聚反应形成稳定的溶胶体系,进而浓缩交联变成三维空间网络结构的凝胶,最后通过干燥和热处理等方法制备出纳米材料的过程。溶胶-凝胶法包括溶胶的制备和溶胶-凝胶转化两个过程。凝胶是指含有亚微米孔和聚合链相互连接的网络。溶胶可以是有机网络、无机网络或有机-无机互穿网络。溶胶-凝胶法有很多独特的优点,如仪器操作简单,温度等条件温和,所制备的纳米材料粒度分布窄、纯度高、比表面积大、能够实现分子水平的均匀掺杂等。溶胶-凝胶法的主要缺点是某些原料昂贵、有毒,制备周期长(几天或几周),干燥收缩大或孔发生坍塌等。

例如,Mn-Ce 二元氧化物在空气污染物消除(消除 NO_x、VOCs、CO、碳烟、HgO、甲醛)、能源储存(金属-空气电池、超级电容器)、光催化等方面有良好的应用前景。其制备过程为:在 Mn^{2+} 和 Ce^{3+} 混合溶液中加入螯合剂柠檬酸(Citric acid,CA),在 80 ℃下缓慢蒸发形成凝胶,再进行干燥,最后热处理得到 Mn-Ce 二元氧化物。Mn-Ce 二元氧化物可以协同 MnO_x 催化性能和 CeO_2 储放氧能力,提高了其催化氧化性能。STM 研究表明,Mn 在 CeO_2 {111}晶面形成单原子高的突起,以 Mn—O—Ce 的形式连接,在室温下就有强相互作用。

理论计算得到，Mn-Ce 固溶体中，少量 Mn 掺杂 CeO_2 能降低氧空位形成能，从而产生更多氧空位，提高氧转移能力。

8.1.2.8 有机配合物前驱体法

有机配合物前驱体法是采用易通过热分解去除的多齿配合物（如柠檬酸）为分散剂，通过配合物与不同金属离子的配合作用得到高分散的复合前驱体，最后再通过热分解方法去除有机配体而得到纳米复合氧化物材料的方法。该方法具有原料来源广、价格低廉等特点。常用的分散剂或有机配体有柠檬酸、乙二胺四乙酸等小分子，也可以用大分子聚合物作为配体。

有机配合物前驱体法的制备过程如下：首先将可溶于水的金属有机羧酸盐、硝酸盐等与有机分散剂溶于水中，混合均匀后再缓慢脱水得到凝胶，凝胶经适当热处理即可得到各种不同粒径的氧化物，改变制备条件就可调控材料的粒度大小或分布。例如，采用聚合物前驱体法以 $(NH_4)_6W_7O_{24} \cdot 6H_2O$ 为钨源，聚乙二醇 1000（PEG 1000）为配位聚合物，采用浸渍提拉法镀膜，经 450 ℃热处理后，可制备出立方晶系、禁带宽度约为 2.7eV 的 WO_3 薄膜。

8.1.3 固相法

固相法是将金属盐或金属氧化物按一定比例充分混合，研磨后进行煅烧，发生固相反应后，直接或再研磨到超微粒子的过程。该方法具有设备和工艺简单、成本低等优点，但存在纯度不足、能耗高等缺点。

固相法合成的矿物纳米材料主要是粉体材料或结构材料。固相法主要有传统的高性能球磨法和快淬法。球磨过程中，由于引入了大量的应变、缺陷以及纳米量级的微结构，从而使材料远离平衡态，呈现出异于常规方法所制备材料的物理性质。例如，尖晶石型 $LiMn_2O_4$ 作为锂离子电池正极材料，具有比能量高、价格便宜、环保、易制备等优点，适量的 Ni 或 Zn 掺杂均能提高尖晶石 $LiMn_2O_4$ 的结构稳定性，改善电极的电化学性能。采用固相法，根据 $LiNi_{0.10}Zn_xMn_{1.90-x}O_4$（$x<0.15$）化学式中各元素的计量比，以碳酸锂和碳酸锰为原料，醋酸镍和醋酸锌为掺杂剂，5%柠檬酸为燃料在球磨罐中混匀 10～12 h，烘干后在氧气气氛下 500 ℃ 燃烧反应 1 h，然后再在马弗炉中 650 ℃焙烧 6 h，最终得到尖晶石结构、无杂相生成、均为分散性好、结晶性高的类球多面体，颗粒尺寸为 100～200 nm。其中粒径（130 nm）相对较小的 $LiNi_{0.10}Zn_{0.02}Mn_{1.88}O_4$ 具有优异的循环稳定性和倍率性能。

又如，钛酸锂是一种尖晶石结构的锂离子电池负极材料，相对于碳基材料具有更好的充放电性能、循环稳定性和使用安全性能，成为研究新型锂电子电池负极材料的热点。固相法合成钛酸锂一般以 TiO_2 或 $TiO(OH)_2$ 作钛源，Li_2CO_3、$LiNO_3$ 或 LiOH 等作锂源，将 Li 与 Ti 按一定物质的量比均匀混合，在氩气保护环境下高温 800 ℃左右煅烧 6～8 h，得到钛酸锂粉末，其制备工艺流程如图 8-2 所示。

8.1.4 自组装合成法

自组装合成法是指利用单元结构（原子、分子、粒子）之间自发组装成稳定的、结构明确的新纳米结构的一种纳米材料制备方法。单元结构之间通过非共价键等作用力进行自组装，这些作用力主要包括氢键、范德瓦耳斯力、静电力等。在自组装过程中，原子、分子、粒子

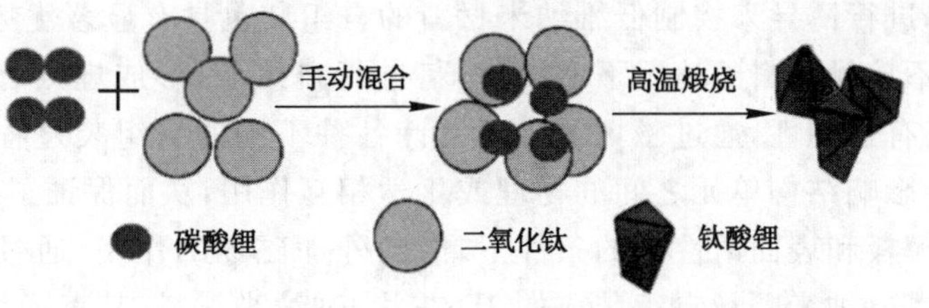

图 8-2 固相法合成 $Li_4Ti_5O_{12}$ 工艺流程

和其他基本结构单元在系统能量的驱动下具有组装形成功能性结构的能力。自组装也可以是系统拆分成相应的亚单元,在适当条件下,这些亚单元会混合重新形成完整结构。显然,自组装过程关键是自组装的驱动力,如何调控自组装单元之间的相互作用力或作用能十分关键。这些相互作用力或作用能包括由带电粒子引起的库仑作用力或作用能,由相邻分子或原子、离子的瞬时极化引起的范德瓦耳斯力,短程强相互作用等组成的分子间相互作用能,粒子之间的宏观相互作用能以及氢键、疏水作用和亲水作用能等。

基于自组装方法可以从分子水平上控制粒子的形状、尺寸、取向和结构等。近年来,具有特殊形貌的高维无机纳米材料因独特的结构和表面性质在催化、太阳能电池、传感器、微波吸收、医学等领域展现出优于低维纳米材料的性能。自组装技术作为超分子领域的新概念,在制备特殊形貌的材料中发挥着重要作用,其主要作用是将低维的纳米结构单元通过氢键、范德瓦耳斯力、静电力等非共价键作用力进行连接而组装成各种复杂的层级结构。目前,已通过自组装技术合成了片状、棒状、花状、海绵状、树枝状等特殊形貌无机纳米材料。

自组装过程会受到表面活性剂或模板剂、溶剂、沉淀剂、酸碱度等因素的影响。将水热合成法与自组装合成法结合,在水热体系中引入合适的表面活性剂或模板剂,能够促使低维纳米结构单元进行有序自组装而形成结晶度好、尺寸均匀的特殊形貌纳米材料。通过改变表面活性剂或模板剂、溶剂、沉淀剂的种类和剂量及酸碱度等因素,从而影响纳米颗粒的生长方向、生长速率及颗粒之间的作用力,进而控制产品的形貌和尺寸。

例如,勃姆石(γ-AlOOH)可广泛应用于催化剂、催化剂载体、吸附剂、无机阻燃剂等多个领域。勃姆石分子中含有丰富的羟基,分子间除了可以通过范德瓦耳斯力、静电力连接外,还可以通过氢键发生相互作用,这是在无机纳米材料制备过程中具有代表性的行为。在表面活性剂存在的情况下,以 $AlCl_3 \cdot 6H_2O$ 为原料,乙醇和甲苯为溶剂,在 200 ℃下,通过溶剂热法反应 24 h 合成了比表面积高达 166.8 m^2/g 的花状勃姆石。该花状勃姆石是由厚度约为 2 nm 的勃姆石纳米片通过氢键自组装而成的。在花状勃姆石的形成过程中,甲苯的量对勃姆石的形成过程和形貌具有重要影响。在不加入甲苯的情况下,反应物进行的是普通的溶解-脱水-再沉淀过程,形成的是不规则勃姆石颗粒。当甲苯的量不断增加时,甲苯会吸附在无定形的水解产物 $Al(OH)_3$ 颗粒表面上,使 $Al(OH)_3$ 颗粒的表面能下降,由于乙醇的存在,甲苯不可能将 $Al(OH)_3$ 表面全部覆盖,使得未被覆盖表面的自由能偏高。与此同时,为了降低这些表面的自由能,由 $Al(OH)_3$ 颗粒脱水产生的勃姆石会自发附着在这些表面上,整个自动聚集过程受到定向附着机理控制,依次形成了片状、海胆状勃姆石。当甲苯的量过多时,少量的乙醇只能溶解部分反应物,沉淀物勃姆石快速生成,随后的反应停止进行,从而形成了不规则的勃姆石颗粒。

用外加磁场进行诱导来控制低维纳米材料的自组装也具有显著优势。磁场作为一种新的驱动力，能在不接触材料的情况下，诱导材料进行自组装，形成规则有序的结构。由于磁场强度和方向具有可调性，通过磁场诱导可设计各种不同的自组装过程，此外，磁场作用在很大范围上不会影响结构单元之间的物理或化学相互作用，从而保证了组装体的本质性能。

例如，在无模板和表面活性剂的条件下，借助外加磁场的作用，通过简单原位化学还原法合成了由片状 Fe 纳米颗粒自组装成的 3D 花状 Fe 纳米材料，其直径约为 3 μm，形貌演变如图 8-3 所示。该纳米材料可能的形成机理为：第一步，Fe^{2+} 被 BH_4^- 还原生成 Fe 单质和氢气，这些 Fe 核扩散聚合形成小的 Fe 纳米颗粒；第二步，由于具有高的表面能，这些不稳定的纳米颗粒在氢气泡的作用下又聚集形成链状的纳米纤维；第三步，在外加磁场的作用下，新产生的 Fe 纳米颗粒会沿着磁场方向在 Fe 纳米纤维表面堆积，使得链状的纳米纤维转变为片状结构；第四步，在氢气泡产生的浮力和磁场力的作用下，片状纳米结构开始转动，在转动过程中，新产生的 Fe 纳米颗粒在较高处和较低处表面堆积；第五步，不断重复以上步骤直至原料被完全消耗，最终形成了轮廓分明的花状 Fe 纳米结构。

图 8-3　恒定磁场下，原位化学还原反应时间与 Fe 纳米材料形貌 SEM 图

8.1.5　其他合成方法

除了上述合成方法外，还有一些其他的合成方法：① 超声化学方法。利用超声空化能量加速和控制化学反应（声能量与物质之间的特殊相互作用，产生局部微观短时极热、高压，并伴随发光、冲击波等，给化学反应营造一个独特环境），以提高反应速率，引发新的化学反

应。该方法已用于纳米二氧化硅合成。② 喷雾热解法。该合成方法是将含有正离子的某种盐类的溶液喷成雾状，送入加热到设定温度的反应器中，通过热解反应生成微细的粉末颗粒。该方法已成功用于氧化镁、氧化锌、氧化铁、Si_3N_4和多元复合化合物的合成。③ 化学气相冷凝法（CVC）。该法是将化学气相法的化学反应与惰性气体沉淀法的冷凝过程结合起来的一种方法，已成功用于氧化锆、氧化钛等纳米矿物材料的制备。④ 微波合成法、燃烧合成法、爆炸合成法、硬脂酸法等。

在矿物材料合成开发研究中，常常会采用不同方法的组合进行制备，如微波水热法，超临界流体水热法。也有用不同方法制备同一矿物材料，以比较不同方法在材料制备方面的特点，为指导材料结构和性能调控提供支撑。例如，微波水热法是将传统的水热合成法与微波场有机结合的新型方法。其基本原理是利用微波场作为热源，反应介质在特制反应釜中进行反应，在微波加热的条件下，反应体系温度瞬间可达到结晶化温度，极大加快了合成与晶化速度，同时微波水热法的可操控性强，可被用于合成各种不同形貌的金属氧化物。

8.2 矿物材料的表征方法

8.2.1 X射线衍射

X射线衍射是人类用来研究物质微观结构的第一种方法，已成为一种重要的实验方法和结构分析手段。X射线衍射方法可用于矿物材料的物相定性分析和定量分析。前者把对材料测得的点阵平面间距及衍射强度与标准物相的衍射数据相比较，确定材料中存在的物相；后者则根据衍射花样的强度，确定材料中各相的含量。该法在研究材料性能和各相含量的关系、检查材料的成分配比等方面得到广泛应用。此外，该法还可以用于材料的结晶度和点阵参数的测定。

粉末X射线衍射被广泛应用于纳米晶的结构测定，但是包含在X射线衍射中的信息是有限的，特别是对于纳米晶中非周期性的贡献（例如纳米晶表面无定形层的贡献），X射线衍射无能为力。小角X射线散射和X射线吸收谱已经被证明是研究纳米材料微结构的有力工具。

例如，用溶胶-凝胶法制备了不同铈含量的TiO_2纳米颗粒，在不同的温度下煅烧得到纳米样品系列。用X射线衍射（XDR）、小角X射线散射（SAXs）以及X射线吸收谱（XAFS）技术可以研究铈离子掺杂和煅烧温度对二氧化铈纳米颗粒微结构的影响。铈离子不能进入TiO_2形成固熔体，但铈离子的加入抑制了TiO_2纳米颗粒的生成和相变，提供了在高温下制备锐钛矿TiO_2的方法。铈的掺入使TiO_2纳米颗粒的表面更加粗糙，高温下煅烧不再具有“自相似”的分形结构，同时也使锐钛矿TiO_2纳米颗粒中粒子排列的有序结构更加稳定。

又如，厚度是膜层的基本参数。厚度的测量和控制始终是气相沉积薄膜研究和生产中的主要问题之一。由于厚度会产生三种效应：衍射强度随厚度而变，膜越薄散射体积越小；散射将显示干涉条纹，条纹的周期与层厚度有关；衍射线随着膜厚度降低而宽化。因此，可从衍射强度、线形分析和干涉条纹来实现薄膜厚度的测定。用X射线仪测量单层膜的小角X衍射线，然后用式(8-1)便可以计算单层膜的厚度。在式(8-1)中，d表示膜厚度，λ表示X射线的波长，θ表示掠射角。

$$d=\frac{\lambda}{2\Delta\theta} \tag{8-1}$$

由两种材料交替沉积形成的纳米多层膜具有成分周期性变化的调制结构，入射X射线满足布拉格条件时就可能像晶体材料一样发生相干衍射。由于纳米多层膜的成分调制周期远大于晶体材料的晶面间距，其衍射峰产生于小角度区间。小角度X射线衍射被广泛用来测量纳米多层膜的周期数。因此，不论是薄膜厚度还是多层膜的周期数都可以通过X射线衍射测得。

X射线掠入射衍射(Grazing Incident Diffraction, GID)或散射方法的最大优点在于对表面和界面内原子位移十分敏感，可以通过调节X射线的掠入射角来调整X射线的穿透深度，从而用来研究表面或表层不同深度处的结构分布，如表面单原子的吸附层、表面粗糙度、密度、膜层次序、表面下约100 nm深度的界面结构以及表面非晶层的结构等。

8.2.2 扫描电子显微镜

扫描电子显微镜(Scanning Electron Microscopy, SEM)是介于透射电镜和光学显微镜之间的一种微观形貌观察手段，在研究物质表面形貌和化学性质方面用途十分广泛。SEM主要利用极狭窄的电子束轰击样品表面，通过不同的电子检测器收集电子与样品表面相互作用产生的二次电子、背散射电子等，从而获得矿物颗粒的表面形貌的信息，可直接利用样品表面材料的物质性能进行微观成像。扫描电子显微镜的优点是：较高的放大倍数，20～200 000倍之间连续可调；有很大的景深，视野大，成像富有立体感，可直接观察各种试样凹凸不平表面的细微结构；试样制备简单；当扫描电子显微镜与X射线能谱仪联合配置使用时，还可获得物质表面的化学成分信息。

8.2.3 透射电子显微镜

透射电子显微镜(Transmission Electron Microscope, TEM)，可以看到在光学显微镜下无法看清的小于0.2 μm的细微结构(称为亚显微结构或超微结构)，其原理是由电子枪发射出来的电子束，在真空通道中沿着镜体光轴穿越聚光镜，通过聚光镜将其会聚成一束尖细、明亮而又均匀的光斑，照射在样品室内的样品上，透过样品后的电子束携带有样品内部的结构信息，样品内致密处透过的电子量少，稀疏处透过的电子量多。经过物镜的会聚调焦和初级放大后，电子束进入下级的中间透镜和第1、第2投影镜进行综合放大成像，最终被放大了的电子影像投射在观察室内的荧光屏上。荧光屏将电子影像转化为可见光影像以供使用者观察。TEM对样品要求较高，对粉末样品：要求单颗粉末尺寸最好小于1 μm、无磁性、以无机成分为主；块状样品：需要电子减薄或离子减薄，获得几十纳米的薄区才能观察。样品分析前需明确测试目的和需要解决的问题，如确定纳米棒的生长方向，特定观察分析某个晶面的缺陷，分析相结构，确定主相与第二相的取向关系等。一般应先通过X射线粉末衍射分析确定结构后，再进行超高分辨透射电子显微镜(HRTEM)分析。

8.2.4 扫描隧道显微镜

扫描隧道显微镜(Scanning Tunneling Microscope, STM)在低温(4 K)下可以利用探针尖端精确操纵原子，STM既是重要的测量工具又是加工工具。其工作原理为：一根探针慢慢地通过要被分析的材料(针尖极为尖锐,仅仅由一个原子组成)。一个小小的电荷被放置在探针上,一股电流从探针流出,通过整个材料,到达底层表面。当探针通过单个的原子时,流过探针的电流量便有所不同,这些变化被记录下来。电流在流过一个原子的时候有涨有落,如此便可极其细致地探出它的轮廓。STM 工作的特点是利用针尖扫描样品表面,通过隧道电流获取显微图像,而不需要光源和透镜,但其扫描探针的结构十分重要,针尖的曲率半径对横向分辨率影响很大,此外,针尖尺寸、形状及化学同一性也对 STM 图像的分辨率和电子结构测量产生重要影响。

STM 的优点:在水平和垂直方向均具有原子级高分辨率,恒电流工作方式观测超细金属微粒可达 0.01 nm,即可以分辨出单个原子;能够从原子尺度上揭示表面的几何结构和电子结构,可用于表面结构和表面扩散等动态过程研究;不需要特别的制样技术,探测过程对样品无损伤;配合扫描隧道谱(STS)可以得到有关表面电子结构的信息,例如表面不同层次的态密度;可进行表面电子阱、电荷密度波、表面势垒的变化和能隙结构等研究。STM 的缺点:在恒电流工作模式下,有时对样品表面微粒之间的某些沟槽不能够准确探测;所观察的样品必须具有一定程度的导电性,对于半导体,观测的效果就差于导体;针尖形状的不确定性对仪器分辨率和图像的认证与解释带来许多不确定因素。

8.2.5 原子力显微镜

原子力显微镜(Atomic Force Microscopy,AFM)是一种可用来研究包括绝缘体在内的固体材料表面结构的分析仪器。它通过检测待测样品表面和一个微型力敏感元件之间极微弱的原子间相互作用力来研究物质的表面结构及性质。将一对微弱力极端敏感的微悬臂一端固定,另一端的微小针尖接近样品,这时它将与其相互作用,作用力将使得微悬臂发生形变或运动状态发生变化。扫描样品时,利用传感器检测这些变化,就可获得作用力分布信息,从而以纳米级分辨率获得表面形貌结构信息及表面粗糙度信息。

AFM 的主要优点是:提供真正的三维表面图;不需要对样品进行任何特殊处理;在常压下甚至在液体环境下都可以良好工作;能观测非导电样品,适用性强,包括云母片、玻璃片、石墨、抛光硅片、二氧化硅和某些生物膜等;试样的厚度,包括试样台的厚度,最大为 10 mm,大小以不大于试样台的大小(直径 20 mm)为标准。AFM 的缺点是:成像范围太小,速度慢,受探头的影响太大。

8.2.6 红外光谱

红外光谱(Infrared Spectroscopy,IR)是根据分子内部原子间的相对振动和分子转动等对物质分子结构进行鉴别的一种方法。具体来说,当红外光照射在物质表面,物质分子中某个基团的振动频率或者转动频率与红外光的频率一致时,该分子吸收红外光的能量后发生振动或者转动能级的跃迁,且通过耦合作用导致偶极矩发生变化,就会产生红外光谱。红外光吸收过程中分子的振动可分为伸缩振动和弯曲振动。一般红外光谱可分为近红外光谱(由分子的倍频、合频产生)、中红外光谱(分子的基频振动光谱)和远红外光谱(分子的转动光谱和某些基团的振动光谱),而平时研究最多的是中红外光谱。红外光谱具有测试速度快、操作简单、重复性好、灵敏度高等优点。因此,在矿业工程方面应用较多,其中傅立叶红外光谱(FT-IR)应用最为广泛。近年来,红外光谱在微区以及成像方面取得了很大的进步。

8.2.7 拉曼光谱

拉曼光谱是基于拉曼散射效应，对与入射光频率不同的散射光谱进行分析以得到分子振动、转动方面信息，并应用于分子结构研究的一种分析方法。当激发光源与物质的分子发生相互作用时，大部分光子只改变了方向，发生了散射，而光的频率与入射光源还是一致的，这种散射称为瑞利散射，但是也有极少量的光子由于与物质分子之间发生了能量交换，不仅改变了方向，也改变了频率，产生了所谓的拉曼散射。该现象最初是由印度科学家拉曼在实验室发现的。拉曼光谱分析可以对矿物颗粒进行原位分析，且所用样品不需要特殊处理。拉曼光谱不仅能够区分不同的矿物，例如碳酸盐、硫酸盐、磷酸盐等，还能够对同质异象体进行有效区分。

8.2.8 二次离子质谱

二次离子质谱(Secondary Ion Mass Spectroscopy，SISM)是利用质量分析仪采集由离子源发出的具有足够能量的一次离子束(如 O^{2+}、O^-、Cs^+、Ar^+、Ga^+、Au^+ 或者中子)轰击固体样品表面产生的带正、负电荷的二次离子形成的谱图。该技术是根据不同的荷质比对二次离子进行分离，从而获得被轰击物质表面形貌和元素分布特征的。虽然二次质谱很难对物质表面进行定量分析，但该技术具有以下非常突出的优势：① 能够检测所有元素；② 对绝大多数元素的检测下限可以达到 10^{-6} 甚至 10^{-9} 级；③ 可以检测同位素比例；④ 可以获得物质表面形貌信息；⑤ 测试时间短，可以在几秒至几分钟内完成对样品的测试；⑥ 测试完成后可以从已采集信息区域中选取任何一个小区域进行二次离子谱图的提取，实现数据利用率的最大化。二次离子质谱分为静态和动态两种模式，静态模式中飞行时间二次离子质谱仪(Time of Flight Secondary Ion Mass Spectroscopy，TOF-SIMS)对物质表面具有很高的灵敏度(表层 1～2 原子层)，且对物质表面无损伤，从而在研究过程中得到了更广泛的运用；动态二次离子质谱(Dynamic SIMS)由于所使用的能量很高一般在表面侵蚀过程中运用较多。

8.2.9 X 射线光电子能谱

X 射线光电子能谱(X-ray Photoelectron Spectroscopy，XPS)，能够对除了氢和氦以外的所有元素的组成、含量和化学价态进行鉴定和分析。该方法是利用 X 射线[通常以铝(1 486.6 eV)或者镁(1 253.6 eV)作为阳极材料]去辐射样品表面，使原子或分子的内层电子或价电子受激发射出来，通过测量光电子的动能，从而实现对元素的定性、定量分析。

X 射线光子的能量在 1 000～1 500 eV 之间，不仅可使分子的价电子电离而且也可以把内层电子激发出来，内层电子的能级受分子环境的影响很小。同一原子的内层电子结合能在不同分子中相差很小，故它是特征的。光子入射到固体表面激发出光电子，利用能量分析器对光电子进行分析的实验技术称为光电子能谱。XPS 的原理是用 X 射线去辐射样品，使原子或分子的内层电子或价电子受激发射出来。被光子激发出来的电子称为光电子。可以测量光电子的能量，以光电子的动能/束缚能为横坐标，相对强度为纵坐标可做出光电子能谱图。相比于其他测试技术，XPS 具有以下特点：① 高灵敏、超微量表面分析，样品的分析深度为 5～15 nm，最低检测下限可以达到 0.1%。② 可观察化学位移，即可以研究原子周围化学环境。③ 元素定性的准确性高。④ 可用作定量分析，既可以分析表面所有元素的组成，也可以分析同一元素在不同氧化价态下的含量。这是由于它们的结合能不一样，因此，可以进行有效区分。

8.3 新型矿物材料

当矿物材料有一维或多维的尺寸属于纳米量级后，纳米材料特有的量子尺寸效应、小尺寸效应、表面效应、宏观量子隧道效应、库仑阻塞与量子遂穿效应、介电限域效应，使其表现出与体材料不同的物理和化学性质，在催化、吸附、光电转换、材料改性、信息存储、药物载体、生物移植等众多领域有着广泛的应用前景。

8.3.1 零维及一维矿物材料

把纳米粒子、超微粒子中尺度在 0.5～300 nm 的粒子称为零维纳米材料(颗粒、实心或空心球)。它是一种三维限制体系，也有人将零维纳米材料定义为三维均处于纳米尺度范围(1～100 nm)，具有更加明显的量子尺寸效应、表面效应和量子限域效应的材料。纳米须、纳米棒、纳米线、纳米管和纳米带等在二维方向上处于纳米尺度，称之为一维纳米材料。液相合成技术主要是用于零维以及准一维纳米材料制备。模板法和自组装法由于能够最有效地控制目标产物的形貌，而成为最有潜力的液相合成技术之一。

坡缕石又称凹凸棒石，是一种具有特殊带状微观结构和棒状晶体结构的层链状含羟基的镁铝硅酸盐矿物，由单个棒晶直径为 70 nm 左右的纤维集聚体，经过人工方法使聚集纤维解束后可得到天然纤维状一维纳米材料。

制备从低维度到高维度递变的半导体纳米材料对研究量子限域效应与形貌和结构的关系有重要意义。只有 CdSe、InP、CdTe、InAs 等少数材料有报道获得了从零维到一维连续递变的纳米材料。SnO_2是一种重要的 N 型宽禁带($E_g=3.6$ eV)半导体材料，具有优异的气敏特性和光电性能，作为一种新型功能材料应用于气敏和湿敏元件、电极材料、催化剂、太阳能电池、光电器件等方面。例如，以金为催化剂，采用气相-液相-固相转变过程可制得氧化锡纳米线。以锡和氨水作为反应试剂，通过控制合成温度与溶液的浓度，成功制备出了粒径范围在 4～120 nm 的近球形、棒状、椭球形以及六角形纳米 SnO_2粉体。以 $SnCl_4\cdot 5H_2O$ 和不同的有机酸以及不同胺类有机物为反应物，在其他实验条件相同的前提下，通过配制不同的反应物体系，通过在同一反应体系中经过不同的溶剂热反应时间，均成功获得了从零维到一维递变的不同长径比的氧化锡纳米材料，包括纳米点、纳米棒、纳米线等。此外，通过控制溶剂热反应时间可以控制所得氧化锡纳米材料的长径比，从而获得从零维到一维递变的氧化锡纳米材料。

8.3.2 二维及三维层状矿物材料

二维纳米材料是指在某一方向上达到纳米尺度(0～100 nm)，而在另外两个维度超过纳米尺度的材料。由于其特殊的形貌以及晶体生长的高度各向异性，电子一般仅可在两个非纳米尺度的方向上运动，从而表现出特殊的电学性能。因此，二维纳米材料得以在能量存储、催化等领域大展身手。

8.3.2.1　新型二维过渡金属碳(氮)化物(MXene)

MXene是一类二维无机化合物,由几个原子层厚度的过渡金属碳化物、氮化物或碳氮化物构成,除继承了传统二维纳米材料的优异性能外,表现出了类石墨烯和金属的高导电性(电导率约8 000 S/cm),同时具有高的能量密度和良好的电磁屏蔽等性能。因此,MXene自发现以来,引起了国内外研究者的广泛关注。MXene可通过侵蚀MAX相来制备。

MAX相是由一族100多种层状的三元金属碳化物、氮化物和碳氮化物组成,通用的分子式为$M_{n+1}AX_n$(n=1,2,3),M代表过渡金属(M=Ti,Sr,V,Cr,Ta,Nb,Zr,Mo,Hf),A代表ⅢA或者ⅣA主族元素(主要有Al,Ga,In,Ti,Si,Ge,Sn,Pb),而X代表碳(C)或氮(N)元素。其中M位元素已经拓展到镧系稀土元素,A位元素扩展到了Au、Ir、Zn和Cu等后过渡族金属元素。MAX材料具有独特的层状晶体结构,因此其具有高强度和高断裂韧性,未来将在摩擦磨损器件、电触头器件和复合材料增强、储氢、传感器等领域获得良好的应用前景。

一般而言,MAX相大多通过粉末冶金法在高温下合成,典型的合成工艺为将组成元素粉末球磨混合后,加压成型,然后加热至反应温度(一般在1 200 ℃以上)烧结成目标MAX相陶瓷。物理气相沉积方法也是常用合成MAX相的方法,该方法利用等离子体轰击组成元素靶材形成高能气态原子或带电离子,这些气态粒子在磁场作用下均匀混合并沉积到基板材料上,并反应生成目标MAX相的薄膜材料。物理气相沉积过程中组成元素能够在原子级别上实现均匀混合,对于反应动力学即原子间的扩散提供了较大的便利,因此能够显著降低MAX相的生成温度。例如,采用物理气相沉积法一步合成V_2AlC薄膜材料,成相温度可以降低至600 ℃。此外,采用"自上而下"的A位元素置换策略可合成一系列以Zn、Cu为A位元素的全新MAX相材料。

MAX相晶体结构中$M_{n+1}X_n$单元层具有较强的共价键成分,而A原子层与相邻的M原子层电子云重叠较低造成结合较弱,研究人员利用这种结构特点将$M_{n+1}X_n$从MAX相中分离出来,合成了一大类MXene材料。

在MAX相中,M原子层和X原子层交错排布,以共价键或离子键键合,A原子层又穿插在M—X构成的层与层之间,因此,由于原子之间的强作用力,外部机械力很难使MAX相分层。2011年美国德雷赛尔大学的Gogotsi和Barsoum教授通过巧妙的化学腐蚀法(以氢氟酸或者LiF和HCl的混合溶液为腐蚀剂)把Ti_3AlC_2、Ti_2AlC、Ta_4AlC_3、$(Ti_{0.5}Bb_{0.5})_2AlC$和Ti_3AlCN等MAX陶瓷相材料($M_{n+1}AX_n$)中的Al元素溶解,而获得了表面含有丰富的活性基团(例如,F,O和OH基团)的Ti_3C_2、Ti_2C_2、Ta_4C_3、$(Ti_{0.5}Bb_{0.5})_2C$、Ti_3CN和Mo_2C等二维纳米材料(通用式为$M_{n+1}X_nTx$,其中X为C或者N原子,T为表面活性封端基团)。由于该材料与石墨烯结构相似,因此,被形象地命名为MXene。

截至目前,已有超过30种不同的MXene被合成出来,同时,经计算,还有数十种不同的MXene能够稳定存在,如Zr_2C、Ti_3N_2、V_4C_3等。而对于三元氮化物MXene,由于M—A键要比三元碳化物中的M—A键更加稳定,因此,目前已经合成出来的氮化物MXene只有Ti_3N_2和Ti_4N_3。对于MXene中的M部分,除含有一种元素外,研究发现,可以同时含有两种不同元素,主要包括固溶体形式和有序相形式,例如,$(TiV)_2C$和$(CrV)_3C_2$固溶体,以及$(Cr_2V_2)C_2$和$(V_2Ti_2)C_3$有序相结构的MXene材料。

MXene制备方法常用刻蚀法,刻蚀剂主要有氟化氢、NH_4HF_2溶液、NH_4F、LiF和HCl

混合溶液、熔融氟盐以及有机碱等。可以看出以上刻蚀剂大多为含氟体系，且通常在有氧条件下刻蚀，最终 MXene 材料表面基团也以—O、—F、—OH 等为主。MXene 材料的表面基团与性能如何调控是该类材料制备研究的重要方向。通过在 A 位元素置换策略可合成全新 MAX 相，通过调控 $ZnCl_2$熔盐的路易斯酸碱性能够同时实现 MAX 相的刻蚀，并可得到全 Cl^- 基团的 MXene。当高温熔盐具有合适氧化还原电位时均可以作为有效的 MAX 相刻蚀剂，如 $ZnCl_2$、$CuCl_2$ 等。MXene 合成技术面临更多的挑战以应对储能、光伏、生物、电子、传感等应用领域的实际需求，微纳结构构筑和多功能组元的协同作用仍然是未来研究的热点。在压电效应、压阻效应、热电效应、自旋电子相关效应等研究领域都有可能发现新现象和新应用，在任意基板上生长高质量单晶 MXene 材料和不同元素及其比例的精确调控仍然是物理原型器件研究的最大挑战。

MXene 除了具备传统二维材料的性能外，还兼具良好的导电性、亲水性、透光性、柔韧性以及能量储存性能，在复合材料、润滑剂、环境污染治理、电池、电容器、催化、传感器、抗菌等领域具有潜在的应用价值。

8.3.2.2 层状双氢氧化合物(LDHs)及其二维纳米材料

(1) LDHs 的结构

层状双氢氧化合物(Layered Double Hydroxides，LDHs)又被称为类水滑石，是一种由带正电荷的金属氢氧化物主板层与可交换的层间阴离子构成的二维层状化合物。1842 年瑞典科学家第一次在自然界中从片岩矿层中发现天然水滑石矿物，并称之为水滑石，天然水滑石通式为 $Mg_6Al_2(OH)_{16}CO_3 \cdot 4H_2O$。1930 年 Feitknecht 首次人工合成 LDHs 材料，并对其合成、稳定性、溶解度以及结构进行研究。

LDHs 材料组成通式为$[M^{2+}_{1-x}M^{3+}_x(OH^-)_2]^{x+}[A^{n-}_{x/n}] \cdot mH_2O$，其中 M^{2+} 代表二价金属离子如 Mg^{2+}、Zn^{2+}、Fe^{2+}、Cu^{2+}、Ca^{2+}、Ni^{2+} 等，M^{3+} 代表三价金属离子如 Ga^{3+}、Al^{3+}、Fe^{3+}、Mn^{3+}、V^{3+} 等，金属离子之间利用配位键与六个 OH^- 离子结合构成正八面体结构单元$[M(OH)_6]$，其中 M 为金属离子；组成通式中 A^{n-} 代表层板间可以交换的阴离子如 CO_3^{2-}、NO^{3-}、PO_4^{3-}、SO_4^{2-}、Cl^- 等，x 的值一般取 0.17 到 0.34 之间，m 代表每个 LDH 分子中层间结晶水数。

(2) LDHs 的特性

① 热稳定性

LDHs 具有独特的热稳定特性，受热分解过程包括脱层间水、脱碳酸根离子及层板羟基脱水等步骤。受热温度低于 200 ℃时，LDHs 的层间水脱除，结构无显著变化；受热温度为 250～450 ℃时，LDHs 的结晶水脱除，同时生成 CO_2；受热温度为 450～500 ℃时，CO_3^{2-} 消失，完全转变为 CO_2，生成双金属复合氧化物(LDOs)，LDHs 前体的有序层状结构被破坏；受热温度超过 600 ℃时，金属氧化物开始烧结，致使焙烧产物表面积降低且孔体积减小，形成尖晶石。

② 记忆效应

对于层间阴离子主要为碳酸根的 Mg/Al-LDHs，300 ℃时脱除层间水，层结构发生收缩；400～800 ℃之间形成方镁石结构氧化物；1 000 ℃时方镁石结构氧化物进一步分解为尖晶石和方镁石混合物。在层状双氢氧化物脱出结构水形成氧化物的过程中可形成纳米孔隙，但仍保留原 LDHs 片状晶体的假象形貌，并继承原来的晶体结构取向。煅烧形成的具有方镁石结构氧化物可以重新水化形成新生 LDHs，重新水化形成的 LDHs 结晶度比原来的 LDHs 结晶度低。LDHs 煅烧温度一旦超过 600 ℃，LDHs 结构不能再恢复，纳米孔结构仍然保持，常将该现象称为 LDHs 的结构记忆功能。目前认为结构记忆功能的机理是溶解-重结晶机理，但尚待更多的证据。

③ 层板组成的可调变性

LDHs 层板中 M^{2+} 和 M^{3+} 可用其他半径相近的金属离子代替，Zn、Mg、Al 是常见的 LDHs 层板金属组成元素。通过调整层板二价和三价金属阳离子的比例可调控层板电荷密度。

④ 层间阴离子的种类及数量的可调控性

LDHs 层间阴离子可与各种功能阴离子进行离子交换，形成具有不同应用性能的超分子插层结构材料。

⑤ 粒径大小及其分布的可调控性

根据晶体学理论，调整金属离子盐溶液浓度、碱溶液浓度及晶化温度，可以控制 LDHs 晶体的成核速度；调整 LDHs 晶化时间及温度，可以控制晶核的生长速度。

(3) LDHs 的合成方法

自然界中 LDHs 的含量较少，工业应用的 LDHs 一般是通过人工方法合成的。LDHs 通常为六方片状结构，晶粒尺寸在 100～300 nm，单一形态限制其在更广泛领域的应用。因此，控制 LDHs 的晶粒尺寸、制备特殊形貌 LDHs，对于扩展其应用范围具有重要的理论意义。在晶体的生长过程中，加料顺序、沉淀方式、试剂的性质和浓度、成核温度及体系的 pH 值均能影响 LDHs 晶体的形貌特征，超声辐射等因素同样制约着晶体的生长。常见合成方法如下：

① 共沉淀法

共沉淀法是构成 LDHs 层板的多种金属离子在碱性条件下同时沉淀的一种制备方法，可分为变化 pH 共沉淀法（又称高过饱和度法）及恒定 pH 共沉淀法（又称低过饱和度法）。

共沉淀法制备的 LDHs 通常为六方片状颗粒。采用尿素法在盐液中加入分散剂高温下进行水热处理，得到绣球状的 Ni/Al-LDHs，如图 8-4(a)所示。以 MgO 和 $A1_2O_3$ 为前体，分别在中性和碱性水溶液中 100 ℃下进行水热处理，制备得到颗粒尺寸较大的六方片状形貌 LDHs，同时观察到了沙漠玫瑰状的粒子团聚形貌，如图 8-4(b)所示。将聚苯乙烯微粒浸渍在 Mg^{2+}、$A1^{3+}$ 反应液中，使得 LDHs 粒子在聚苯乙烯微粒间空隙中生长，最后将聚苯乙烯溶解，得到蜂窝状 LDHs，如图 8-4(c)所示。

分散剂的作用通常包括空间位阻作用和静电稳定作用。空间位阻作用是指 LDHs 晶粒成核及生长过程中，分散剂吸附于颗粒表面，占据了晶体生长活性位点，降低了颗粒的生长速度，致使粒子的粒径变小；静电稳定作用是由于分散剂使粒子周围形成一个带电荷的保护屏障，粒子间存在静电斥力，晶核生长受限，LDHs 粒径减小。

过饱和度直接影响着晶核的形成速度和晶核生长速度，影响着结晶产品中晶体的粒度及粒度分布。过饱和度的提高有益于在溶液中析出细小的晶粒。采用足够的浓度以在制备过程中获得所需的过饱和度是绝对必要的。

② 成核/晶化隔离法

成核/晶化隔离法是采用全返混旋转液膜成核反应器，实现盐液与碱液的共沉淀反应的

(a) 绣球状　　(b) 沙漠玫瑰状　　(c) 蜂窝状

图 8-4　不同形貌的 LDHs 化合物

一种制备方法。通过控制反应器转子的线速度，成核反应可瞬时完成而形成大量晶核，然后在一定的条件下使晶核同步生长。该方法可以分别控制晶体成核和生长条件，从而最大限度地减少成核和晶体生长同时发生的可能性。

③ 模板合成法

模板合成法可分为硬模板法和软模板法。硬模板法是使用共价键维持结构的刚性材料(如分子筛、多孔氧化金属等)作为模板剂，让 LDHs 在模板颗粒内表面或外表面生长，定向控制 LDHs 形成三维结构的制备方法。该法能够得到尺寸形状控制严格的纯净 3D-LDHs 产物，但在合成结束后需要以煅烧等方法去除模板剂。例如，以聚苯乙烯颗粒为模板，$ZnCl_2$ 和 $AlCl_3$ 为金属离子原料，使用尿素水解法制得花球状 3DZnAl-LDH；又如以 $Ni(NO_3)_2$ 和 $Al(NO_3)_3$ 溶液为金属离子原料，镍泡沫(NF)作为模板，通过共沉淀法制得由大量 LDH(厚度约 30 nm)纳米片组成的具有开放多孔的三维 NiAl-LDH 花球。软模板法是利用模板剂溶解形成两亲性分子有序聚集体，诱使 LDHs 纳米薄片在生成的同时弯曲折叠，并聚集形成三维花球状结构产物的制备方法。该法操作简便，产物为纯净的 3D-LDHs 微球，通过调整反应环境可以改变产物尺寸。目前，常用的软模板剂主要有表面活性剂、胶束、液晶和金属盐等。例如，以硬脂酸为模板剂，通过水热法可制备得到花球状并含有大量孔隙结构的 3D-MgAl-LDH，其球径为 8～10 μm；又如，以十二烷基硫酸钠为模板剂，使用尿素水热法制备得到产物呈规整的花球状的 3D-MgAl-LDH，其平均球径为 2～3 μm；以柠檬酸钠为模板剂，采用水热法制备的花球状 3D-LDH。

④ 焙烧还原法

将 LDHs 在一定温度下(一般不超过 700 ℃)焙烧 2～5 h，变成混合氧化物(LDOs)。然后将其在含一定浓度的碳酸钠与氢氧化钠的混合碱液中振荡一定时间，过滤、洗涤至 pH 值约为 7，干燥 12～24 h，即可得到相应的碳酸根型 LDHs。

⑤ 离子交换法

离子交换法是在 N_2 保护条件下，将溶液中特定阴离子与 LDHs 前体的层间阴离子进行交换，形成特定阴离子插层型 LDHs，这也是合成大分子阴离子基团柱撑 LDHs 的重要途径。当阴离子 A^{n-} 在碱性介质中稳定差，或当金属离子没有可溶性盐类时，共沉淀法无法进行，可采用离子交换法。

⑥ 尿素法

尿素法是常用的 LDHs 制备方法。配制一定浓度的混合盐液，加入尿素高温晶化，期间尿素缓慢分解释放氨气，使体系达到所需碱量，使 LDHs 成核并生长。该方法的特点是体系过饱和度低，产物晶粒尺寸大，并且晶粒尺寸较均匀。

在水/乙二醇混合溶液体系中，通过尿素水解制备 Mg/Al-CO_3-LDHs。利用正辛烷-十二烷基磺酸钠-水乳液共沉淀反应得到纤维状 Mg/Al-CO_3-LDHs。利用乳液微水池的限域作用，可以窄化颗粒尺寸分布。

⑦ 剥离重组法

剥离重组法是通过特殊手段将 LDHs 剥离为单层纳米片，再调整溶液体系 pH 值或加入电性材料使单片在目标载体表面附着，形成具有三维结构的 LDHs 聚集体的一种制备方法。剥离重组法的特点是 LDHs 单片形成与三维结构形成过程分段进行，可直接使用 LDHs 成品为原料，工艺流程时间短。例如，用硝酸铵及甲酸溶液剥离 MgAl-LDH 为二维纳米片，再结合超声手段使 LDH 单片在聚苯乙烯颗粒表面组装，灼烧后得到空心球壳状的 3D-LDH，球壳平均直径和厚度分别为 1.4 mm 和 20 nm，内部空隙率达 91.5%；又如，利用二甲苯溶液剥离 MgAl-LDH 成单片后，用等规聚丙烯（IPP）为重组载体，制得 3D-IPP/MgAl-LDH 复合材料，储能模量较 IPP 有显著提高。

⑧ 原位生长法

原位生长法是以外添基体材料为生长中心，促使金属阳离子和阴离子以共沉淀的方式于基体材料表面合成 LDHs 的方法。采用原位生长法制备的 3D-LDHs，纳米片通过强相互作用力垂直生长在基体上，结构稳定，产物为兼具基体和 LDHs 两者优点的复合材料，且基体为金属材料时还能为 LDHs 的合成提供阳离子。例如，以石墨烯氧化物（GO）为基体，水热反应 4 h 制得 3D-rGO@CoAl-LDH，LDH 纳米片晶化良好，于 GO 表面交错垂直生长；又如，以表面分布有 $Co(OH)_2$ 的镍泡沫为基体，水热反应 24 h 制得纳米薄片沿基体表面垂直交错生长的束状 3D-Co(OH)2@CoAl-LDH。

(4) LDH 纳米片的制备与应用

ZnCo-LDH 纳米片（二维纳米材料）直接应用于碱性电催化水氧化反应时，负载该 ZnCo-LDH 纳米片的电极水分解转化频率是 $Co(OH)_2$ 和 Co_3O_4 的 10 倍，这主要归因于 ZnCo-LDH 纳米片开放的微结构利于电解液的传输和暴露更多的催化活性位点。在 NiFe-LDH 中引入第 3 种过渡金属 Co 元素，得到 NiCoFe-LDH，其催化产氧性能得到提高。进一步减小 LDH 纳米片厚度，就可以提高其比表面积，增加活性位点和电解质可及面积，提高其催化性能。将厚度约 10 nm 三元金属构成的 NiFeV-LDH 纳米片生长在泡沫镍基底上制备的电极，在强碱性条件下表现出较好的全分解水性能。

LDH 产氧催化剂中过渡金属离子的电子排布也与其催化性能存在一定的关系。当其 e_g 轨道存在一个电子时，催化效果达到峰值。多种过渡金属离子构成的过渡金属 LDH 纳米片中，过渡金属离子之间的相互作用使其电子分布向更利于催化产氧反应发生的结构重排，使催化效果增强。掺杂 Fe 之后的氢氧化镍在催化产氧效果增强的同时，其氧化还原峰电势也向正电势偏移。用原位紫外-可见吸收光谱、表面增强拉曼光谱、X 射线吸收光谱、原位导电性测量、穆斯堡尔谱和理论计算等手段研究了 NiFe-LDH 中的活性位点，结果表明 Fe 与 Ni 之间存在相互作用是其性能提高的原因之一。$Ni(OH)_2$ 的导电性很差，但其氧化成 NiOOH 时的导电性有所提高，Fe 的掺入进一步增加了 NiOOH 的电子传导性，因此，Fe

掺杂导致镍基化合物导电性增强进而引起催化性能的提高。

碳酸根由于与过渡金属氢氧化物主板层有较强的亲和力，因此合成过程中通常得到的是碳酸根为层间阴离子的LDH。在除去二氧化碳且含有其他阴离子的水溶液中搅拌足够长时间，可通过离子交换的方式将过渡金属LDH的层间阴离子更换为溶液中其他阴离子，如硫酸根、磷酸根、醋酸根，或有机分子如草酸根、乳酸根等，甚至带负电荷的表面活性剂离子。催化剂的水氧化活性和层间阴离子的共轭酸的pK_a密切相关，阴离子的路易斯酸碱性在水氧化机制中起着至关重要的作用。

在催化反应中，催化剂的电子传导性与其催化性能密切相关。过渡金属LDH作为氢氧化物，较低的电子传导性是制约其催化性能进一步提高的重要因素。将过渡金属LDH直接生长在金属镍、泡沫镍、泡沫铜以及碳材料如碳纳米管、石墨烯、碳量子点等高导电性的材料上，就可以有效提高催化剂的性能，例如通过过离子交换的方式将NiFe-LDH的层间阴离子更换为氧化石墨烯，进一步将氧化石墨烯还原得到具有高导电性的还原氧化石墨烯插层的NiFe-LDH纳米片就可实现催化活性位点与高导电性纳米材料在原子尺寸上的直接接触。NiFe-LDH与石墨烯插层构成了具有二维超晶格结构的复合物，呈现出良好的电催化分解水性能，并且产氧催化活性随着NiFe-LDH中Fe含量的增多而增大。

减小层状材料的厚度至超薄甚至单原子层厚度，是调节过渡金属LDH物理化学性质进而增强其催化性能的有效手段。在甲酰胺溶液中通过阴离子交换剥离的方式，可制备出多种化学成分的单层过渡金属LDH纳米片，包括NiFe-LDH、NiCo-LDH、Co(Ⅱ)-LDH。单层LDH作为碱性产氧催化剂，其呈现出比剥离成片前的三维LDHs更好的催化性能。

活性位点通常存在于材料的台阶、侧面及缺陷处，因此，合理设计结构上的缺陷是提高催化剂催化性能的有效途径。通过离子交换及搅拌等后处理方式，可制得富含空缺且具有超薄纳米片结构的CoAl-LDH与氧化石墨烯的复合物。该催化剂呈现出增强的催化性能，主要归因于Co空缺和氧空缺的存在。通过N_2气等离子体轰击对体相CoFe-LDH纳米片进行剥离处理，合成得到了氮掺杂且富含缺陷的CoFe-LDH二维超薄纳米片(图8-5)，原子力显微镜和高分辨透射电子显微镜表征证明，通过氮气等离子体处理的CoFe-LDH纳米片厚度从20 nm减小至1.64 nm。因此，纳米片尺寸的减小、氧缺陷的增加及氮掺杂等因素使得氮气等离子体轰击处理后的CoFe-LDH具有更多的反应位点及更高的反应位点催化活性，电流密度达到10 mA/cm^2时所需的过电势仅为233 mV。在NiFe-LDHs体系通过分别引入Zn^{2+}或Al^{3+}，在碱性条件下进行选择性刻蚀，可制造二价或三价金属离子缺陷。结果表明，具有二价金属离子缺陷的NiFe-LDH中，暴露的不饱和氧配位Ni^{2+}-O-Fe^{3+}结合位点活性高于具有三价金属离子缺陷的NiFe-LDH中Ni^{2+}-O-Ni^{2+}结合位点活性。

在合成NiFe-LDH纳米片的母液中加入一定量还原剂，可制得金属镍纳米粒子负载在NiFe-LDH纳米片上的复合纳米材料，该材料由于NiFe-LDH的产氧催化活性和金属镍纳米粒子的产氢活性，使其具备了碱性全分解水的性能。在具有良好氧物种传导性能的氧化铈纳米晶上沉积NiFe-LDH得到的复合结构材料，除了具备增强的碱性产氧催化活性外，还具备一定的碱性产氢性能。因此，除减小过渡金属LDH纳米片的尺寸与厚度，以及在其表面制备缺陷外，制备多级复杂结构的过渡金属LDH也是提高其性能的有效方式。

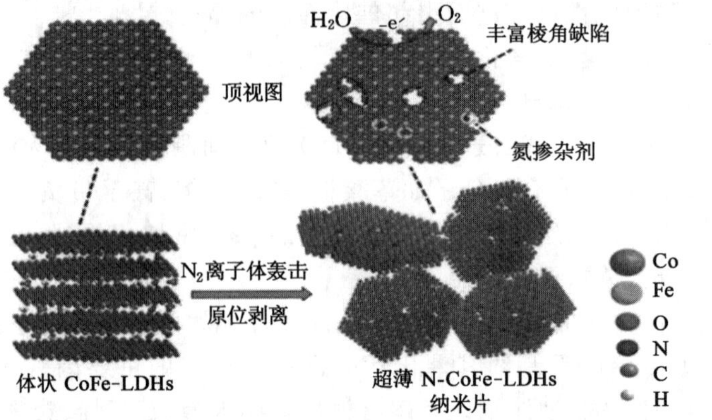

图 8-5 氮气等离子体剥离体相 CoFe-LDH 制备氮掺杂且富含缺陷的 CoFe-LDH 二维超薄纳米片

思考与讨论

1. 简要讨论典型天然层状矿物的结构、改性与应用前景。
2. 试比较矿物材料不同表征方法的优缺点。
3. 举例讨论特殊形貌矿物材料的制备方法与机理。
4. 简要讨论自组装技术。
5. 简要论述层状金属氢氧化物结构调控与形成机理。

第 9 章　煤基复合材料

聚合物复合材料是将强化物质添加到聚合物内，以增加所需性质的新材料。按增强体类型，聚合物复合材料分为纤维增强、晶须增强、颗粒增强等聚合物复合材料。煤具有聚合物大分子的许多性质，如溶胀性、相对分子质量的多分散性等。因此，基于煤大分子结构和聚集态结构特征，把煤粉作为一种强化材料添加到聚合物中或以煤为基体与其他材料组合后，所制备的复合材料称为煤基复合材料。本章重点讨论煤与聚烯烃共混物材料、煤与聚苯胺导电复合材料以及煤与类水滑石复合材料等。

9.1　聚合物共混物材料

9.1.1　聚合物共混物发展概况

聚合物共混物是指两种或两种以上聚合物通过物理或化学手段混合而成的聚合物多组分体系。煤基聚合物共混物材料是基于煤的大分子聚合物结构及特性，将煤作为聚合物组分之一，通过物理、化学或物理化学方法，将其与其他聚合物混合所制得的一种多组分共混物复合材料。聚合物合金是聚合物共混物材料中的一种，其所含的聚合物处于完全相容状态或由于界面上某种亲和力而处于稳定的微相分离状态。聚合物合金包括嵌段共聚物、互穿网络聚合物、接枝共聚物、掺混聚合物等。聚合物合金由于在相界面上存在氢键、离子与偶极、偶极与偶极、电荷转移络合力等非键合相互作用力以及化学键（共价键、离子键）等强界面结合力、亲和力，因此具有良好的相容性。

聚合物共混物具有构成共混物各组分所不具备的新特性，在机械、电子、航天航空等领域已得到了广泛应用。新型聚合物共混物材料的开发呈现出多功能化、高性能化、多元化的趋势，逐步成为在已有聚合物基础上开发新材料的有效技术途径。

用煤作为活性填料制备煤基聚合物共混物材料的研究始于 20 世纪 30 年代，当时德国的 F. Fischer 将磨细的褐煤与含酚 12％的苯混合，在一定条件下捏炼压制成热塑性板材。20 世纪 70 年代石油危机出现后，以煤原料制备塑料得到了较大发展，煤基聚合物共混物专利及文献大多数发表在这个时期。如，在煤中添加多官能醇、醛、多价和芳基二烯以及杂环化合物，以增加煤的黏结性成分；又如，在煤中添加 15％～20％改良剂（如聚乙烯，聚丙烯，聚氯乙烯，聚苯乙烯，丙烯腈，天然橡胶，丁二烯聚合物等），混匀，加热，加压成型或在塑料挤出机中压制成薄片、挠性管和各种异形材。煤与酚醛树脂、环氧树脂等热固性树脂复合制得热固性塑料。国内在 20 世纪用低阶煤与改质剂和添加剂进行复合，制得了热塑性煤基塑料。将煤作为一种天然大分子聚合物组分，采用溶液共混、熔融共混等方法制得系列功能性煤基聚合物共混物材料，并将其推广应用到了降解材料、纳米复合导电材料、抗菌材料等领域。煤基材料制备与应用中，一般要求将煤研磨到 5～10 μm 的粒度范围，并且加工过程中使物料不与氧接触，此外，对煤粉密度、含碳量、挥发分含量、表面改性等有一定要求，以适应不同聚合物基体对煤粉性能的要求。

9.1.2 相容性及界面层结构

聚合物之间的相容性,起源于乳液体系各组分相容的概念,是指聚合物之间容易相互分散而制得性能良好、结构稳定的共混物的能力。将共混后力学性能提高视为相容,反之,则称为不相容。热力学相容是指链段水平上相容或分子水平上相容。但在实际工作中,大多数共混物体系在微观上处于相分离状态,因此常用一种广义的相容性概念,即“不容混体系的相容性”,表现在玻璃化温度上,其玻璃化温度介于纯组分的玻璃化温度之间。对热力学完全相容体系则只有一个玻璃化温度,完全不相容体系则表现出多个组分对应的玻璃化温度。一般而言,不同聚合物要达到相容必须满足以下条件之一:① 溶解度参数相差在 0.2 以下;② 部分结构相似;③ 聚合物间可形成共价键、离子键、配位键或氢键;④ 形成互穿聚合物网络。

相容性概念通常指聚合物在链段水平或分子水平上的相容性。如果两种聚合物在热力学上是完全不相容的,那么共混时就会发生宏观的相分离,聚合物界面间的黏结力很低,没有实用价值。如果两种聚合物在热力学上完全相容,共混物为均相体系,其最终性能一般为原始聚合物性能的简单加和。实践中发现这种均相体系并不利于提高材料的力学性能,而某些具有相分离结构的聚合物共混体系则具有优异的性能。

根据聚合物共混理论,对于性能优异的聚合物共混物,应具有宏观均匀而微观相分离的形态结构,即形成具有较强界面作用的部分相容体系。一般而言,双组分聚合物共混物体系主要有两种,即均相体系和两相体系(或非均相体系),其中两相体系又可以分为“海-岛结构”两相体系和“海-海结构”两相体系,其中“海-岛结构”两相体系中存在三种区域结构:两种聚合物各自独立区域和两独立区域之间的界面层。在界面层发生两相的黏合作用(物理黏合或化学相互作用)和两种聚合物链段之间的相互扩散,界面层区域两组分聚合物相互间黏合越好、两组分聚合物链段相互扩散程度越大,则共混物的力学性能越优异。因此,界面层的结构、界面层区域中两聚合物的结合强度对共混物的物理力学性能有着极为重要的影响。

两相之间黏合力(也称亲和力)的大小,一方面取决于两相之间存在的化学键(如接枝或嵌段共聚物之间),另一方面则取决于两相之间的非共价键相互作用力。对于大多数聚合物共混物,尤其是用机械法制得的共混物,非共价键相互作用力是主要的。非共价键相互作用力的黏合主要决定于界面张力,两相之间的界面张力越小,黏合强度就越高。从两聚合物链段之间扩散角度考虑,非共价键相互作用力黏合又与两聚合物之间的相容性有关,相容性越好,黏合强度越高。

共混物界面层理论主要有内浓度变化理论、界面层厚度理论、界面层玻璃化温度、密度等与共混物两相间关系等。界面层的形成由相互联系的两个步骤控制:先是两相相互接触,其次是组分聚合物分子链段相互扩散。增加两相之间的接触面积既有利于聚合物链段之间的扩散,也可以增加两相之间的黏合力。在共混过程中力求两相之间的高度分散,尽可能减小相畴尺寸是非常重要的。减少相畴尺寸大小的方法主要有:采用高效率的共混机械(如双螺杆挤出机和静态混合器等),利用相容化技术增强两相之间的黏合强度。基本不相容的组分间,链段相互扩散作用微弱,相界面清晰,故界面层厚度较小;一定混容的组分间,扩散作用加强,相界面随相容性增加逐渐模糊,界面层厚度增大;完全相容的组分最终形成均相体系，相界面消失。在对界面层研究的过程中，研究者根据不同的实验事实及理论，提出了许多经验计算式。

Ronca 经验公式：

$$\Delta l = kQMT_C(T_C - T) \tag{9-1}$$

式中，Δl 表示界面层厚度；k 表示比例常数；T 表示温度；T_C 表示临界相容温度；M 表示组分相对分子质量；Q 表示与 T_C 及 M 有关的常数。

Helfand 经验公式：

依据 Helfand 理论，对不含极性组分的共混体系，当组分相对分子质量很大时，界面层厚度为：

$$\Delta l = 2\sqrt{\frac{k}{\chi_{1,2}}} \tag{9-2}$$

式中，k 表示常数；$\chi_{1,2}$ 表示 Huggins-Flory 相互作用参数。

由于 $\chi_{1,2}=\frac{(\delta_1-\delta_2)^2}{RTV}$，所以，$\Delta l$ 与 $(\delta_1-\delta_2)$ 成反比。界面层体积，由于受接触面积影响，通常认为，与 $(\delta_1-\delta_2)^2$ 成反比。界面层的厚度决定于熵和能量两种因素，能量因素与聚合物共混物组分之间的相互作用有关，因此，由上述关系式不难发现，聚合物共混物组分的溶解度参数相差越小，则其共混物的界面层厚度就越大。但对于极性共混物体系或相界面存在强相互作用时，$\chi_{1,2}$ 与溶解度参数之间并无简单关系。

由于界面层有一定的厚度，扩散导致相界面处存在明显的浓度梯度 G，可以推导出 G 与界面层厚度 Δl 关系为 $G=\frac{1}{\Delta l}$。

两种共混物体系的界面相互作用参数 $\chi_{1,2}$ 与界面层厚度有关，大分子链尺寸越大，界面层厚度越大，$\chi_{1,2}$ 越小。组分相对分子质量分布较宽时，分子链段的活动性相差悬殊，发生单向扩散，低相对分子质量级组分表面张力较小，流动性较好，会向界面层迁移，导致界面层厚度增大，但是，界面层的力学强度却会因此大幅度下降。聚合物共混物界面层的研究方法很多，一般可分为形态学、分子运动学、力学性能分析、流变性能分析等方法。较常用的研究方法有分子运动测定法和界面张力测定法。

聚合物的玻璃化温度 T_g 是高聚物的一个重要特性参数，是高聚物从玻璃态转变为高弹态的温度。T_g 是高分子链段运动的特征温度，一般认为分散相粒径 $>0.1\ \mu m$ 时共混物出现两个 T_g，颗粒粒径在 $0.02\sim0.1\ \mu m$ 时两个 T_g 加宽和明显靠近，颗粒粒径小于 15 nm 时仅有一个 T_g。可以通过测定共混物两个玻璃化温度 T_g 与组分聚合物原有的玻璃化温度 T_g 差值，或通过共混物中两个玻璃化温度 T_g 相互靠近程度来评价共混物相容性好坏，从而定性预测共混物的界面层厚度或形态。

9.1.3　聚合物共混增容技术

(1) 反应性增容技术

反应性增容技术主要包括活性官能团增容技术和反应性相容剂技术等。活性官能团增容技术，一般是指在聚合物侧链上接枝活性官能团，通过活性官能团与共混物中某一聚合物的活性基团反应，而增加相容性的技术。例如，用 MAH 接枝的高密度聚乙烯(HDPE)部分代替 HDPE 添加到 HDPE-聚碳酸酯(PC)共混体体系中，在单螺杆挤出机上，于 280 ℃下熔融混炼，接枝共混体系熔体黏度及黏流活化能上升，HDPE 主链上的酸酐与聚碳酸酯(PC)发生化学反应可以改进共混组分的相容性。

反应性相容剂主要包括第三组分添加的相容剂和原位反应型相容剂。第三组分添加的相容剂主要是含酸酐基团的相容剂、含羧基基团及其衍生物的增容剂、含胺基基团的相容剂和含杂环(环氧、恶唑啉基团)的相容剂等。例如，在 HDPE 分子中引入酸酐制成 MAH 改性的聚乙烯(PE-g-MA)，同时用丙烯酰胺改性 $CaCO_3$，按一定比例将 HDPE、PE-g-MA、$CaCO_3$-AA 在密炼机中共混，发现 PE-g-MA 和 $CaCO_3$-AA 之间产生较强氢键作用，所得聚合物共混物具有优异的力学性能，由此形成了无机粒子同时增韧增强 HDPE 的新途径。

原位反应型相容剂是指共混过程中，通过化学反应原位形成的相容剂。例如，在 HDPE-PET 共混体系反应挤出原位增容过程中，研究发现应用 EVA、EAA 侧基上的官能团与 PET 分子链上的酯基在催化条件下的酯交换反应，可提高合金材料的相容性，其增容作用机理分别是 EVA 与 PET 之间的相互作用生成 PET-EVA 接枝共聚物，EAA 与 PET 之间的相互作用生成共交联共聚物。

(2) 形成 IPN(Interpenetrating Polymer Network)网络

IPN 网络是指两种或两种以上的聚合物，通过分子链相互贯穿，至少一种聚合物分子链以化学键的方式交链而形成的网络结构。例如，以 PP 微孔膜作基材，使含有引发剂和交联剂的丙烯酸丁酯渗入微孔膜，并在微孔膜中原位聚合交联，发现复合膜基本保持了 PP 微孔膜基材的骨架结构，交联聚丙烯酸丁酯(PnBA)几乎填入了 PP 的全部微孔，成为一个与 PP 互穿的新连续相，复合膜的力学延展有一定程度的改进。

(3) 形成分子复合材料

分子复合材料是指在柔性聚合物基体中以分子级水平分散刚性棒状增强剂，导致模量和强度大幅度提高的一类复合材料。例如，用共聚合方法可以制备出 PA6-聚酰亚胺(PI)-PA6 嵌段共聚物和 PA6-PI 接枝共聚物，加入 5%的 PI 与 PA6 共聚制备得到的分子复合材料，模量和强度较纯 PA6 的高 2～3 倍，断裂韧性与 PA6 的相当。

(4) 利用动态硫化法

通过动态硫化法可增强聚合物的相容性。例如，在 EPDM 增韧 PP 体系中，通过加入酚醛树脂和 2,5-二甲基-2,5-二叔丁基过氧己烷两种交联剂，可使该合金材料的抗冲韧性显著提高，流动性明显下降。这主要是因为过氧化物既能有效硫化 EPDM，又能使 PP 降解，从而得到高韧性和高流动性的共混物。

9.1.4 煤基聚合物共混物材料的制备技术

反应性挤出技术、单纯共混技术、分子相复合技术等共混技术可用于煤基聚合物共混物材料的制备。

(1) 反应性挤出技术

该技术是指在挤出机如双螺杆挤出机等挤出设备中，通过挤出过程实现聚合、缩聚、接枝以及合金化或复合化作用制备共混物材料的技术。反应性挤出技术具有设备投资费用低、反应可调及环境效益好等优点。

(2) 单纯共混技术

该技术是通过混炼机、螺旋捏合机或挤出机进行单纯的熔融共混的方法或配以溶液法或胶乳共混法等预共混法使不同聚合物组分形成完全相容的聚合物合金的技术。

(3) 分子复合技术

分子复合技术是指通过溶胀、渗透等途径使复合材料实现“自我增强”作用，在结构上表现为刚直分子链和柔性链以化学力相连接，在分子水平上表现为相互分散的复合材料制备技术。

9.2　煤基聚烯烃共混物复合材料

9.2.1　煤基聚烯烃共混物材料相容剂

煤聚集态结构与大分子聚合物网络结构相似，是一种天然大分子多组分体系。煤大分子以富含多环芳烃结构单元为特征，并且除含有脂肪结构侧链外，还含有大量的极性杂原子官能团，如羟基、羧基、氮或硫杂化结构等。因此，要制备出性能良好的煤与聚烯烃共混物材料，必须通过相容化技术，增强煤大分子与聚烯烃大分子的界面层相互作用。因此，高性能煤/聚烯烃共混物材料制备的关键是开发出良好的相容剂。

煤基相容剂主要是煤大分子接枝改性物，如煤—O—聚合物接枝物。煤基相容剂可采用溶液接枝法、固相接枝法、熔融接枝法以及力化学接枝法制备。

采用融熔共混法，将超细煤粉与聚丙烯接枝改性物(如 PP-g-MA 或 PP-g-PAM)进行接枝反应，在煤上的活性官能团可发生部分酯化反应，从而制备出煤基相容剂。FTIR 分析表明，在羟基吸收区谱峰的形态和位置发生了变化，同时在醚键吸收区有酯基的 C—O 吸收新峰产生。将煤基相容剂热压制成薄片，然后在液氮中脆断，喷金后用电镜(SEM)观测(图 9-1)，结果表明：煤粉填充于 PP 中时，在煤与基体之间有少量的缝隙，断面为光滑的层面结构。当力化学改性煤粉与 PP 供混后，复合材料界面的黏结性增强了。煤基相容剂的表观黏度大于接枝物与煤的简单共混物样，这表明 PP-g-MAH 与煤表面有较强的相互作用。

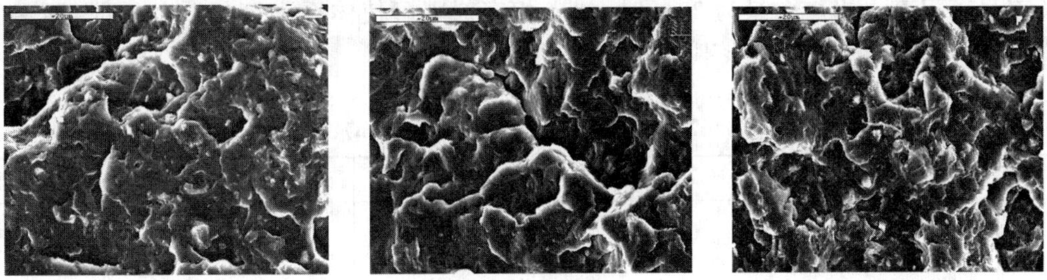

(a) PP/Coal　　(b) PP-g-MA/Coal　　(c) PP-g-MAH/Coal

图 9-1　煤基相容剂的 SEM 照片

9.2.2　影响煤基聚烯烃共混物材料性能的因素

9.2.2.1　超细煤粉的表面改性

在振动球磨机与分级系统上进行煤的超细粉碎，然后在高速混合机上采用不同改性剂进行表面改性。表 9-1 给出了超细神府煤改性前后对 LLDPE/神府煤共混物材料性能的影响。由表 9-1 可知，未改性超细神府煤使 LLDPE 的拉伸强度提高近 20%，但使断裂伸长率显著下降。用 WD 改性剂改性超细神府煤粉后，断裂伸长率增加显著，强度损失约 1.4%。神府煤经过表面改性后，提高了煤与 LLDPE 的相互作用，增进了两者之间的相容性。因此，经表面改性后，该共混物材料的韧性得到了明显提高。

表 9-1　LLDPE/神府煤共混物材料的性能

样品	神府煤含量/%	改性剂 WD	拉伸屈服强度/MPa	断裂伸长率/%
1	0	0	10.95	718.5
2	30	—	13.12	57.11
3	30	1.5	12.94	235.36

9.2.2.2　神府煤粉含量及粒径对煤基共混物材料性能的影响

一般而言，仅通过表面改性剂对超细煤粉进行改性，无法从根本上提高煤基聚烯烃共混物材料的性能。要进一步提高该共混物体系的性能，需要添加相容剂。添加相容剂可有效提高 LDPE/神府煤共混材料的拉伸强度。相容化改性对煤基共混物材料性能的改善程度与煤的粒度有关。煤粒度越小，其提高程度越小。这是由于超细煤粉粒度越小，其团聚程度越大，越难分散。

共混物材料中煤的质量分数不同，粒度对拉伸强度的影响也不同。在煤的质量分数较小时，粒度对性能的影响不显著，当煤粉含量较高时，粒度的影响较大，煤质量分数为 20%，特征粒度为 10 μm 左右时，LDPE/神府煤共混物有较高的拉伸强度。特别是对于煤含量较高的共混体系，当粒度减小时，由于分散困难，共混物材料的性能降低。

9.2.2.3　相容剂对煤基聚合物共混物性能的影响

表 9-2 给出了相容剂和表面改性剂协同作用对 LLDPE/神府煤共混物力学性能的影响。由表 9-2 可知，煤含量为 30%的体系，加入 1.5%相容剂后，可使该共混物材料的断裂伸长率显著提高。当煤含量为 20%时，加入相容剂则可使体系强度提高的同时，断裂伸长率增加到与纯 LLDPE 相近水平。

表 9-2　LLDPE/神府煤共混物材料的性能

样品	相容剂含量/%	神府煤含量/%	改性剂 S	拉伸屈服强度/MPa	断裂伸长率/%
1	0	30	1.5%	13.44	67.78
2	1.5	30	1.5%	13.27	165.33
3	5	30	1.5%	12.61	149.95
4	2.5	20	1.5%	12.03	642.96
5	2	20	1.5%	12.42	676.91
6	0	20	1.5%	13.23	417.4
7	0	0	0	10.95	718.5

HDPE/HDPE-g-MAH/神府煤共混物材料的 FTIR 光谱分析表明：相容剂 HDPE-g-MAH 上的活性酸酐基团与煤大分子表面的羟基发生酯化反应。由此可知在 HDPE 与神

府煤的共混体系中，相容剂 HDPE-g-MAH、HDPE/EPDM-g-MAH 与煤表面官能团发生了相同的反应，从而使体系的相容性增加。

9.2.3　煤基聚合物共混物材料的相形态结构

在聚合物共混物体系中，由于形态结构不同，同样组成的共混物的性能相差甚大。因此，聚合物的混物材料的相形态是影响聚合物共混物材料的重要因素。聚合物共混物的相形态受多种因素的影响，主要有热力学因素、动力学因素和混合加工工艺参数等。热力学因素主要涉及相稳定平衡热力学条件，共混物复合体系多为热力学不相容体系，呈现两个或两个以上的多相结构（组成均匀的层状结构或各种分散结构）；动力学因素主要是指聚合物之间的相互作用参数、界面张力、界相互作用力的类型等；混合加工工艺参数涉及共混加工过程中螺杆转速、温度区间的温度等。

由两种聚合物构成的两相聚合物共混物体系，按照相的连续性可分为三种基本类型：单相连续型结构、两相互锁或交错结构以及相互贯穿型结构。

单相连续型结构指组成共混物的两个组分中有一个相是连续相，而另一相则为分散相。单相连续型结构一般形象地称为"海岛"式结构，分散相以规则或不规则的球状、粒状、棒状或椭球状像"海岛"一样，分布在连续相中。HDPE/煤共混物材料在宏观上的相态分布就属于"海岛"式结构（图 9-2），"海岛"式结构的共混物相结构可按"海岛"的具体形状分为分散相形状不规则型结构、分散相颗粒较规则型结构和分散相为胞状结构或香肠状结构。

(1) 分散相形状不规则型结构。该结构表现为分散相是由形状很不规则且大小极为分散的颗粒组成。分散相颗粒尺寸通常为 1～10 μm。机械共混法制得的产物一般具有这种形态结构。

(2) 分散相颗粒较规则型结构。该结构表现为分散相颗粒较规则（一般为球形），颗粒内部不包含或只包含极少量的连续相成分。

(3) 分散相为胞状结构或香肠状结构。此种结构的特点是分散相颗粒内尚包含连续相成分构成的更小颗粒。因此，在分散相颗粒内部又可把连续相成分构成的更小的包容物当作分散相，而构成颗粒的分散相成分则成为连续相。这时分散颗粒的截面类似香肠形状，故称为香肠结构。也可把分散颗粒当作胞，胞壁由连续相成分构成，胞本身由分散相成分构成，而胞内又包含连续相成分构成的更小的颗粒，故称为胞状结构。反应过程中所生成的接枝共聚物主要集中在两相的表面，起到了偶联剂的作用，所以此种共混物两相界面较为模糊。煤/PP 共混物材料就表现为此种相形态。

煤/HDPE 共混物材料断面上，煤颗粒分散均匀，特别是 1 000 nm 以下的颗粒界面模糊，且有撕裂成纤特征，表现为韧性断裂（图 9-2）。聚合物基体呈冷流及网络结构特征。对于 PP 与神府煤的共混物材料而言，其断面较难观察到煤颗粒特征，表现出基体为损伤力的主要载体，基体呈脆性断裂，煤与基体界面有较强结合。断面没有纤拉及网络结构特点，这是由于 PP 与 HDPE 相比，HDPE 为韧性基体。由此可知，对煤基聚烯烃共混物材料的性能及结构设计，必须在调节界面相互作用力的大小与基体的韧性之间找到平衡。对于共混冲击改性而言，橡胶作为分散相，其平均分散粒子为 1～2 μm 时，共混物冲击性能最好；粒子尺寸太小，粒子周围可产生应力白化或塑化领域小，吸收冲击能弱；粒子尺寸过大，粒子周围应力集中，裂纹首先在粒子周围发生，吸收冲击能更低。

(a) 煤/HDPE共混物，煤含量：40%　　(b) 煤/PP共混物，煤含量:40%

图 9-2　煤基共混物材料的扫描电镜照片

对于共混增强改性而言，分散相粒子纤维状存在对增强改性有利。纤维的长径比越长，增强效果越好。长径比长到一定程度即变为两相连续，其中增强相为纤维状，增强效果可达到顶峰。两相互锁或交错结构（也称“两相共连续结构”“海-海结构”）的形态结构特点为：每一组分都没有形成典型的连续相，而是以明显的交错排布结构形式存在，很难辨认哪一个是连续相，哪一个是分散相。当两组分含量相近时，常生成这种结构。

在煤大分子聚集态结构中，存在互相惯穿的大分子交联网络结构特征，其在宏观上表现为相互贯通的纳米孔结构。因此，可以假设煤与聚合物共混时，聚合物分子链与煤的界面相互穿插作用的程度不同，形成互穿程度不同的半互穿网络结构，从而使煤基共混物材料具有良好的力学性能。由于在双螺杆反应挤出过程中，受机械力化学的作用，以及表面改性剂、相容剂、煤大分子长链脂肪侧基、孔结构等作用，同时受基体树脂的冷却结晶收缩作用力的作用，基体树脂大分子链可部分进入煤表面的纳米沟壑，进而部分进入煤的孔结构和内表面，从而与煤大分子形成半互穿网络结构。

9.2.4　煤基聚烯烃共混物材料的应用

9.2.4.1　在电缆专用料生产中的应用

聚烯烃类材料具有良好的物理机械性能、加工性能和电性能。因此，通信电缆和光缆用外护套专用料过去大多采用 LDPE 或 HDPE。20 世纪 70 年代以来，LLDPE 问世，由于其优良的性能，LLDPE 很快替代了 LDPE 和 HDPE 电缆护套专用料市场。优质电缆护套专用料一是由树脂厂通过特殊的工艺装置生产的，二是通过共混技术制成的。前者存在技术复杂、价格昂贵、加工温度高等缺点。采用煤与 LLDPE 共混物材料制成的电缆专用料在有关合作企业进行了应用试验，力学测试结构见表 9-3。使用该煤基共混物电缆专用料制成的电缆护套经厂方测试，力学性能及耐环境应力开裂性能均达到厂方要求。

表 9-3　煤基 LLDPE 共混物电缆专用料力学性能

取样点	拉伸强度/MPa	断裂伸长率/%
开始	15.4	500
终端	14.3	510
标准	≥10	≥350

9.2.4.2　在农用可降解薄膜中的应用

我国农膜大部分使用PVC、PE、EVA等不可降解薄膜，在提高农作物产量和土地利用率的同时，也造成了严重的“白色污染”及耕地劣化。解决白色污染的根本途径是开发、利用可降解农用薄膜。国内可降解薄膜产量低、品种少，远不能满足农用薄膜的需要。西安科技大学采用煤基聚合物共混物技术制备降解农用薄膜专用料(COPO树脂)母料。添加该母料生产的农用薄膜力学性能见表9-4。以COPO树脂母料为原料生产可控全降解黑色农膜制品，其性能完全达到白色薄膜的质量要求，且具有生物、光降解性特性，降解产物不仅对土壤没有污染，还可增加土壤氮含量。

表9-4　以COPO树脂母料为原料生产的可降解薄膜的力学性能

样品编号	拉伸负荷/N		断裂伸长率/%		直角撕裂负荷	
	纵向	横向	纵向	横向	纵向	横向
试样1	3.34	2.16	467.0	697.5	1.34	1.59
试样2	3.18	2.34	454.4	780.0	1.20	1.52
试样3	4.28	4.12	558.5	805.0	1.81	1.93
标准	≥1.6	≥160	≥0.6			

表9-5为以COPO树脂母料为原料生产的可降解薄膜和普通白色薄膜试验结果。试验证明该降解薄膜具有良好的降解特性，其降解过程是先发生裂缝，裂缝周围像火烧一样，逐步收缩，不断消失，降解面积逐渐扩大。

表9-5　以COPO树脂母料为原料生产的可降解薄膜和普通白色薄膜试验结果

时间	COPO树脂薄膜Ⅰ	COPO树脂薄膜Ⅱ	普通白色薄膜
4月17日	覆盖薄膜	覆盖薄膜	覆盖薄膜
5月29日	开始有裂缝	开始有裂缝	完好
7月1日	不规则大孔	不规则孔	开始有小眼
9月19日	土上全部降解， 土下见少数1 cm小块	土上全部降解， 土下见少数1 cm小块	基本未变

9.2.4.3　COPO树脂在滴灌管材专用料中的应用

滴灌就是滴水灌溉技术，是节水灌溉技术中行之有效的工程技术。它是利用低压管道系统，与安装在末级管道上的特别灌水器，使灌溉水成点滴地、缓慢地、均匀而又定量地浸润作物根系最发达的区域，使作物根系活动区的土壤始终保持在最优含水状态。滴灌有节约灌溉用水量、促进作物生长和提高产量的作用。因此，滴灌作为一种重要的局部灌水技术有着广阔的发展前途。

滴灌的管道系统可分为干、支、毛等3至5级，管径在63 mm以下用PE管，管径大于63 mm的用PVC管，配塑料管件和阀门。通常将安装有滴头的滴灌管道称为滴灌管。

西安科技大学采用反应性熔融共混技术开发了LDPE/煤共混物滴灌管材专用料。在工业生产线上进行了内镶圆柱状迷宫式滴灌管的生产试验，工艺流程如图9-3所示。

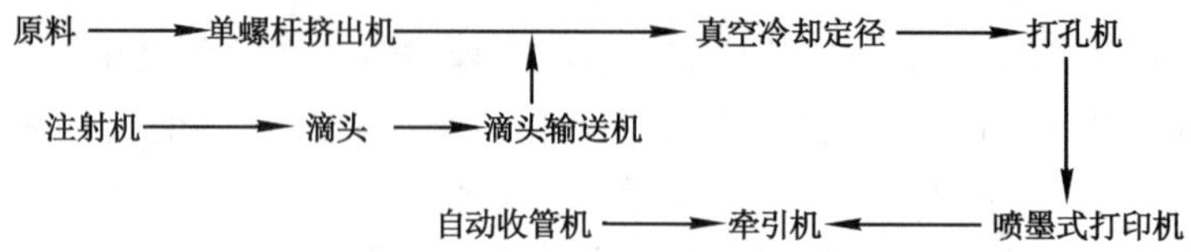

图 9-3　滴灌管生产流程图

9.3　煤基聚苯胺复合材料

9.3.1　聚苯胺

导电聚苯胺因原料易得、合成工艺简便、导电性及稳定性较好等特点，在二次电池、抗静电及电屏蔽材料、防腐材料、化学传感器等领域有良好的应用前景。1987 年，Macdiarmid 提出图 9-4 所示的本征态聚苯胺的链结构模型。聚苯胺链结构中不仅有“苯—醌”交替的氧化链段，而且有“苯—苯”连续的还原链段。氧化链段和还原链段长短主要取决于氧化剂的选择、单体浓度、氧化剂与单体的物质的量比、氧化剂滴加速率、聚合温度、反应时间等。当 $Y=1$ 时，为完全还原的全苯式结构，称全还原态聚苯胺；当 $Y=0$ 时，为“苯—醌”交替结构，称全氧化态聚苯胺；当 $Y=0.5$ 时，为苯醌比为 3∶1 的半氧化半还原结构，称本征态聚苯胺。全氧化态聚苯胺和全还原态聚苯胺可分别通过氧化和还原掺杂使其电导率进入导体范畴，而本征态聚苯胺则可通过质子酸掺杂提高其导电性。

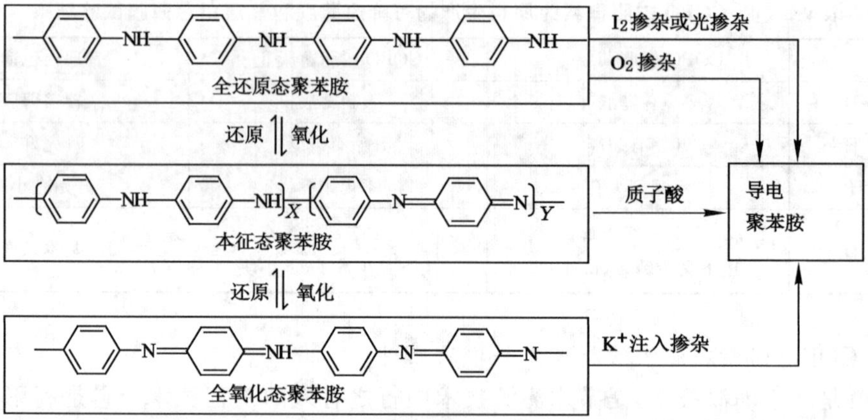

图 9-4　不同氧化程度的聚苯胺的掺杂方式

通常，聚苯胺由于分子内和分子间的强相互作用，以紧缩链构象存在，这使得链上自由电子的离域只能在较近距离内实现。大分子有机磺酸掺杂聚苯胺及无机矿物（如蒙脱土、膨润土、石墨等）插层复合的聚苯胺链有明显的伸展，前者主要是因为脱质子后的有机大分子磺酸基在链的另一侧呈柱状排列，减弱了聚苯胺链间的相互作用，后者则主要是因为二维方向层间距小，使得聚苯胺一般以单分子层插入，从而使链紧缩受到限制而变得伸展。伸展的链结构使自由电子的离域性提高，甚至可以在整个链上实现离域，电子能级劈裂增多，最终发生弥散,从而使得这些掺杂体系或是复合体系有良好的导电性。

无机小分子质子酸(HCl、H_2SO_4等)或有机磺酸等非萘环体系掺杂剂制得的聚苯胺均呈细颗状;高氯酸或氟硼酸体系掺杂剂制备的聚苯胺呈纤维状结构,其纤维直径约为 200 nm;通过原位聚合法以 β-NSA(β-萘磺酸)和 NONSA(2,4-二硝基萘酚-7-磺酸)作掺杂剂制得的聚苯胺却呈管状,由 α-NSA 作掺杂剂时制得产物呈圆棒状,由 1,5-NSA 作为掺杂剂制得的聚苯胺却呈嵌段状,表明萘环的存在是生成管状聚苯胺的一个重要条件。

小分子酸由于体积小或其本身易挥发等因素会使得聚苯胺性能不稳定,其在加热成型过程中很容易脱离,从而使得聚苯胺脱掺杂而失去良好的导电性能。使用有机大分子酸掺杂可以克服这个缺点,因为其酸性基带有长链,大的体积效应使得其以柱状形态悬挂在聚苯胺的另一侧而不易脱掺杂。另外,现已证明可以通过掺杂-脱掺杂-再掺杂的方法提高聚苯胺的导电性并改善其他方面的性能,当然也可以通过质子酸掺杂和反掺杂(加氨水、氢氧化钠等)实现本征态聚苯胺从绝缘体到导体之间的变化。

9.3.2　煤的氧化和磺化改性

煤是一种多孔性物质,具有复杂的孔结构。例如,用氮气吸附法测定超细神府 3^{-1} 煤孔结构结果表明,其最可机孔径为 0.86 nm,平均孔径为 3.17 nm,其孔结构主要由微孔及过渡孔组成,以过渡孔为主,2.0～30.0 nm 的过渡孔占 67.66%,孔体积为 0.04 mL/g,比表面积仅为 16.45 m^2/g;用 CO_2吸附法,在 25 ℃测定 100 网目神府煤样的孔结构,结果表明,最可机孔径为 0.86 nm,平均孔径为 0.93 nm,表面积高达 214 m^2/g;用压汞法对 100 网目煤样孔结构的测定结果表明其平均孔径为 111.3 nm,比表面积为 23.89 m^2/g。

在超细煤的扫描电镜照片上也可以观察到沟槽形孔道存在。煤自然解理表面复型的电子显微镜图像研究表明,煤表面有小于 20 nm 直径的小孔及连接孔的通道。用高压(1 MeV)电镜观察到高挥发分烟煤中壳质组和惰质组的孔隙,在壳质组中某些孔道像沟道形,大小为 200～300 nm;在惰质组中则是在 2～50 nm 范围,其中大部分小于 10 nm。这种孔隙是连续的,并且有良好的渗透性。

在煤基聚合物共混物材料的制备中,煤的孔结构对聚合物材料的性能有重要影响。同时由于煤的多孔性也可能使煤基聚合物材料具有一些独特性能。

9.3.2.1　煤在苯胺中的溶胀与过硫酸铵氧化改性

煤基聚苯胺制备过程涉及煤在苯胺中的溶胀过程、过硫酸铵作为氧化剂对煤的氧化过程以及煤大分子表面酸性官能团对聚苯胺的掺杂过程等。

煤溶胀是利用煤所具有的供氢能力与受氢能力,在亲电、亲核试剂的作用下,打破小分子相与网络结构之间的氢键,消除煤分子内部氢键及电子授-受等作用的束缚,使煤结构中较弱的键断裂,从而降低煤结构的交联度,使交联网络结构充分伸展的过程。通过溶胀作用,煤中的孔结构发生改变,圆柱形孔增多,球形孔减少。在苯胺溶剂中煤的变质程度不同,其平衡溶胀度不同,随变质程度的提高,煤在苯胺中的溶胀度降低。在苯胺中的平衡溶胀度不同,表明苯胺通过煤的孔隙结构渗透进入煤大分子网络结构的程度不同。神府煤在苯胺中的平衡溶胀度约为 1.5。

在聚苯胺制备过程中,过硫酸铵的氧化反应是在一定浓度的盐酸溶液中进行的。盐酸浓度变化、过硫酸铵用量变化、反应时间等因素对煤的过硫酸铵氧化改性有显著影响。当盐酸浓度为 0～0.1 mol/L 时，煤首先发生表面氧化，形成碳氧络合物。碳氧络合物不稳定，易分解为 CO、CO_2 和水等。当盐酸浓度为 0.1～2 mol/L 时，煤的氧化程度增加，氧化产物主要为含有活性基团羧基、酚羟基、醌基等的再生腐植酸。氧化煤的产率、总酸性基、羧基、酚羟基均增加。当盐酸浓度大于 2 mol/L 时，为煤的深度氧化，这时再生腐植酸发生脱羧反应，转化为低分子酸和大量 CO_2，所以产率、总酸性基、羧基、酚羟基又呈下降趋势。所以盐酸浓度为 2 mol/L 时，氧化效果最好。在盐酸浓度为 2 mol/L，反应时间为 3 h 的条件下，氧化煤的产率随过硫酸铵量的增加而增加，同时煤的总酸性基、羧基和酚羟基也相应呈现增加趋势。

9.3.2.2 煤的磺化改性

煤是含有多种侧链和官能团的多环芳香化合物，用发烟硫酸或浓硫酸处理煤时，可以发生磺化反应，从而可以在煤大分子中引入—SO_3H 基。煤的磺化反应如下：

$$ArH + HOSO_3H \longrightarrow Ar{-}SO_3H + H_2O$$

浓硫酸在加热的条件下，同时是一种氧化剂，能够将煤大分子结构中的—CH_3（甲基）、—C_2H_5（乙基）等基团氧化为—COOH（羧基），并使 C_{ar}—H 键氧化成羟基。因此，磺化煤的大分子结构中除磺酸基外，还存在—COOH、—OH 等酸性基团。—SO_3H、—COOH、—OH 等酸性基团均能电离产生 H^+，故磺化煤称为氢型磺化煤。

影响煤磺化改性效果的主要因素有原煤性质、磺化温度、磺化时间、煤粒度、酸煤比等。在这些因素中，影响最大的因素为原煤性质、磺化温度和磺化时间。例如，神府煤磺化过程中，磺化温度对煤磺化反应的影响大于磺化反应时间的影响，随着磺化温度的升高和反应时间的延长，煤的总酸性基与磺酸基的含量均增加。神府煤在 140 ℃、4 h 的条件下磺化效果比较好，磺化煤/聚苯胺导电复合材料的性能最佳。煤磺化度的大小与煤的变质程度的相关性不明显。经过磺化改性后，煤的溶胀度增加，增加程度与煤的变质程度有关。神府煤经磺化改性后，溶胀度由原煤的 1.5 增加到 1.7。

9.3.3 煤基聚苯胺的合成

9.3.3.1 煤基聚苯胺制备的理论基础

煤基聚苯胺复合材料合成源自对煤特殊的结构和性质的认识。主要有以下几点：

(1) 煤具有大分子聚合物结构特征，其基本结构单元是以芳环、氢化芳环、脂环和杂环为核心，周边带有侧链及官能团的缩合芳香体系。基本结构单元相互桥连，在二维方向上结成平面网络。

(2) 煤大分子通过氢键缔合、范德瓦耳斯力、偶极作用力及共价键，使得芳香层网相互叠置，在三维空间上生长发育。随着煤变质程度增加，脂环相应减少，缩合芳香体系的芳构化和缩合程度不断增高，芳香层的定向性和有序化程度明显增强，芳香层叠置、集聚形成更大的芳环叠片。

(3) 煤具有分子筛特征，其孔隙结构由大孔、中孔和微孔组成，大部分孔结构相互贯通过渡。孔结构分布特征与煤的变质程度有关。① 碳含量低于 75% 的褐煤，粗孔占优势，过渡孔基本没有。② 碳含量在 75%～82% 之间的煤，过渡孔特别发达，孔隙总体积主要由过渡孔和微孔决定。③ 碳含量在 88%～98% 的煤，微孔占优势，孔隙体积占总体积 70% 以上，过渡孔一般很少。对神府 3^{-1} 煤的孔结构分析结果表明，其超细煤最可机孔径为 0.865

nm，平均孔径为 3.17 nm，均在纳米尺度范围内。

(4) 煤中存在微晶石墨片，微晶石墨片的大小与煤的变质程度有关，随变质程度提高，微晶石墨片尺度增加。镜煤(84%碳)中 5～6 个苯环的稠环芳烃含量占 2%～13%。煤的电子能级带隙为 0.78 eV，这表明煤大分子中环芳香结构单元的大小有限。

(5) 煤中的主要官能团有芳香氢(Ar—H)和脂肪氢(R—H)、孤立的和氢键化的—OH 与—NH_2、羧基、羰基(C═O)、酚(C—OH)、醚键(R_1—O—R_2)、芳环。有机氮主要有吡咯氮、吡啶氮和芳胺，并以吡咯氮为主，且含量在碳含量为 84%处为最大(同总氮)，吡啶氮含量则在碳含量为 90%处为最大。有机硫为脂肪硫(硫醚)和芳香硫(噻吩、芳硫醚)，其中芳香硫含量随煤化程度线性增加，在无烟煤中几乎全为芳香硫。正是由于有这些活性侧基的存在，煤自身或是与其他物质发生氢键等作用，具有一定的超分子自组装能力，并赋予煤一定的酸性特征。此外，煤中芳环、甲基、亚甲基等官能团在较强的氧化剂作用下也可被氧化产生酚羟基、羧基等酸性官能团。

(6) 煤的变质程度越大，其大分子结构单元中芳环的共轭度越高，结构向类石墨结构方向转变的程度越大。共轭程度的增大使得 π 电子的离域范围增大，能隙减小，导电性增加。

(7) 煤具有一定的导电性，根据其导电性质不同，可分为自由基导电和离子导电。煤的导电能力与其变质程度有关。煤的变质程度越高，其芳香性越强，会使更多 π 键参加重叠离域，导电性增强。自然条件下不同变质程煤的电阻变化范围很大，可由 10^{-7} Ω 到大于10 Ω，这是由于煤化程度、煤岩成分、矿物质的数量和组成、煤的水分、孔隙率和煤的构造等因素综合影响的结果。

(8) 煤具有质子酸特性，主要归因于煤中有酚羟基及硫醇和少量的羧基等酸性基团，煤经氧化后，可以提高煤中酸性官团的量，从而提高煤的酸性。

(9) 煤的表面及孔隙结构存在一定量小分子化合物，这些小分子化合物以非共价键方式与煤大分子结合。

(10) 煤具有溶胀特性。煤的溶胀性与煤的孔隙结构和煤的交联大分子网状结构有关。由于煤具有丰富的孔结构特征，以及煤中含有的酸性及富电子官能团，极性较强的溶剂可以与其形成更强的氢键及电子授-受作用，打破煤大分子间固有的氢键作用、电子授-受作用，克服链间缠绕而对煤进行溶胀。

9.3.3.2 盐酸掺杂煤基聚苯胺的合成

聚苯胺合成方法主要有电化学合成法和化学氧化法等。煤基聚苯胺主要采用化学氧化法制备。化学氧化法合成聚苯胺时常用溶液聚合法和乳液聚合法。这两种方法制备的聚苯胺导电率相差不大，但乳液聚合法比溶液聚合法得到的聚苯胺溶解性能要好，而且产率也较高。而后者又可分为模板聚合法、原位聚合法等。

化学氧化法常用的氧化剂为$(NH_4)_2S_2O_8$(简称 APS)，在－5～50 ℃有很高的氧化活性，当氧化剂与苯胺的物质的量比小于 1.1 时，产率随氧化剂用量的增加而增加；当氧化剂与苯胺的物质的量比大于 1.1 时，过量的氧化剂会使聚苯胺氧化降解，同时也可以同苯胺成盐而阻止长链聚苯胺的生长，降低产品产率和品质。另外，$FeCl_3$、O_2、H_2O_2、$HClO_4$、K_2CrO_7、KIO_3等也可用作氧化剂。质子酸在苯胺聚合过程中主要作用是给苯胺聚合创造一个良好的酸性环境，在苯胺扩链过程中提供质子，减少副反应的发生。质子酸的浓度应大于苯胺单体的浓度。一般单体浓度范围为 0.25 mol/L，当单体浓度为 0.5 mol/L 时，最佳酸浓度范围为 1.0～2.0 mol/L。

西安科技大学首次提出了溶胀-原位聚合法制备煤基聚苯胺，该方法首先将煤粉分散到含苯胺单体的溶液中，进行预溶胀，然后采用过硫酸铵（APS）等氧化剂进行氧化聚合。

煤变质程度、煤岩组成、煤质特性、表面官能团结构等煤质因素对煤基聚苯胺的导电性能有重要影响。表 9-6 为 5 种煤样的工业分析和元素分析数据。以这 5 种煤样对应制得的煤基聚苯胺复合材料（煤含量均为 60%）性能测试结果如表 9-7 所示。与原煤的电阻率相比，煤基聚苯胺电阻率都呈数量级降低，尤其是 SF 煤，下降了十个数量级。这说明煤和聚苯胺之间不是简单的机械加和，聚苯胺与煤之间存在较强的增效协同作用。LSD 煤比 LSDW 煤灰分含量高，LSD 煤基聚苯胺比 LSDW 煤基聚苯胺产率低，电阻率高，这说明煤中矿物质对煤基聚苯胺的聚合和导电性提高不利。煤经过脱矿物质后，煤基聚苯胺的产率和导电率提高。煤的碳含量、碳氢原子比和氧碳原子比反映了煤的结构特性和变质程度。随着煤的变质程度增加，煤基聚苯胺的电阻率呈现增加趋势，当煤的碳含量达 85%或碳氢原子比为 18 时，煤基聚苯胺的电阻率增加趋于稳定。氧碳原子比越大，含氧活性官能团越多，煤基聚苯胺的电阻率越低，这主要是因为煤中的羧基、酚羟基等酸性官能团对聚苯胺的掺杂作用增强。

表 9-6　煤样的工业分析和元素分析

煤样	工业分析			元素分析				
	$M_{ad}/\%$	$A_d/\%$	$V_{daf}/\%$	$C_{daf}/\%$	$H_{daf}/\%$	$O_{daf}/\%$	$N_{daf}/\%$	$S_{t,d}/\%$
SF	7.29	4.27	36.42	81.75	4.79	11.95	1.10	0.38
HL	3.21	13.30	34.95	83.47	4.78	9.85	1.17	0.63
LSD	0.86	16.83	23.09	87.81	4.63	2.23	1.29	3.28
LSDW	0.77	9.99	23.34	88.63	4.69	2.23	1.38	2.69
SSP	0.67	5.6	17	91	4.48	2.62	1.38	0.52

表 9-7　5 种煤样对应制得的煤基聚苯胺复合材料性能测试结果

煤样	SF	HL	LSD	LSDW	SSP
煤的电阻率/(Ω·cm)	1.15×10^{11}	2.71×10^{9}	2.17×10^{8}	1.67×10^{8}	6.77×10^{5}
煤基聚苯胺电阻率/(Ω·cm)	17.6	49.1	57.2	22.1	59.9
产率/%	95.3	85.4	94.2	97.6	83.1
颜色	深蓝	深蓝	深蓝	深蓝	深蓝
羧基含量/(mmol/g)	0.204 6	0.084 2	0.102 9	0.096 3	0.275 8
酚羟基含量/(mmol/g)	0.807 5	0.332 5	0.378 2	0.154 2	0.373 6

注：$(NH_4)_2S_2O_8$/An：1.0，HCl 浓度：2.0 mol/L，聚合温度：20 ℃，反应时间：24 h，相同条件下纯聚苯胺电阻率：18.0 Ω·cm。

9.3.4　煤基聚苯胺在防腐涂料中的应用

聚苯胺被广泛应用到防腐涂料、传感器、导电纤维、抗静电材料等领域。聚苯胺涂料是采用机械涂膜的方法在金属(如冷轧钢、低碳钢、铝、铜等)表面形成均匀完整的聚苯胺防腐膜,其防腐机理是使金属钝化,在金属表面形成起保护作用的氧化层,且涂覆合适的涂层可以使腐蚀电势迁移,从而降低金属的腐蚀速率。聚苯胺涂料被认为是新一代高效防腐涂料,但由于聚苯胺不易加工成型,不溶于常规有机溶剂,且纯聚苯胺对金属的黏结性很差,且价格昂贵,利用率低,这限制了聚苯胺涂料的实际应用。因此,通常把聚苯胺作为防腐涂料的添加剂,使之形成聚苯胺系防腐涂料,主要包括单一聚苯胺涂料、聚苯胺为底漆的涂料、聚苯胺与传统涂料的共混涂料三类。煤基聚苯胺作为添加剂制备煤基聚苯胺涂料在一定程度上克服了聚苯胺防腐涂料价格高、强酸掺杂稳定性差等缺点。

以煤基聚苯胺为添加剂制备的煤基聚苯胺环氧树脂涂料具有黏附性能好、耐腐蚀性能优异、易于加工成型及固化物性能优异等特点,其防腐机理与聚苯胺涂料相近,主要包括屏蔽作用、缓蚀作用和阳极保护作用。

(1) 屏蔽作用

通常作为涂料都应具有屏蔽保护的作用,将金属表面与周围腐蚀环境隔开,只要屏蔽层保持完好涂层就有效果。化学阻抗谱图(EIS)研究了在铸铁表面用电化学聚合形成的聚苯胺膜对腐蚀速率的影响。结果表明,当膜厚超过 1 μm 后才能观察到明显的缓蚀作用,这种作用可归结为聚苯胺的屏蔽作用。聚苯胺涂层的屏蔽作用和导电性促进了界面Ⅱ而不是界面Ⅰ的阴极反应,这种阴阳极的反应分离阻止了金属表面 pH 值的升高(图 9-5),因而在金属表面生成了稳定的氧化物(如 Fe_3O_4、γ-Fe_2O_3 和 α-Fe_2O_3),提高了抗腐蚀能力。

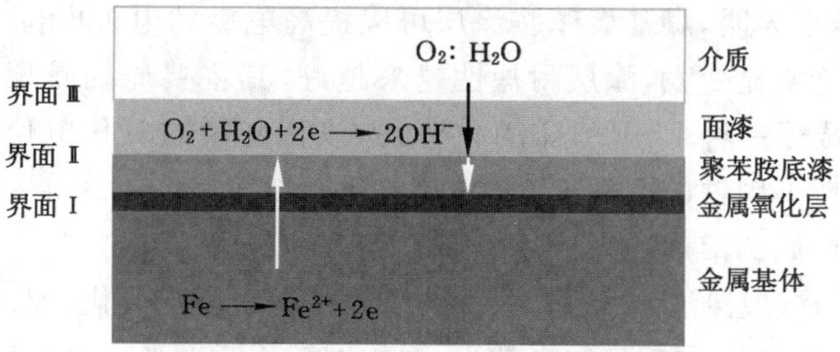

图 9-5　阴阳极反应分离机理图

(2) 缓蚀作用

缓蚀作用通常涉及金属表面对有机物质的吸附从而形成单分子屏蔽层。与屏蔽涂层一样,吸附的分子能限制阳极或阴极的腐蚀反应(如电子迁移)并降低腐蚀速率。缓蚀作用主要涉及可溶有机物质取代金属表面吸附的水:

$$Org_{sol} + nH_2O_{ads} \longrightarrow Org_{ads} + nH_2O_{sol}$$

苯胺和苯胺衍生物是铁基金属的有效缓蚀剂。因为,胺类有机化合物的中心原子 N 具有未共用的电子对,当金属表面存在空的 d 轨道时,极性基团中心原子的孤对电子就与空的 d 轨道形成配位键,从而其苯胺分子吸附在金属表面,形成一层疏水吸附层。这层吸附层明显降低了腐蚀速率,从而起到缓蚀的作用,例如:

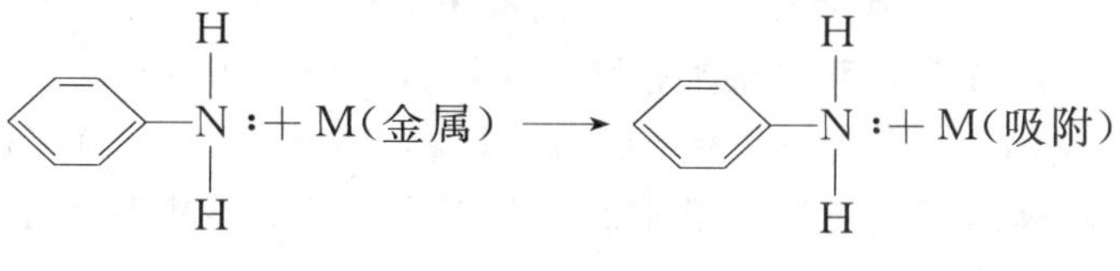

取代聚苯胺(如乙氧基苯胺聚合物)是铸铁在含氯化物酸溶液中的有效缓蚀剂。聚苯胺在金属表面有很强的吸附倾向,这种吸附作用有助于聚苯胺涂料对金属的缓蚀防腐。聚苯胺的阳极保护作用机理有助于研究其缓蚀作用。

(3) 阳极保护作用

大量研究结果证明聚苯胺对金属主要是起阳极保护作用的。导电聚合物被认为在金属的钝化区具有稳定的电位,并且能在金属表面形成一层具有保护作用的氧化膜。聚合物膜上氧的还原弥补了金属溶解所消耗聚合物的电荷,从而稳定了金属钝化状态的电位,减小了金属的腐蚀溶解速率。

为了测试煤基聚苯胺环氧树脂防腐涂料的性能,将涂漆的涂片 2/3 面积浸入 3%NaCl 溶液中,溶液温度为 24～26 ℃,达到规定时间取出,用自来水冲洗净盐迹,并用滤纸吸干。研究涂片表面 190 h 后变化特征发现,随着煤基聚苯胺含量的增加,漆料由稀逐渐变稠,涂层表面由淡黄色到浅黑色再到黑色,从无光泽到有光泽,填料颗粒由疏到密,即煤基聚苯胺含量低时,涂层防渗透性不好,导致起泡。当煤基聚苯胺含量增加到 26%时,涂层颜色均匀,表面平整光滑,没有填料颗粒堆积,涂层相应增厚,起泡减少。继续增加煤基聚苯胺的含量,漆料黏度明显增大,涂层增厚,防腐性能增强,但流平性不好,涂层光洁性变差,脆性增大,表面不平整。故煤基聚苯胺含量为 26%时,涂料效果较理想。

通过测量煤基聚苯胺在 NaCl 溶液(3%)中浸泡时电极电位的变化,可检测添加煤基聚苯胺是否能提高金属的电极电位,选择涂有煤基聚苯胺的金属电极和空白的金属片进行二者电位差的比较。结果表明,煤基聚苯胺涂层可以提高电极的电极电位,并且随着煤基聚苯胺含量的增加,电位差明显变大,涂层耐盐性越来越好,其主要原因是聚苯胺与铁界面发生了氧化还原反应,生成了一种 Fe-PANI 的化合物,该化合物的氧化电位高于单独纯聚苯胺的氧化电位,从而补偿了因铁的溶解而消耗的电荷,所以溶液中的离子在未接触到金属时就获得了电子,减小了金属的溶解速率。

用稀 H_2SO_4(5%)溶液浸泡 16 h 后,涂片的表面基本看不出变化。24 h 后观察发现:随着煤基聚苯胺含量的增加,涂层的起泡越来越少,耐酸性能逐渐增强。原因是煤基聚苯胺与金属形成聚苯胺-金属钝化层,有效地阻止了氢离子与金属的接触,减缓了腐蚀。此外,研究发现,随着煤基聚苯胺含量的增加,涂层表面电导率逐渐增大,防腐性能也恰好相应增加。这表明煤基聚苯胺含量的增加能促使涂层表面电导率增大,产生并增强涂层产生电场的能力,阻碍电子从金属向氧化物质的传递(相当于一个电子传递的屏障作用),从而达到防腐效果。

9.4 煤基类水滑石复合材料

第 8 章中已讨论了 LDHs 的组成结构和性质。MgAl-LDHs 的第一个分解吸热温度区间恰好与煤自燃过程第二阶段相近。MgAl-LDHs 记忆效应主要表现为经一定温度煅烧形成的方镁石结构氧化物可以很快重新水化形成 LDHs。重新水化形成的 LDHs 结晶度比原来的 LDHs 结晶度低。此外因为 LDHs 具有层板组成可调变性、层间阴离子的种类及数量可调控性和粒径大小及分布的可调控性等特点,因此,LDHs 已在催化、离子交换、吸附及医药等方面具有广泛应用。近年来,作为无机功能材料,LDHs 在聚合物阻燃、选择性红外吸收及紫外阻隔等领域展示了广阔的应用前景。本节重点讨论煤基类水滑石复合材料的制备及其在煤炭自燃防治及阻燃高分子材料中的应用。

LDHs 受热分解为吸热反应，可降低材料表面的温度，大大降低材料的热分解和燃烧速率；碳酸根型 LDHs 受热分解产生水和二氧化碳等惰性气体产物，能有效稀释并阻隔可燃性气体；多孔碱性氧化物等固体分解产物比表面大，可吸附有害气体特别是酸性气体，同时与材料燃烧的炭化产物结合生成保护层，进而中断引起材料持续燃烧的传质传热过程，使 LDHs 具有抑烟、阻燃双重功能性。利用其结构可设计性，LDHs 的阻燃性能具有可调变性，目前已经广泛用于增强各种高分子聚合物的阻燃性能。

基于神府煤(SFC)丰富的微纳米孔道及特殊的组成结构，西安科技大学以煤发达的孔隙作为 LDHs 合成的限域反应器，利用煤炭对金属离子(Zn^{2+}、Mg^{2+}、Al^{3+})的吸附螯合特性及 LDHs 类纳米无机材料形貌结构和性能可调控性，以煤炭自燃防治新材料和新型复配阻燃剂为开发研究背景，采用原位共沉淀方法，制备了系列 Zn/Mg/Al-LDHs/神府煤复合材料(CLCs)，研究了 LDHs 对煤自燃的预防机理以及 LDHs/煤复合材料的协同阻燃作用，开辟 LDHs/煤复合材料制备及应用新领域。

9.4.1　煤基腐植酸插层 Zn/Mg/Al-LDHs

以神府煤为原料，采用碱溶酸析方法对煤基腐植酸进行提取及分离分级，获得总腐植酸(HAs)、黄腐酸(HAI)、棕腐酸(HAII)和黑腐酸(HAIII)。研究了腐植酸含量和种类对 Zn/Mg/Al-LDHs 结构的影响。

(1) 腐植酸含量的影响

图 9-6 是 Zn/Mg/Al-LDHs-NO_3、Zn/Mg/Al-LDHs-HAs(20%)以及 HAs 的 XRD 谱图。Zn/Mg/Al-LDHs-HAs(20%)的结晶度较低，2θ 为 25.52°处为腐植酸的无定形衍射峰，2θ 分别为 8.48°和 11.32°处存在两个 003 晶面衍射峰，说明了 HAs 插层 LDHs(层间距 $d_{003}=1.04$ nm)，并且与 Zn/Mg/Al-CO_3-LDHs($d_{003'}=0.78$ nm)同时存在于检测样品中，说明尽管采用了 N_2 保护，在合成过程中仍然存在 CO_2 污染。由于 Zn/Mg/Al-LDHs-NO_3 的产物纯度足够高，在其谱图中仅存在一个 003 衍射峰($d_{003}=0.80$ nm)。LDHs 层板厚度为 0.48 nm，LDHs-HAs 纳米复合材料的层间通道高度大约为 0.56 nm，意味着发生了 HAs 向 LDHs 插层作用。根据分子动力学，按照能量最小化原则，模拟了 HAs 的分子结构，发现 HAs 的任何方向轴向长度均大于 0.56 nm，因此，Zn/Mg/Al-LDHs-HAs(20%)的层间高度增加是 HA 官能团部分插层及柱撑造成的。通过研究 Mg/Al-LDHs 对腐植酸的吸附特性，发现吸附主要发生 Mg/Al-LDHs 的表面上，柱撑作用较弱，而 Zn/Al-LDHs 对腐植酸的吸附主要是层间柱撑的结果，有较高的活化能。

FTIR 研究表明，腐植酸含量越高，复合材料中羧基伸缩振动峰向低波数的位移越显著，说明了 HAs 中的 COO—与 LDHs 中的—OH 相互作用程度逐渐增加。同时，在 1 360 cm^{-1} 处的波峰主要是 CO_3^{2-} 的 C—O 伸缩振动峰。因此，HAs 部分结构插层到 LDHs 层间，并与 CO_3^{2-} 共存。

Zn/Mg/Al-LDHs-NO_3、Zn/Mg/Al-LDHs-HAs(5%)及 Zn/Mg/Al-LDHs-HAs(10%)的 SEM 谱图如图 9-7 所示。Zn/Mg/Al-LDHs-NO_3 呈现纳米层片无规则堆积的团聚特征，当有腐植酸存在时，可发现有球形 LDHs 团簇生成，且随着腐植酸浓度的增加，球形团簇的直径减小，且在表面出现弯曲的 LDHs 层板。

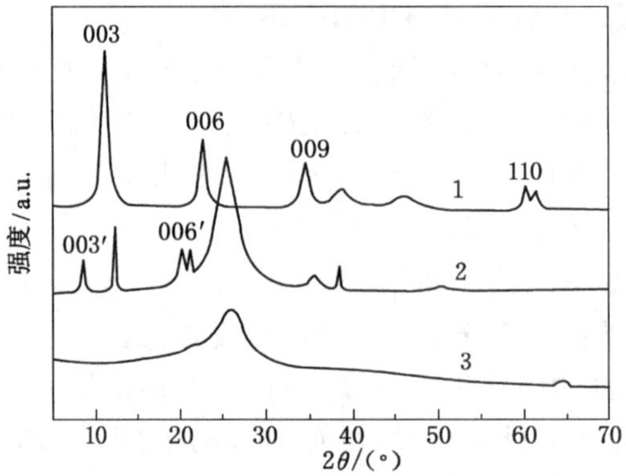

1—Zn/Mg/Al-LDHs-NO_3；2—Zn/Mg/Al-LDHs-HAs(20%)；3—HAs。

图 9-6 不同 LDHs 样品的 XRD 谱图

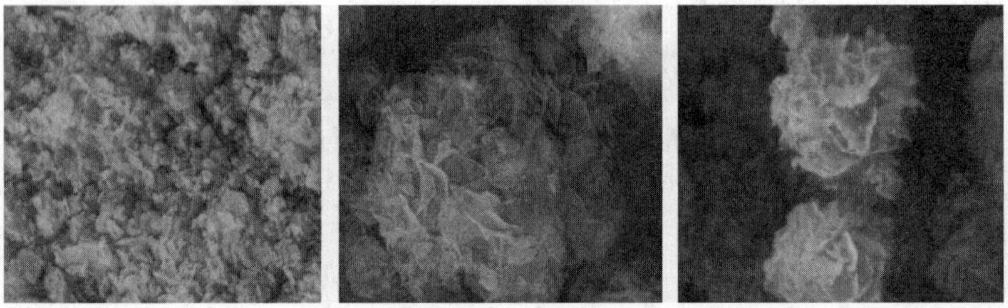

(a) Zn/Mg/Al-LDHs-NO_3　(b) Zn/Mg/Al-LDHs-HAs (5%)　(c) Zn/Mg/Al-LDHs-HAs (10%)

图 9-7 不同 LDHs 样品的 SEM 照片

腐植酸对金属离子的络合作用使得其在 LDHs 层板表面产生强烈的吸附作用，限制了层板的堆积生长，并诱导层板沿着腐植酸的弯曲界面生长而发生了形变。

(2) 腐植酸种类的影响

图 9-8 是 Zn/Mg/Al-LDHs-NO_3 以及不同类型腐植酸基 Zn/Mg/Al-HAs-LDHs 的 XRD 图。除 Zn/Mg/Al-LDHs-HA_{II} 外，其他复合材料样品同时检测到 HAs 部分插层 Zn/Mg/Al-LDHs 与 Zn/Mg/Al-LDHs-CO_3 的衍射峰特征：2θ 为 26°附近存在由腐植酸产生的无定形衍射峰，且该峰与 Zn/Mg/Al-LDHs 的(006)晶面衍射峰重叠；2θ 为 5°～11°出现两个 Zn/Mg/Al-LDHs 的(003)晶面衍射峰。尽管整个过程采用 N_2 保护，在合成过程中仍然存在 CO_2 污染。Zn/Mg/Al-LDHs-HA_{II} 复合物衍射峰仅仅出现了腐植酸的无定形衍射峰，说明棕腐酸存在时，较难形成 Zn/Mg/Al-LDHs 晶体。与 LDHs-NO_3 相邻层板间距 0.78 nm 相比，黄腐酸存在条件下，Zn/Mg/Al-LDHs 的层间距为 1.04 nm 和 0.72 nm，而在黑腐酸存在条件下层间距为 0.93 nm 和 0.76 nm，说明复合材料的层板均存在非等距离排列状态，这是由于腐植酸不是单一的化合物，而是具有相似结构特征且相对分子质量从几百到几百万范围的高分子物质，不同腐植酸在 LDHs 层间的插层现象具有不均一性和多样性。

采用 SEM 分析测定了 LDHs-NO_3 及不同腐植酸型 LDHs 的表面形貌，如图 9-9 所示。LDHs-NO_3 具有典型的六方晶体形貌，晶型较好，但是颗粒粒度较大。

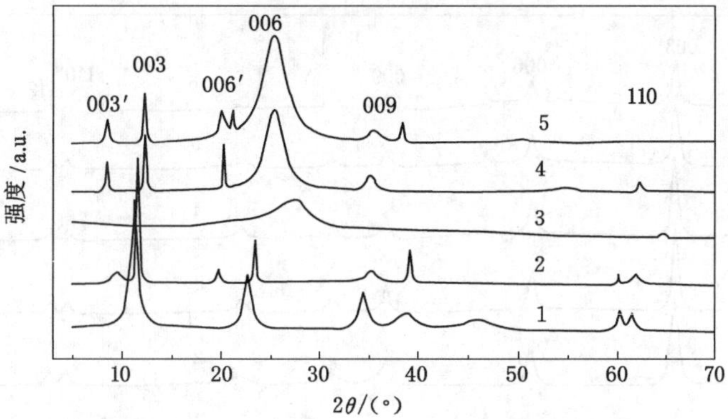

1—Zn/Mg/Al-LDHs-NO_3；2—Zn/Mg/Al-LDHs-$HA_Ⅰ$；3—Zn/Mg/Al-LDHs-$HA_Ⅱ$；
4—Zn/Mg/Al-LDHs-$HA_Ⅲ$；5—Zn/Mg/Al-LDHs-HAs(20%)。

图 9-8　样品的 XRD 谱图

(a) LDHs-NO_3　(b) LDHs-$HA_Ⅰ$　(c) LDHs-$HA_Ⅱ$

(d) LDHs-$HA_Ⅲ$　(e) LDHs-HAs

图 9-9　LDHs 样品的 SEM 谱图

LDHs-黄腐酸复合物表面粗糙度增加，黄腐酸对 LDHs 表面具有一定的侵蚀性。LDHs-棕腐酸复合物中发现有纳米厚度层板的存在，说明棕腐酸的引入引起了 LDHs 层板的剥离。

9.4.2　煤基 Zn/Mg/Al-LDHs

(1) 神府煤与金属盐的物质的量比(w)对煤基 Zn/Mg/Al-LDHs 结构及形貌的影响

在金属离子比例 $n(Zn^{2+})/n(Mg^{2+})/n(Al^{3+})=1:2:1$、晶化时间为 24 h、pH 值为 10.0 条件下，神府煤与金属盐的物质的量比(w)对煤基 Zn/Mg/Al-LDHs 结构的影响如图 9-10 所示。

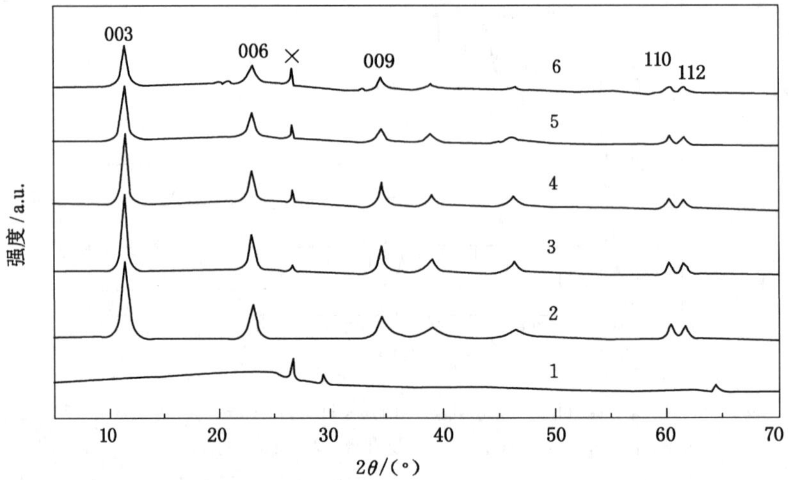

1—神府煤；2—煤基 $Zn_1Mg_2Al_1$-LDHs；3—w＝1.2；4—w＝2.4；5—w＝3.6；6—w＝4.8。

图 9-10　w 对煤基 Zn/Mg/Al-LDHs 结构的影响

图 9-10 中 2θ 为 24.68°附近出现弥散的衍射宽峰，归因于峰中“微晶石墨片”的特征衍射峰。图 9-10 中 1 与 2～6 比较可以发现，随着 w 的增加，煤基 $Zn_1Mg_2Al_1$-LDHs 在 11.36°、23.12°、34.64°处出现 $Zn_1Mg_2Al_1$-LDHs 层状结构的(003)、(006)和(009)晶面的特征衍射峰。2θ 在 26.64°及 29.40°处由煤中矿物质 SiO_2 和 Al_2O_3 引起的肩峰逐渐升高，由 LDHs 引起的晶面衍射峰强度却逐渐降低，说明了神府煤降低了复合材料的结晶度，并延长了其形成完整晶型所需的晶化时间。这是由于煤孔隙结构及大分子官能团决定了金属离子的络合平衡浓度，从而对 LDHs 形成过程中金属离子的初始浓度造成影响。随着 w 增加，由于金属离子在煤表面吸附反应和与金属形成 LDHs 晶体的共沉淀反应相互竞争，金属离子处于不饱和状态，结晶过程的初期金属离子浓度会降低，从而导致 LDHs 晶核生长受到影响，导致晶格缺陷，LDHs 生成时的结晶度降低。当 w 过大时，甚至会导致 LDHs 晶核生长终止。

Zn/Mg/Al-LDHs 常见的 FTIR 特征峰主要有 419 cm^{-1}、427 cm^{-1}、559 cm^{-1}、616 cm^{-1} 和 771 cm^{-1} 处的 Al—OH 平移振动峰，412 cm^{-1}、559 cm^{-1}、616 cm^{-1} 处的 Mg—OH 平移振动峰，445 cm^{-1} 处的 Zn—OH 平移振动峰，以 3 449 cm^{-1} 为中心的宽峰归属于羟基层板和层间水分子的羟基伸缩振动峰，1 620 cm^{-1} 附近的峰归属于层间结构水的弯曲振动模式。煤基 Zn/Mg/Al-LDHs 均在 1 360 cm^{-1} 及 1 400 cm^{-1} 处出现归属于 CO_3^{2-} 的伸缩振动峰，说明该复合材料主要是碳酸根插层型。在 1 605 cm^{-1} 和 1 395 cm^{-1} 处微弱的羧酸根离子的不对称及对称峰，与煤中的羧酸根离子相比，吸收峰均向低波数位移，说明煤大分子与 LDHs 的相互作用方式主要表现为煤中羧基等酸性官能团与 LDHs 层板羟基的弱氢键相互作用。在 2 920 cm^{-1} 及 2 850 cm^{-1} 处的弱吸收峰可归因于煤中脂肪链 C—H 的不对称伸缩峰。

不同 w 的煤基 Zn/Mg/Al-LDHs 的 SEM 谱图如图 9-11 所示。复合材料表面呈现纳米圆片状形貌特征。随着 w 增加，煤表面 LDHs 层板的团聚现象逐渐消失，纳米层板取向逐渐倾向于与表面垂直。EDX 数据分析结果表明，w 为 1.2、2.4、3.6 时，煤中 LDHs 的金属离子 $n(Zn^{2+})/n(Mg^{2+})/n(Al^{3+})$ 的比例分别为 2.70∶1.65∶1、2.29∶1.39∶1、2.28∶1.46∶1。

这相对于原溶液中的比例[$n(Zn^{2+})/n(Mg^{2+})/n(Al^{3+})$＝1∶2∶1]显著不同。这是由于神府煤大分子中的羧基官能团对锌镁铝离子的选择性络合作用，改变了煤表面 LDHs 生长环境中金属离子浓度比例，并改变 LDHs 晶体的生长方向。神府煤大分子对 LDHs 的自组装过程有明显的导向作用。

(a) w=1.2　(b) w=2.4　(c) w=3.6　(d) w=4.8

图 9-11　w 对煤基 Zn/Mg/Al-LDHs 的形貌的影响

(2) 金属离子比例对煤基 Zn/Mg/Al-LDHs 结构及形貌的影响

在晶化时间为 24 h、pH 值为 10.0、w＝3.6 的条件下，金属离子比例(R)对煤基 Zn/Mg/Al-LDHs 结构的影响如图 9-12 所示。

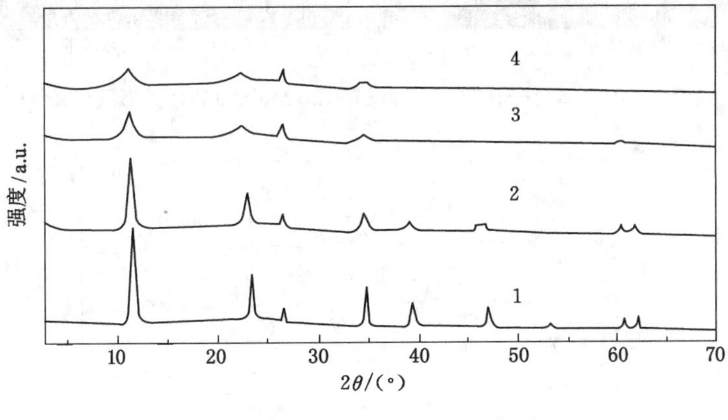

1—R＝1∶1∶1；2—R＝1∶2∶1；3—R＝1∶3∶1；4—R＝1∶4∶1。

图 9-12　金属离子比例(R)对煤基 Zn/Mg/Al-LDHs 结构的影响

由图 9-12 可知，随金属离子比例 R 的增加，煤基 Zn/Mg/Al-LDHs 在 2θ＝26.64°及 29.40°附近由神府煤及其中矿物质 $CaSO_4$ 及 $CaCO_3$ 引起的特征峰强度几乎未发生变化，由 LDHs 组分引起的特征衍射峰强度逐渐降低。FTIR 分析表明，煤与 LDHs 主体层板存在较强的氢键相互作用。金属离子比例(R)对煤基 Zn/Mg/Al-LDHs 形貌的影响如图 9-13 所示。R＝1∶1∶1 时，煤基 Zn/Mg/Al-LDHs 表面呈现出似圆片状 LDHs 堆积；CLCs-R_1 表面为近似纤维状 LDHs 纳米颗粒单独或团聚覆盖于神府煤基复合材料表面。随着金属离子比例的变化，煤基中 Zn/Mg/Al-CO_3-LDHs 组分的晶格缺陷增加，与 XRD 分析结果一致。

金属离子比例为 1∶2∶1、w＝3.6、晶化时间为 24 h，晶化 pH 值对煤基 Zn/Mg/Al-LDHs 结构的影响如图 9-14 所示。

(a) R=1:1:1　(b) R=1:2:1　(c) R=1:3:1　(d) R=1:4:1

图 9-13　金属离子比例(R)对煤基 Zn/Mg/Al-LDHs 形貌的影响

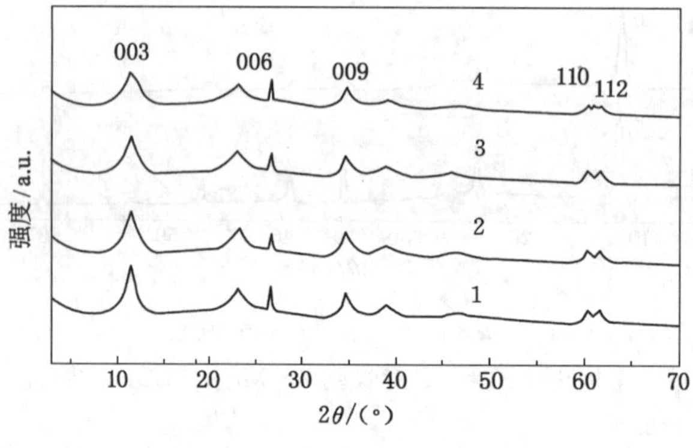

1—pH=9.5;2—pH=10.0;3—pH=10.5;4—pH=11.0。

图 9-14　pH 值对煤基 Zn/Mg/Al-LDHs 结构的影响

反应 pH 值直接影响到煤基 Zn/Mg/Al-LDHs 中金属离子比例以及结晶度。pH 值处于 9.5～10.5 之间,均可以得到较高结晶度的煤基 Zn/Mg/Al-LDHs。pH=10 时,复合材料结晶度最好,pH 值超过 10.5 后,复合材料的结晶度略微降低。

在金属离子比例 $R=1:2:1$、w 为 3.6 条件下,晶化时间(t)对煤基 Zn/Mg/Al-LDHs 晶体结构的影响如图 9-15 所示。随着晶化时间的延长,复合材料的特征衍射峰强度逐渐增强,且 003 晶面衍射峰由宽化峰向尖锐峰转变,说明复合材料的结晶度提高,晶化 24 h 后,复合材料的结晶度基本不再变化。

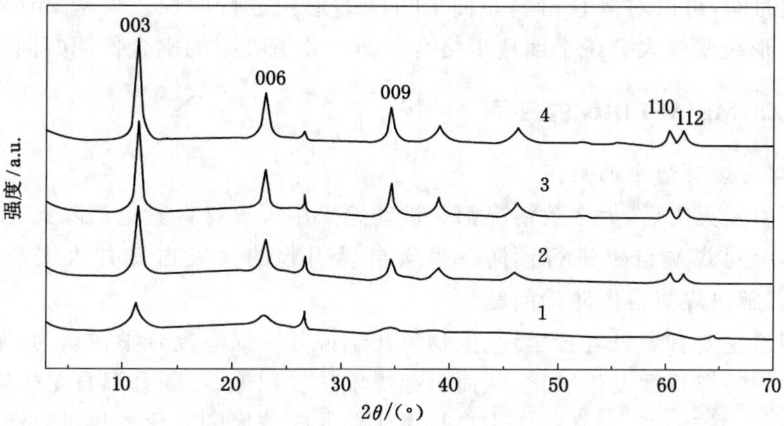

1—t=8 h；2—t=16 h；3—t=24 h；4—t=48 h。

图 9-15　晶化时间(t)对煤基 Zn/Mg/Al-LDHs 结构的影响

9.4.3　煤基 Zn/Mg/Al-LDHs 的结构调控机理

综合上述实验研究结果，可以归纳出以下实验事实：

① 神府煤中有丰富的孔隙结构，最可机孔径为 0.865 nm，平均孔径为 3.173 nm；

② 神府煤中含有腐植酸，腐植酸主要由黄腐酸、棕腐酸和黑腐酸组成，其相对分子质量依次增加；

③ 经氧化处理后，煤中腐植酸产率增加，且随氧化深度增加，黄腐酸比例增加；

④ 不同腐植酸组分在 Zn/Mg/Al-LDHs 中的插层程度不同，黄腐酸分子可插入层间，棕腐酸分子则可能使层板撑开，黑腐酸仅部分分子单元进入层间。

在上述实验事实的基础上，提出如下假设：

① 煤表面酸性官能团可与锌、镁和铝离子形成络合物，其络合物稳定性与其对离子的络合能力有关；

② 用锌、镁和铝离子溶液浸渍煤时，这些离子可以进入煤的孔道，并发生吸附；

③ 锌、镁和铝离子优先在煤颗粒外表面发生吸附和络合；

④ 原位共沉淀过程中，LDHs 的形成由外表面向内表面延伸，孔道中的内表面金属离子浓度由于毛细管效应而处于过饱和状态；

⑤ 当外表面金属离子发生沉淀形成 LDHs 晶体时，内表面离子可以向外表面扩散，并且只要时间足够，共沉淀可向内孔道扩展，直到全部离子形成 LDHs 晶体，这是由于这些离子与羧基形成的络合物的稳定常数小，而沉淀的溶度积较高。

基于上述实验事实及假设，提出煤基 Zn/Mg/Al-LDHs 结构调控机理：煤大分子金属离子络合平衡与孔道吸附耦合调控机理。该机理认为：通过共沉淀法制备煤基 Zn/Mg/Al-LDHs 过程中，由于吸附和络合作用，神府煤的孔隙结构及其酸性官能团决定了煤基 Zn/Mg/Al-LDHs 制备过程中溶液中金属离子的平衡浓度，从而导致其结晶度随煤的质量分数的增加而降低。通过煤样预氧化程度可以调控相应的腐植酸含量，进而可调控煤基

Zn/Mg/Al-LDHs 的结晶度，同时影响煤中腐植酸分子在 LDHs 层板之间的插层程度大小。通过控制晶化时间，可以对复合材料表面 LDHs 的形貌进行调控。煤基 Zn/Mg/Al-LDHs 表面 LDHs 的形貌受煤大分子金属离子络合平衡与孔道吸附的耦合作用共同影响。

9.4.4 煤基 Zn/Mg/Al-LDHs 的应用

9.4.4.1 在煤自燃防治中的应用

煤炭自燃引发火灾后，大多数情况都是被动地采用灭火材料紧急消除火灾，没有采用防治措施从根本上对煤炭自燃进行预防。煤炭自燃引起的火灾占矿井火灾总数的 90%～94%，迫切需要解决煤炭自燃防治问题。

煤自燃假说主要有煤氧复合学说、生物氧化学说等。煤氧复合学说认为，原煤自燃是暴露在大气环境中的煤持续发生氧化，从而引起煤堆热量积聚、不断升温直至燃烧的现象。由于这一氧化过程比较缓慢，通常称之为自热潜伏期。随着煤的氧化放热量逐渐积蓄，煤体温度达到煤自燃的临界温度（60～80 ℃）后，其氧化过程自动加速，该阶段称为煤的自热期。自热期的发展有可能使煤温上升到着火温度而导致自燃。如果煤温达不到临界温度或由于散热而导致温度降低，煤便进入风化状态，风化后的煤不再发生自燃。

煤自燃发生通常必须具备四个基本条件：煤具有自燃倾向性且呈破碎状态堆积；有连续的通风供氧条件；热量易于积聚：煤炭氧化所生成热量速度大于散热速度；上述三个条件同时存在，其持续时间大于煤炭最短自燃发火期。基于煤炭自燃发火条件，煤炭自燃防治措施主要从消除煤炭燃烧三要素之一入手，采用材料覆盖煤炭表面阻隔氧气吸附、降低氧气浓度、转移煤氧化反应的生成热等方法，实现煤炭自燃的治理。

常用煤炭自燃灭火材料有 N_2、CO_2 及湿式惰气阻隔型材料，水或水溶胶等液相覆盖型材料，黄土、砂石、煤矸石、粉煤灰、水泥等组成的速凝堵漏材料以及 $CaCl_2$、$MgCl_2$ 及 NaCl 等卤盐及硅凝胶阻化材料等。事实上，治理煤炭自燃灾害最有效且经济安全的方法是预防煤炭自燃。

前面较为系统地讨论了 Zn/Mg/Al-LDHs 的结构和性质，下面重点讨论煤基 Zn/Mg/Al-LDHs 在神府煤自燃预防中的应用。

根据热重分析的 TG-DTG 曲线，可以得到 6 个特征温度点。神府煤空气气氛中的 TG-DTG 曲线如图 9-16(a)所示。由图可知，煤的空气氧化可分为三个阶段：煤及氧化气体产物的物理化学脱附失重阶段（30～150 ℃，室温至干裂温度 T_2）、煤对空气中氧气吸附增重阶段（160～300 ℃，T_2 至着火点 T_4）以及煤燃烧热分解失重阶段（300～600 ℃，T_4 至失重终温 T_7）。

临界温度 T_1（40～70 ℃）是第一个失重速率最大值点对应的温度。此时，煤对气体的物理吸附过程及脱附过程达到动态平衡，煤从加速失重向减速失重过程转变。

干裂温度 T_2（140～160 ℃）是煤结构中的侧链官能团参与氧化反应的初始温度。侧链小分子逐渐从煤主体结构中断裂，以气体形式逸出。此时气体产物如乙烯、乙烷等逐渐产生。煤样从失重状态向吸氧增重阶段过渡。

增速温度 T_3 是煤对氧气吸附增重阶段中增重速率极大值点对应的温度。随着煤中气体脱附，在煤表面形成大量空活性位点，煤对氧气的吸附量剧增，逐渐大于脱附和反应产生的气体量，煤样重量快速增加。由于煤表面活性位点有限，且氧化反应逐渐加剧，温度达到

T_3后，煤样增重速度有所降低。

着火温度 T_4（250～300 ℃）是煤氧质量比极大值点对应的温度，是煤样增重阶段的终点。此时，随着煤表面活性结构数量剧增，芳环开始参与氧化反应，产生大量 CO 及 CO_2 等小分子有机气体，放出大量热量，煤样质量开始急剧下降，标志着挥发物开始燃烧，到达了煤样的起始燃烧温度 T_5 即 429.36 ℃。

起始燃烧温度 T_5采用切线法获取。即在 TG 曲线上，过峰值 E 点做垂线与 TG 曲线相交于一点 F，过 F 点做 TG 曲线的切线与 TG 开始曲线的平行线相交于 G 点，G 点所对应的温度就是 T_5。

最大失重速率点温度 T_6为 457 ℃。此时煤分子内部发生了剧烈的化学反应，一氧化碳产生率、耗氧速率急剧增加，升温速度急剧加快，气体大量产生，煤样加速失重，但随着反应物浓度的消耗，温度大于 T_6后减速失重。

通过 DSC 曲线可以确定煤炭氧化过程中的吸放热规律，DSC 吸放热峰面积大小可定性描述煤炭升温过程中的吸放热反应焓变，面积越小，反应吸放热值越低。图 9-16(b)是神府煤空气气氛的 DSC 及其积分曲线。由图所知，神府煤燃点温度对应热释放量为 350.65 J /g。

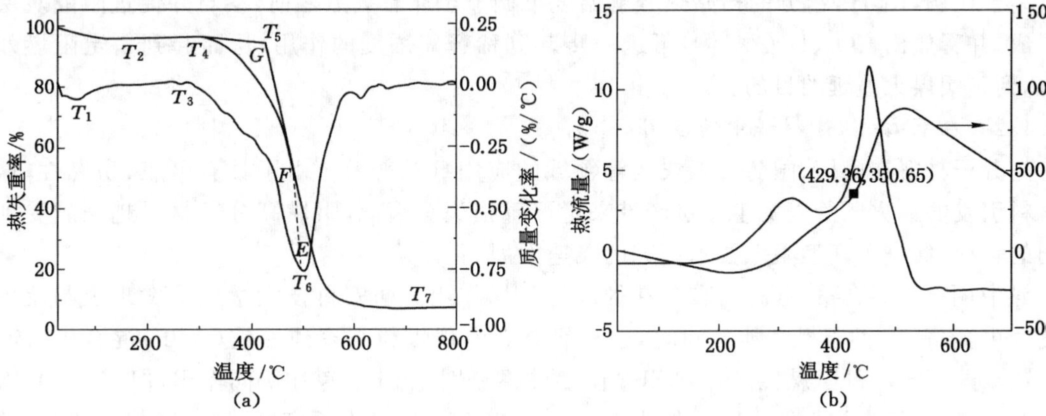

图 9-16　神府煤的 TG-DTG 谱图和 DSC 及其积分曲线

在金属离子比例 $n(Zn^{2+})/n(Mg^{2+})/n(Al^{3+})=1:2:1$、晶化时间为 24 h、pH 值为 10.0、不同煤盐比条件下，所得煤基 Zn/Mg/Al-LDHs-w 复合材料（其中煤盐比 w 分别等于 0，1.2，2.4，3.6 及 4.8）的 TG 和 DSC 分析表明，空气气氛中，CLCs 的热分解初始温度和热失重量总体上处于 $Zn_1Mg_2Al_1$-CO_3-LDHs 和神府煤之间。与原煤相比，煤基 Zn/Mg/Al-LDHs-w 的热分解温度降低，分解后残渣量均大于理论值。这说明 $Zn_1Mg_2Al_1$-CO_3-LDHs 有助于阻隔煤组分对氧的吸附，减弱了煤的氧化分解程度，提高了残炭量。随着煤盐比 w 的减小，即 $Zn_1Mg_2Al_1$-CO_3-LDHs 组分在煤基 Zn/Mg/Al-LDHs 中的比例增加，复合材料的热失重量减少，残炭量增加。在 380～600 ℃ 温度范围内煤基 Zn/Mg/Al-LDHs 复合材料的氧化放热量随着 w 的增加而显著升高，说明煤基 Zn/Mg/Al-LDHs 中 $Zn_1Mg_2Al_1$-CO_3-LDHs 可以在热氧化分解中有效转移煤氧化分解释放的热量，从而提高煤基 Zn/Mg/Al-LDHs 的阻燃性，归因于 $Zn_1Mg_2Al_1$-CO_3-LDHs 热分解过程吸热效应。

神府煤、脱灰神府煤及其相应煤基 Zn/Mg/Al-LDHs 的自燃临界温度分别为 65.80 ℃、

69.70 ℃、67.78 ℃、72.16 ℃。由此可知神府煤中矿物质以及 LDHs 均可以提高自燃临界温度，降低神府煤的自燃倾向性。煤基 $Zn_1Mg_2Al_1$-CO_3-LDHs 经过不同温度（450 ℃、550 ℃、650 ℃及 800 ℃）热处理所得焙烧产物的 XRD 分析结果表明，$Zn_1Mg_2Al_1$-CO_3-LDHs 在 450 ℃ 煅烧 4 h 之后，层板坍塌，适当的环境中，LDHs 吸收阴离子如碳酸根离子、腐植酸阴离子等，利用 LDHs 的焙烧复原性恢复其自身组成，从而实现智能化自修复，实现材料的重复利用。复合材料在 450 ℃时仍能保留层状结构，说明其有更好的自修复性能。

此外，煤基 Zn/Mg/Al-LDHs 的点火温度和燃烧峰温比神府煤低，说明 LDHs 对于煤的脱水碳化有一定促进作用，碳化层产物可以阻隔煤对氧气的吸附及氧化反应，防止煤炭自燃火灾的蔓延。

综上，将 LDHs 与神府煤复合，可以有效预防神府煤的自燃，并且可克服常规含卤阻化剂或黄泥类阻化材料对煤质和煤利用的影响。煤基 Zn/Mg/Al-LDHs 由于含有大量外在水和层间水，以及层板水和层板吸附阴离子，当其在煤表面覆盖或吸附后，不仅可以阻隔氧向煤表面渗透扩散，而且可以吸收煤低温氧化阶段产生的热量，水分子逸出的同时带走煤体氧化产生的热量，从而减缓煤体温度的升高，达到预防煤自燃的效果。通过调节 LDHs 的金属离子比例，LDHs 组分的初始热分解温度可调节至煤着火点之前，参与并促进阻隔炭层的形成，并释放出 CO_2、H_2O 气体，可进一步起到稀释氧浓度的作用，从而起到一定阻燃效果，达到延缓煤火蔓延的目的。

9.4.4.2　*在 EVA 阻燃材料中的应用*

高分子材料在民用、国防及工农业等领域的应用日益普及。由于具有可燃、易燃性，这类材料引发的火灾已给人民生命财产带来了严重损失。因此，阻燃高分子材料越来越受到人们的重视，促进了新型阻燃技术研究的飞速发展。

煤中稠环芳烃含量较高，具有潜在的炭化阻燃作用。西安科技大学最早发现煤与蒙脱土复合可提高 PP 的阻燃性能。同时，也有研究者发现煤粉与聚磷酸铵（APP）混合体可改善普通聚酯（PET）的阻燃性能，煤/APP 阻燃体系分别与 PET 存在协同作用，但煤/APP 阻燃体系造成 PET 力学性能下降。作为无机阻燃剂，LDHs 具有无卤、抑烟及环保等优势，其阻燃抑烟作用主要表现为：受热分解时吸热，可有效降低燃烧体系的温度；热分解产生 CO_2 和 H_2O，可以稀释氧气浓度，并降低材料表面温度；在聚合物表面形成凝聚相，阻止燃烧面的扩展；LDHs 受热分解后，可形成金属元素高分散且比表面积大的固体碱，吸附燃烧产生的酸性气体。通过添加一种锌铝油酸酯插层 LDHs 与商业阻燃剂（如 APP）复配后可有效提高聚乙烯（PE）阻燃性能。采用熔融共混法制备 LDHs/EVA 复合材料，用 XRD，TGA 和锥形量热仪分析表明，加入 LDHs 提高了 EVA 的热稳定性，且显著提高了 EVA/LDHs 的阻燃性能。纳米 LDHs 添加量在 0.20%～0.60%范围内，就可显示出显著的抑烟效果，并可使环氧树脂的氧指数略有提高，Mg/Al-LDHs 的阻燃作用遵从气相阻燃和凝聚相阻燃机理，多孔性、大比表面的 LDHs 分解产物吸附了燃烧过程产生的碳烟，从而起到了抑烟作用。

乙烯-醋酸乙烯酯共聚物（EVA）具有优良的物理化学和机械性能，用于薄膜、各种挤出软管、硬管、发泡鞋材及电线电缆等领域。但 EVA 容易燃烧，具有潜在火灾危险性，提高其耐火性是 EVA 制备推广应用的必要前提。

用双螺杆挤出法制备煤基 Zn/Mg/Al-LDHs/EVA 复合材料，然后制成阻燃塑料标准试样，用锥形量热测试、氧指数测试、力学性能测试等对 CLCs/EVA 复合材料进行表征，分别从热释放速率、质量损失速率、引燃时间、火灾性能指数、氧指数和 UL94 阻燃级别等方面，系统评价该复合材料的阻燃性能，以评价煤基 Zn/Mg/Al-LDHs 对聚合物阻燃性能的改性作用。

由于锥形量热测试结果与大规模燃烧实验结果基本一致，因而已被广泛用于预测材料的现场火灾特性。锥形量热测试能够提供以下燃烧特性参数：① 引燃时间（*TTI*）。② 热释放系数，包括热释放速率（*HRR*）、平均热释放速率（*MHRR*）、热释放速率峰值（*PHRR*）、总热释放量（*THR*）、有效燃烧热（*EHC*）。③ 质量变化系数，包括质量损失率（*MLR*）、成炭量（char yield）。④ 烟参数，包括比消光面积（*SEA*）、生烟速率（*SPR*）、生烟总量（*TSP*）、烟释放速率（*RSR*）、CO 和 CO_2 生成量。⑤ 推导系数，包括火灾发展指数（*FGI*）和火灾性能指数（*FPI*）。*FGI* 定义为 *PHRR*/*TTP*，*FGI* 值越大，则表示火增长速度越快，火灾危险性越高。其中 *HRR* 是表征火灾行为最有效的参数，也是表征材料可燃性的重要参数。通常情况下，可以通过比较材料的 *PHRR* 对其阻燃性能进行初步评估。煤基 Zn/Mg/Al-LDHs 填充量对锥形量热测试结果的影响如表 9-8 所示。

表 9-8　煤基 Zn/Mg/Al-LDHs 填充量对 EVA 复合材料锥形量热测试结果的影响

煤基 Zn/Mg/Al-LDHs 添加量 /%	*PHRR* /(kW/m^2)	变化率 /%	*TTI* /s	*TTP* /s	*FGI* /[kW/(m^2·s)]	残余量 /%
0	1 248.33	0.00	34	185	6.75	0.00
5	1 309.36	−4.89	35	215	6.09	2.67
15	1 067.28	14.50	51	185	5.77	6.86
25	706.30	43.42	35	230	5.05	10.14

锥形量热测试结果表明，纯 EVA 在 34 s 被点燃，且分别在 145 s、185 s 出现两个 *HRR* 峰值，*PHRR* 为 1 248.33 kW/m^2，符合材料燃烧过程中有一两处峰值的燃烧特征，且其曲线特征与中热厚性非成炭样品 *PHRR* 曲线相似，这归因于材料在初始峰值出现后炭层尚未形成，无法降低向材料内层传递的热量，也无法阻隔挥发物进入燃烧区，导致热释放速率再次升高。

不同煤基 Zn/Mg/Al-LDHs/EVA 复合材料的 *TTI* 和 *TTP* 均滞后于纯 EVA，说明添加煤基 Zn/Mg/Al-LDHs 能够提高 EVA 的阻燃性，填充量为 5%时，复合材料的 *PHRR*（1 309.36 kW/m^2）较 EVA 增加了 4.89%，当填充量进一步增加时，*PHRR* 显著降低。当填充量分别为 15%、25%时，该复合材料的 *PHRR* 分别较纯 EVA 降低了 14.50%、43.42%。并且，随煤基 Zn/Mg/Al-LDHs 填充量的增加，复合材料燃烧后残余量增加，当填充量为 25%时，样品呈现热厚性成炭样品的 *HRR* 曲线特征，在 120～230 s 之间出现了 *HRR* 的平台，说明燃烧时材料炭化形成阻隔炭层，减弱了热量向材料内层的传递，并阻隔了一部分挥发物进入燃烧区，因此，随煤基 Zn/Mg/Al-LDHs 填充量的增加，煤基 Zn/Mg/Al-LDHs/EVA 复合材料的阻燃性提高。由表 9-8 可知，纯 EVA 的 *FGI* 为 6.75，而复合材料的 *FGI* 值，随煤基 Zn/Mg/Al-LDHs 填充量增加而减小，可见，煤基 Zn/Mg/Al-LDHs 能够降低 EVA 的火灾危险性，且效果随着其添加量增加而显著提高。此外，且随煤基

Zn/Mg/Al-LDHs 含量增加，复合材料的抑烟效果显著增加。进一步研究表明，煤基 Zn/Mg/Al-LDHs 中，煤与 LDHs 之间有协同作用，EVA 填充煤基 Zn/Mg/Al-LDHs 的阻燃性能明显优于单纯填充神府煤、LDHs 与神府煤的机械混合物和单纯 LDHs。表 9-9 为煤基 Zn/Mg/Al-LDHs 填充量对煤基 Zn/Mg/Al-LDHs/EVA 复合材料力学性能的影响。

表 9-9　煤基 Zn/Mg/Al-LDHs 填充量对其 EVA 复合材料力学性能的影响

煤基 Zn/Mg/Al-LDHs 填充量/%	拉伸强度/MPa	断裂伸长率/%
0	11.32	426.56
5	12.69	446.25
15	12.06	445.79
25	9.16	273.32

由表 9-9 可知，煤基 Zn/Mg/Al-LDHs/EVA 复合材料拉伸强度和断裂伸长率在煤基 Zn/Mg/Al-LDHs 填充量为 5%、15%时，均高于 EVA 的拉伸强度和断裂伸长率，说明煤基 Zn/Mg/Al-LDHs 在 EVA 复合材料中同时具有增强和增韧作用。SEM 分析表明，复合材料的界面为韧性断面，表明其相界面有较强的相互作用，从而使得填充体系具有增强增韧的效果。这主要归因于煤基 Zn/Mg/Al-LDHs 表面具有纳米纤维结构和丰富的活性官能团，从而提高了复合材料相界面作用力和体系的相容性。

思考与讨论

1. 简要比较不同变质程度煤的大分子物理和化学结构的差异。
2. 讨论提高聚合物共混物相容性的方法。
3. 试分析煤基聚合物共混物材料类型及应用开发前景。
4. 分析影响煤基聚苯胺导电性能的因素。
5. 简要讨论煤基类水滑石复合材料在聚合物阻燃材料中应用。